高 等 学 校 规 划 教 材

建设工程招投标 与合同管理

第二版

刘黎虹 刘晓旭 董 晶 主编

JIANSHE GONGCHENG
ZHAOTOUBIAO YU
HETONG GUANLI

化学工业出版社
·北京·

内 容 简 介

《建设工程招投标与合同管理》(第二版)坚持法治思维,从合同法律基础和工程招投标的基本知识入手,根据《中华人民共和国民法典》和全新的法律法规及合同示范文本全面修订,主要内容包括:合同法律制度、建设工程招标投标,勘察设计合同、施工合同、监理合同、工程总承包及分包合同、工程合同索赔、国际常用的施工合同文本。各个章节坚持理论教学与例题、案例教学相结合,通过例题练习、案例分析强化理论知识点学习和理解,突出应用性与操作性,教材内容和例题、案例融入了大量全国工程类注册执业资格考试的内容,有助于读者理解和掌握执业资格考试相关内容。

《建设工程招投标与合同管理》(第二版)给教师提供配套 PPT 课件、教材讲义、例题及课后习题答案解析电子版。本书可作为高等教育工程管理及建筑类相关专业本科教材,也可作为工程建设类高等职业教育教材,亦可供工程招投标与合同管理的相关从业人员学习参考。

图书在版编目(CIP)数据

建设工程招投标与合同管理/刘黎虹,刘晓旭,董晶主编. —2 版. —北京:化学工业出版社,2021.12
(2023.7重印)
高等学校规划教材
ISBN 978-7-122-39851-2

Ⅰ.①建… Ⅱ.①刘… ②刘… ③董… Ⅲ.①建筑工程-招标-高等学校-教材②建筑工程-投标-高等学校-教材③建筑工程-经济合同-管理-高等学校-教材 Ⅳ.①TU723

中国版本图书馆 CIP 数据核字(2021)第 181522 号

责任编辑:满悦芝	文字编辑:杨振美
责任校对:张雨彤	装帧设计:张　辉

出版发行:化学工业出版社(北京市东城区青年湖南街 13 号　邮政编码 100011)
印　　装:大厂聚鑫印刷有限责任公司
787mm×1092mm　1/16　印张 17　字数 414 千字　2023 年 7 月北京第 2 版第 5 次印刷

购书咨询:010-64518888　　　　　　　售后服务:010-64518899
网　　址:http://www.cip.com.cn
凡购买本书,如有缺损质量问题,本社销售中心负责调换。

定　　价:59.80 元

《建设工程招投标与合同管理》（第二版）
编写人员名单

主　　编：刘黎虹　　刘晓旭　　董　晶

编写人员：金　靖　　阎思宇　　崔　琦

主　　审：于立君

　　本书在第一版的基础上，根据《中华人民共和国民法典》和全新的法律法规及合同示范文本进行了全面修订，力求及时、全面地反映招标投标及合同管理领域的新变化。本书修订过程中删减、完善、更新了部分章节内容。

　　本书注重实用性、可操作性和理论的系统性，通过大量典型例题、典型案例及解析让读者掌握相关知识点和技能，力求体现以理论知识为基础，重在实践能力、动手能力培养的编写宗旨。全书内容坚持法治思维，贯彻合规发展理念，在工程招投标法规、招投标策划管理、合同管理、施工管理等知识中引导学生自觉抵制失信、违规、违法行为，不断提升企业依法合规经营水平，推动招标投标与合同管理领域高质量发展和法治中国建设。

　　本书由长春工程学院刘黎虹教授统稿，长春工程学院于立君教授担任主审。具体的编写分工如下：刘黎虹编写第 1、3 章；长春工程学院崔琦编写第 2、10 章；长春大学旅游学院刘晓旭编写第 4 章；吉林建筑科技学院董晶编写第 6 章；鞍山职业技术学院阎思宇编写第 5、7 章；长春建筑学院金靖编写第 8、9 章。教材内容和例题、案例融入了大量全国工程类注册执业资格考试的内容，注意贴近工程实践要求，有助于读者理解和掌握执业资格考试相关内容。

　　为便于教学和提高学习效果，本书给教师提供配套 PPT 课件、教材讲义、例题及课后习题答案解析电子版，请选用本书的老师到化学工业出版社教学资源网（www. cipedu. com. cn）免费下载。

　　本书在编写过程中查阅和参考了相关文献资料和教材，在此向有关作者表示诚挚的谢意。

　　由于编者水平有限，书中难免存在不足和疏漏，恳请各位专家和读者批评指正。

编　者

2023 年 7 月

目录

Contents

第1章　建设工程招投标与合同管理概述　　1

1.1　建设工程招投标概述 ……………………………………………… 1
　　1.1.1　招标投标的概念 …………………………………………… 1
　　1.1.2　合同管理在工程建设中的地位 …………………………… 1
1.2　建设工程合同体系 ………………………………………………… 2
1.3　建设工程合同的主体 ……………………………………………… 2
思考与练习 ……………………………………………………………… 4

第2章　合同法律基础　　5

2.1　工程建设中的合同法律关系 ……………………………………… 5
　　2.1.1　合同法律关系的构成 ……………………………………… 5
　　2.1.2　合同法律关系的产生、变更与消灭 ……………………… 6
2.2　代理关系 …………………………………………………………… 8
2.3　合同担保 …………………………………………………………… 10
　　2.3.1　担保的概念 ………………………………………………… 10
　　2.3.2　担保方式 …………………………………………………… 10
2.4　诉讼时效 …………………………………………………………… 16
思考与练习 ……………………………………………………………… 17

第3章　合同法律制度　　21

3.1　合同法律制度概述 ………………………………………………… 21
3.2　合同的订立和成立 ………………………………………………… 23
　　3.2.1　合同的形式和内容 ………………………………………… 23
　　3.2.2　合同的订立 ………………………………………………… 23
　　3.2.3　合同成立条件 ……………………………………………… 26
　　3.2.4　合同成立时间 ……………………………………………… 26
　　3.2.5　缔约过失责任 ……………………………………………… 27
3.3　合同的效力 ………………………………………………………… 28
　　3.3.1　合同的生效 ………………………………………………… 28

3.3.2 合同生效时间 ·· 28

3.3.3 合同成立与合同生效的关系 ························· 28

3.3.4 有效合同的条件 ··· 29

3.3.5 效力待定的合同 ··· 29

3.3.6 无效合同 ··· 30

3.3.7 可撤销的合同 ··· 30

3.4 合同的履行 ··· 31

3.4.1 合同履行规则 ··· 31

3.4.2 合同履行中的抗辩权 ···································· 33

3.4.3 情势变更抗辩 ··· 34

3.4.4 债权人的保全措施 ······································· 34

3.5 合同的变更、转让和终止 ···································· 35

3.5.1 合同的变更 ·· 35

3.5.2 合同的转让 ·· 35

3.5.3 合同的终止 ·· 36

3.6 违约责任 ··· 39

3.6.1 违约责任的概念 ·· 39

3.6.2 承担违约责任的条件和原则 ························· 39

3.6.3 承担违约责任的方式 ···································· 39

3.6.4 承担违约责任的其他情形 ···························· 41

3.6.5 违约责任的免除 ·· 43

3.7 建设工程施工合同纠纷案件司法解释相关规定 ······· 43

3.7.1 无效建设工程施工合同 ································· 44

3.7.2 建设工程合同解除 ······································· 45

3.7.3 关于工程质量、工期问题 ···························· 46

3.7.4 工程款结算的依据和标准 ···························· 47

3.7.5 质量保证金返还时间 ···································· 49

3.7.6 建设工程价款的优先受偿权 ························· 49

思考与练习 ··· 50

第4章 建设工程招标投标管理　57

4.1 概述 ··· 57

4.1.1 招标投标的特征和法律性质 ························· 57

4.1.2 建设工程招标投标的法律法规 ····················· 58

4.1.3 招标投标的基本原则 ···································· 59

4.1.4 招标的方式 ·· 60

4.1.5 招标的组织形式 ·· 61

4.1.6 建设工程招标的种类 ···································· 62

4.2 建设工程招标的范围、规模和条件 ······················ 64

4.2.1 建设工程招标的范围和规模 ···················· 64

4.2.2 建设工程招标的条件 ························ 65

4.2.3 合理划分工程招标标段 ····················· 65

4.3 工程招标投标监督管理、投诉、违法行为及处理 ·············· 66

4.3.1 工程招标投标的监督管理 ···················· 66

4.3.2 招标投标活动投诉 ························ 67

4.3.3 招标投标活动中的违法行为及其处理 ··············· 68

4.4 建设工程施工招标投标程序 ······················ 72

4.4.1 建设工程施工招标的一般程序 ·················· 73

4.4.2 建设工程施工投标的一般程序 ·················· 81

4.4.3 有关投标的其他规定 ······················ 89

4.4.4 施工投标决策及投标技巧 ···················· 92

4.4.5 禁止投标人实施不正当竞争行为的规定 ············· 94

4.5 开标、评标和定标 ·························· 95

4.5.1 开标的程序和内容 ························ 95

4.5.2 评标 ······························· 96

4.5.3 中标和签约 ·························· 104

4.6 电子招标投标 ··························· 112

4.6.1 电子招标 ···························· 113

4.6.2 电子投标 ···························· 113

4.6.3 电子开标、评标和中标 ····················· 114

4.7 某工程施工招标文件实例 ······················ 114

思考与练习 ······························ 132

第5章 建设工程勘察设计合同 138

5.1 勘察设计合同概述 ························· 138

5.2 勘察合同主要内容 ························· 138

5.2.1 发包人的权利和义务 ····················· 138

5.2.2 勘察人的权利和义务 ····················· 139

5.2.3 勘察费用的支付 ······················· 139

5.2.4 违约责任 ··························· 140

5.2.5 勘察成果的验收 ······················· 140

5.3 设计合同主要内容 ························· 141

5.3.1 工程设计要求 ························· 141

5.3.2 发包人和设计人一般义务 ··················· 142

5.3.3 设计分包 ··························· 142

5.3.4 发包人的责任 ························· 143

5.3.5 设计费用的支付 ······················· 143

5.3.6 工程设计变更与索赔 ····················· 143

5.3.7 违约责任 ·· 144

思考与练习 ·· 145

第6章　建设工程施工合同　　　147

6.1 建设工程施工合同概述 ······························ 147

6.2 建设工程施工合同的一般约定 ······················ 150

　　6.2.1 合同当事人及其他相关方 ······················ 150

　　6.2.2 图纸和承包商文件 ····························· 151

　　6.2.3 工程量清单错误的修正 ························· 152

　　6.2.4 联络、化石、文物 ····························· 152

　　6.2.5 交通运输 ····································· 152

　　6.2.6 知识产权和保密 ······························· 153

6.3 发包人、承包人和监理人的一般规定 ················ 154

　　6.3.1 发包人的一般义务 ····························· 154

　　6.3.2 承包人的一般义务 ····························· 155

　　6.3.3 监理人的一般义务 ····························· 157

6.4 建设工程施工合同质量条款 ························· 158

　　6.4.1 标准、规范 ··································· 158

　　6.4.2 质量保证措施 ································· 158

　　6.4.3 隐蔽工程检查 ································· 159

　　6.4.4 不合格工程的处理 ····························· 159

　　6.4.5 质量争议检测 ································· 159

6.5 材料设备供应的质量控制 ··························· 160

　　6.5.1 材料设备的质量要求 ··························· 160

　　6.5.2 发包人供应材料与工程设备 ····················· 161

　　6.5.3 承包人采购材料与工程设备 ····················· 161

　　6.5.4 禁止使用不合格的材料和工程设备 ··············· 162

　　6.5.5 样品 ······································· 162

　　6.5.6 代用材料与工程设备 ··························· 162

　　6.5.7 施工设备和临时设施 ··························· 163

6.6 试验与检验 ······································· 164

6.7 验收和工程试车 ··································· 164

6.8 缺陷责任与保修 ··································· 167

6.9 建设工程施工合同的进度条款 ······················ 169

　　6.9.1 施工准备阶段 ································· 169

　　6.9.2 施工阶段 ····································· 170

6.10 建设工程施工合同的费用条款 ····················· 173

　　6.10.1 施工合同价格及调整 ··························· 173

　　6.10.2 工程预付款 ··································· 175

6.10.3 工程进度款 ·········· 175

6.10.4 工程变更 ·········· 176

6.10.5 竣工结算 ·········· 178

6.10.6 工程价款结算计算 ·········· 179

6.11 施工合同的管理 ·········· 181

6.11.1 违约 ·········· 181

6.11.2 不可抗力 ·········· 183

6.11.3 分包管理 ·········· 185

6.11.4 安全文明施工与环境保护 ·········· 186

6.11.5 争议解决 ·········· 189

思考与练习 ·········· 189

第7章　建设工程监理合同　　196

7.1 建设工程监理概述 ·········· 196

7.1.1 建设工程监理合同的概念和特征 ·········· 196

7.1.2 监理人与承包人、发包人的关系 ·········· 196

7.1.3 《建设工程监理合同（示范文本）》（GF—2012—0202）简介 ·········· 197

7.2 监理合同的主要内容 ·········· 198

7.2.1 监理合同协议书 ·········· 198

7.2.2 双方当事人的义务 ·········· 200

7.2.3 双方当事人的违约责任 ·········· 202

7.2.4 监理酬金及支付 ·········· 203

7.2.5 监理合同的生效、变更、暂停、解除与终止 ·········· 203

思考与练习 ·········· 207

第8章　建设工程其他相关合同　　209

8.1 建设工程施工分包合同 ·········· 209

8.1.1 工程分包概述 ·········· 209

8.1.2 施工专业分包合同的内容 ·········· 209

8.2 劳务作业分包合同主要条款 ·········· 212

8.2.1 承包人的主要义务 ·········· 212

8.2.2 劳务分包人的主要义务 ·········· 213

8.2.3 劳务报酬最终支付 ·········· 213

8.2.4 禁止转包或再分包 ·········· 213

8.3 工程总承包合同 ·········· 214

8.3.1 工程总承包合同的概念 ·········· 214

8.3.2 合同示范文本 ·········· 214

8.3.3 工程总承包的类型 ·············· 214

8.3.4 合同主要内容 ·············· 215

思考与练习 ·············· 218

第9章 建设工程合同索赔管理 219

9.1 索赔概述 ·············· 219

9.1.1 索赔的概念和特征 ·············· 219

9.1.2 工程索赔的分类 ·············· 220

9.2 索赔的程序和依据 ·············· 221

9.2.1 索赔的程序 ·············· 221

9.2.2 索赔报告和依据 ·············· 224

9.3 索赔额的计算 ·············· 225

9.3.1 工期索赔的计算 ·············· 225

9.3.2 费用索赔的计算 ·············· 231

9.4 反索赔的内容 ·············· 241

9.5 索赔防范 ·············· 243

思考与练习 ·············· 244

第10章 国际常用的施工合同文本 248

10.1 FIDIC 合同条件概述 ·············· 248

10.2 FIDIC《土木工程施工合同条件》主要内容简介 ·············· 249

10.3 NEC 合同文本的主要内容 ·············· 255

10.4 AIA 合同文本的主要内容 ·············· 256

思考与练习 ·············· 258

参考文献 259

第1章　建设工程招投标与合同管理概述

1.1　建设工程招投标概述

1.1.1　招标投标的概念

招标投标是指招标人对工程建设、货物买卖、劳务承担等交易业务，事先公布选择采购的条件和要求，招引他人承接，若干或众多投标人作出愿意参加业务承接竞争的意思表示，招标人按照规定的程序和办法择优选定中标人的活动。

招标投标是在市场经济条件下进行工程建设、货物买卖、财产出租、中介服务等经济活动的一种竞争形式和交易方式，是引入竞争机制订立合同的一种法律形式。

建设工程招标是指招标人在发包建设项目之前，公开招标或邀请投标人，根据招标人的意图和要求提出报价，择日当场开标，以便从中择优选定中标人的一种经济活动。

建设工程投标是工程招标的对称概念，指具有合法资格和能力的投标人根据招标条件，经过初步研究和估算，在指定期限内填写标书，提出报价，并等候开标，决定能否中标的经济活动。

由于建筑产品交易不同于一般产品，招投标的完成仅表示主体之间建立了交易关系，而交易双方权利、义务的明确必须以合同的形式确定，合同履行的过程，包括最后的竣工验收和工程决算的全部完成，才是交易完成的标志。在工程建设过程中，凡是为特定任务选择实施者的活动均可采用招标投标方式进行，最后通过合同的形式确定实施人。

招标项目合同签订前，必须要经历一个完整的招标投标过程，包括招标、投标、开标、评标和中标等环节。招标投标过程也是合同条件商洽过程，是招标项目合同签订的必经程序，而招标文件中有绝大部分内容会构成合同的内容，因此，招标投标过程与合同管理密不可分。

1.1.2　合同管理在工程建设中的地位

（1）合同管理贯穿于工程项目建设的整个过程

我国建设工程项目的建设程序一般分为项目建议书、可行性研究报告、初步设计、建设准备、建设实施、生产准备、竣工验收、项目后评价等阶段。整个建设过程中的每一个阶段都贯穿了合同管理工作；对发包人而言，包括合同签订前的合同策划、招标、评标和定标，合同订立后的履行以及监督管理合同的实施等；对（设计、施工、总承包）承包人而言，包括合同分析、投标和合同订立后的合同实施等。

（2）合同是工程建设过程中发包人和承包人双方活动的准则

合同是工程建设过程中发包人和承包人双方活动的准则，合同双方必须按合同办事，全面履行合同所规定的权利和义务以及承担所分担风险。合同双方的行为都要受合同约束，一旦违约，要承担法律责任。

（3）合同是工程建设过程中双方纠纷解决的依据

在建设过程中出现纠纷是难免的。正确解决这些纠纷，一是要以合同条款作为判定纠纷的依据，即应由谁对纠纷负责以及应负什么样的责任；二是必须按照合同所规定的解决方式和程序进行这一活动。

（4）合同是协调并统一各建设参与者行动的重要手段

一项工程建设参与单位有发包人和勘察设计、施工、咨询、监理单位，有设备和物资供应、运输、加工单位，有银行、保险公司等金融单位，还有政府部门等。项目管理者要通过与各单位签订的合同，使各合同和合同规定的活动在内容上、技术上、组织上、时间上协调一致，形成一个完整、周密、有序的体系，以保证工程有序地按计划进行，顺利地实现工程总目标。

1.2　建设工程合同体系

按照上述的分析和项目任务的结构分解，就得到不同层次、不同种类的合同，它们共同构成如图 1.1 所示的合同体系。

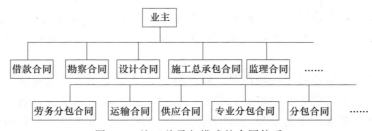

图 1.1　施工总承包模式的合同体系

在该合同体系中，建设工程施工合同是最有代表性、最普遍，也是最复杂的合同类型。它在建设工程项目的合同体系中处于主导地位，是整个建设工程项目合同管理的重点。无论是业主、监理工程师还是承包商都将它作为合同管理的主要对象。

1.3　建设工程合同的主体

发包人、承包人是建设工程合同的当事人。

（1）发包人主体资格

发包人也称发包单位、建设单位、业主、甲方或项目法人。发包人的主体资格也就是进行工程发包并签订建设工程合同的主体资格。

发包人进行工程发包应当具备下列基本条件：

① 应当具有相应的民事权利能力和民事行为能力。

② 实行招标发包的，应当具有编制招标文件和组织评标的能力或者委托招标代理机构代理招标事宜。

③ 招标项目的相应资金或者资金来源已经落实。

发包人的主体资格除应符合上述基本条件外，还应符合原国家计委发布的《关于实行建设项目法人责任制的暂行规定》。当建设单位为房地产开发企业时，还应符合《房地产开发企业资质管理规定》中的有关规定。

（2）承包人主体资格

建设工程合同的承包人分为勘察人、设计人、施工人。对于建设工程承包人，我国实行严格的市场准入制度。《中华人民共和国建筑法》（以下简称《建筑法》）规定，承包建筑工程的单位应当持有依法取得的资质证书，并在其资质等级许可的业务范围内承揽工程。《建设工程质量管理条例》规定，从事建设工程勘察、设计的单位应当依法取得相应等级的资质证书，并在其资质等级许可的范围内承揽工程；施工单位应当依法取得相应等级的资质证书，并在其资质等级许可的范围内承揽工程。

① 建筑业企业资质管理　建筑业企业，是指从事土木工程、建筑工程、线路管道设备安装工程、装修工程的新建、扩建、改建等活动的企业。建筑业企业应当按照其拥有的注册资本、专业技术人员、技术装备和已完成的建筑工程业绩等条件申请资质，经审查合格，取得建筑业企业资质证书后，方可在资质许可的范围内从事建筑施工活动。国务院建设主管部门及各地建设主管部门负责建筑业企业资质的统一监督管理。

建筑业企业资质分为施工总承包、专业承包和劳务分包三个序列。施工总承包资质、专业承包资质序列按照工程性质和技术特点分别划分为若干资质类别。各资质类别按照规定的条件划分为若干资质等级，施工劳务序列不分类别和等级。

a. 施工总承包企业可以承揽的业务范围。施工总承包企业可以承接施工总承包工程。施工总承包企业可以对所承接的施工总承包工程内各专业工程全部自行施工，也可以将专业工程或劳务作业依法分包给具有相应资质的专业承包企业或劳务分包企业。

b. 专业承包企业可以承揽的业务范围。专业承包企业可以承接施工总承包企业分包的专业工程和建设单位依法发包的专业工程。专业承包企业可以对所承接的专业工程全部自行施工，也可以将劳务作业依法分包给具有相应资质的劳务分包企业。

c. 劳务分包企业可以承揽的业务范围。劳务分包企业可以承接施工总承包企业或专业承包企业分包的劳务作业。

② 建设工程勘察设计资质管理

a. 工程勘察资质的分类及可以承揽的业务范围。工程勘察资质分为工程勘察综合资质、工程勘察专业资质、工程勘察劳务资质。

工程勘察综合资质只设甲级；工程勘察专业资质设甲级、乙级，根据工程性质和技术特点，部分专业可以设丙级；工程勘察劳务资质不分等级。

取得工程勘察综合资质的企业，可以承接各专业（海洋工程勘察除外）、各等级（岩土工程勘察丙级项目除外）工程勘察业务；取得工程勘察专业资质的企业，可以承接相应等级相应专业的工程勘察业务；取得工程勘察劳务资质的企业，可以承接工程钻探、凿井等工程勘察劳务业务。

b. 工程设计资质的分类及可以承揽的业务范围。工程设计资质分为工程设计综合资质、工程设计行业资质、工程设计专业资质和工程设计专项资质。

工程设计综合资质只设甲级；工程设计行业资质、工程设计专业资质、工程设计专项资质设甲级、乙级。根据工程性质和技术特点，个别行业、专业、专项资质可以设丙级，建筑工程专业资质可以设丁级。

思考与练习

1. 什么是招标？
2. 什么是投标？
3. 建筑业企业资质是如何规定的？

第2章　合同法律基础

2.1　工程建设中的合同法律关系

法律关系是指人与人之间的社会关系为法律规范调整时所形成的权利和义务关系，即法律上的社会关系。不同层次的合同决定了合同当事人在项目组织结构中的地位和作用，合同法律关系是指人与人之间的社会关系被合同法律法规规范所调整时形成的权利与义务关系。

2020年全国人大通过了《中华人民共和国民法典》（以下称《民法典》），自2021年1月1日起施行。原《中华人民共和国民法通则》《中华人民共和国民法总则》《中华人民共和国担保法》《中华人民共和国合同法》《中华人民共和国物权法》等法律同时废止，这些部门法的相关内容都被《民法典》继承或有重要的修订变化。

2.1.1　合同法律关系的构成

合同法律关系是指由合同法律规范调整的当事人在民事流转过程中形成的权利义务关系，包括合同法律关系主体、合同法律关系客体、合同法律关系内容三个要素。

（1）合同法律关系主体

合同法律关系主体是参加合同法律关系，享有相应权利、承担相应义务的当事人，合同法律关系的主体可以是自然人、法人、非法人组织。

① 自然人。自然人是基于自然规律而产生的有生命的人，按照年龄和精神健康状况不同，自然人可分为完全民事行为能力人、限制民事行为能力人和无民事行为能力人。作为合同法律关系主体的自然人必须具有相应的民事权利能力和民事行为能力。

② 法人。法人是具有民事权利能力和民事行为能力，依法独立享有民事权利和承担民事义务的组织，可分为营利法人、非营利法人和特别法人。

③ 非法人组织。包括个人独资企业、合伙企业、不具有法人资格的专业服务机构等。

（2）合同法律关系客体

合同法律关系客体是指参加合同法律关系的主体享有的权利和承担的义务所共同指向的对象，包括物、财、行为、智力成果。

① 物。法律意义上的物是指可为人们控制并具有经济价值的生产资料和消费资料，可区分为动产和不动产，或者区分为流通物、限制流通物和禁止流通物。

② 财。法律意义上的财是指为人们所控制并且具有经济价值的物质财富，包括货币资金和有价证券。货币的价值表现为资金；有价证券是用以表明各类财产所有权或债权并且可以自由让渡的证券，诸如支票、汇票、债券、股票等。

③ 行为。法律意义上的行为是指人的有意识的活动，包括作为和不作为，如建筑施工合同、勘察设计合同、工程咨询合同的客体分别为完成施工、勘察设计等建设活动和提供工

程咨询服务。

④ 智力成果。智力成果是指人们脑力劳动所产生的成果，如专利、发明、科技成果、创作成果等。

（3）合同法律关系内容

合同法律关系内容是指合同约定和法律规定的权利和义务。权利是指合同法律关系主体在法定范围内，按照合同的约定有权按照自己的意志做出某种行为；义务是指合同法律关系主体必须按法律规定或约定承担应负的责任。

2.1.2　合同法律关系的产生、变更与消灭

合同法律关系的产生是指由于一定的客观现象和事实，合同当事人之间形成了一定权利义务关系，如当事人协商一致，依法签订了工程施工合同，就产生了合同法律关系。

合同法律关系变更是指由于一定的客观现象和事实，已经形成的合同法律关系在法律允许范围内出现了主体、客体或内容上的改变。

合同法律关系的消灭是指由于一定的客观现象和事实，合同法律关系主体之间的权利义务关系不复存在。

能够引起合同法律关系产生、变更与消灭的客观现象和事实称为法律事实，包括行为和事件。行为是指合同法律关系主体有意识的能够引起合同法律关系产生、变更、消灭的活动，它是以人们的意志为转移的法律事实。行为可分为合法行为和违法行为。事件是指不以合同法律关系主体的主观意志为转移而发生的，能够引起合同法律关系产生、变更、消灭的客观现象。这些客观现象的出现与否，是当事人无法预见和控制的，包括两种：一种是不可抗力，不可抗力是指合同订立时不能预见、不能避免并且不能克服的客观情况，包括自然灾害（如台风、地震、洪水、冰雹）；另一种为社会事件（是政府行为，如征收、征用）和社会异常事件（如罢工、骚乱等）。

在建设活动中，发包人与勘察人、设计人、承包人订立合法有效的合同，产生建设工程合同关系。

业主可以与总承包人订立建设工程合同，也可以分别与勘察单位、设计单位、施工单位订立勘察、设计、施工承包合同。图 2.1 为工程建设中的主要合同法律关系。

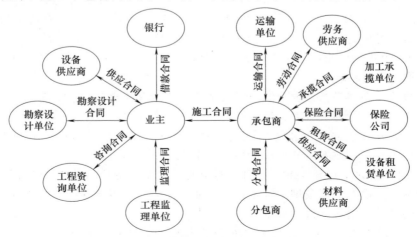

图 2.1　工程建设中的主要合同法律关系

（1）业主与承包商之间的合同法律关系

业主与承包商订立工程施工合同。工程施工合同的内容包括工程范围、建设工期、中间交工工程的开工和竣工时间、工程质量、工程造价、技术资料交付时间、材料和设备供应责任、拨款和结算、竣工验收、质量保修范围和质量保证期、双方相互协作等条款。

（2）业主与监理单位之间的合同法律关系

实行监理的建筑工程，由业主委托具有相应资质条件的工程监理单位监理。业主与其委托的工程监理单位应当订立书面委托监理合同。业主与监理单位的权利和义务以及法律责任，应当依照委托合同以及其他有关法律、行政法规的规定。

（3）业主与勘察设计单位之间的合同法律关系

勘察设计合同的内容包括提交有关基础资料和文件（包括概预算）的期限、质量要求、费用以及其他协作条件等条款。

（4）其他合同法律关系

① 工程咨询服务合同。在可行性研究、招投标环节，业主需要与工程咨询单位签订工程咨询服务合同。

② 贷款合同。工程项目需要使用银行贷款的，业主与金融机构签订贷款合同。

③ 材料设备采购供应合同。对于需要业主采购的材料设备，业主与材料设备供应商签订材料设备采购合同，而承包商也必须保证及时采购工程建设所需的物资，对承包商来说，也需要与物资供应商签订物资供应合同。

④ 运输合同。业主或承包商为解决材料设备、建设物资的运输问题与运输单位签订运输合同。

⑤ 工程保险合同。承包商按工程合同要求为工程投保的，需要与保险公司签订保险合同。

⑥ 设备租赁合同。在工程建设过程中，承包商需要许多机械设备、运输设备和周转材料等，当某些设备、周转材料在现场使用率较低或自己购置需要大量资金投入而又不具备相应经济实力时，可以采用租赁方式，承包商将与租赁单位签订租赁合同。

⑦ 工程分包合同。对于一些大型工程或专业化程度相对较高的工程，承包商可能会把从业主那里承接的工程中的部分分项工程或专业工程分包给其他承包商来完成，在进行工程分包时，承包商应与分包商签订工程分包合同，分包商完成承包商分包给其的工程，与业主无合同关系。在总包与分包相结合的承包模式中，存在两个不同的合同关系：一个是招标人和中标人签订的总承包合同，一个是中标人和分包人之间签订的分包合同。对总承包人（中标人）而言，尽管分包工作是根据合同约定或者经招标人同意进行分包的，但由于分包工作已经纳入了总承包范围，总承包人应根据总承包合同就分包工作向招标人负责。为了维护招标人的权益，《中华人民共和国招标投标法实施条例》（以下称《招标投标法实施条例》）规定，中标人与分包人应当就分包工作向招标人承担连带责任。分包人不履行分包合同时，招标人既可以要求总承包人承担责任，也可以直接要求分包人承担责任。

⑧ 国有土地使用权出让和转让合同。在工程项目用地方面，涉及国有土地使用权出让和转让合同。

⑨ 房屋征收补偿合同。工程项目用地在需要进行征地补偿时，涉及房屋征收补偿合同。

【案例1】 某建筑公司与某学校签订一教学楼施工合同，明确施工单位要保质保量保工期完成学校的教学楼施工任务。工程竣工后，承包方向学校提交了竣工报告。学校为了不影响学生上课，还没组织验收就直接投入了使用。使用过程中，校方发现了教学楼存在的质量问题，要求施工单位维修。施工单位认为工程未经验收，学校提前使用出现质量问题，施工单位不应再承担责任。

问题：本案中的建设法律关系三要素分别是什么？

【分析】　本案中的建设法律关系主体是某建筑公司和某学校，客体是教学楼建筑安装施工，内容是主体双方各自应当享受的权利和应当承担的义务。某学校按照合同的约定，承担按时、足额支付工程款的义务，在按合同约定支付工程款后，该学校就有权要求建筑公司按时交付质量合格的教学楼。

建筑公司的权利是获取学校的工程款，在享受该项权利后，就应当承担义务，即按时交付质量合格的教学楼给学校，并承担保修义务。

2.2　代理关系

（1）代理的概念

代理是代理人在代理权限范围内，以被代理人的名义与相对人实施法律行为，其民事责任由被代理人承担的法律制度。也就是说，代理人以被代理人的名义对外所实施的民事法律行为，只有在代理权限范围内才能对被代理人有效。

（2）代理的种类

依代理权产生的依据不同，将代理分为委托代理和法定代理。

① 委托代理，是基于被代理人对代理人的委托授权行为而产生的代理。只有在被代理人以书面或者口头的形式对代理人进行授权后，这种委托代理关系才真正建立。建设工程中涉及的代理主要是委托代理，如委托监理、招标代理等。

② 法定代理，是指根据法律的直接规定而产生的代理。法定代理主要是为维护限制民事行为能力人或无民事行为能力人的利益而设立的代理方式。

（3）代理的法律特征

① 代理人必须在代理权限范围内实施代理行为。代理人不得擅自变更或扩大代理权限，代理人超越代理权限的行为不属于代理行为，被代理人对此不承担责任。

② 代理人以被代理人的名义实施代理行为。代理人只有以被代理人的名义实施代理行为，才能为被代理人取得权利和设定义务。如果代理人以自己的名义实施法律行为，则不属于代理行为，所设定的权利和义务只能由代理人自己享有和承担。

③ 代理人在被代理人的授权范围内独立地表现自己的意志。在被代理人的授权范围内，代理人以自己的意志去积极地为实现被代理人的利益和意愿进行具有法律意义的活动。它具体表现为代理人有权自行决定如何向相对人做出意思表示，或者是否接受相对人的意思表示。

④ 被代理人对代理人的代理行为承担民事责任。代理是代理人以被代理人的名义实施的法律行为，所以在代理关系中所设定的民事权利和义务应当由被代理人享有和承担。

建设工程中项目经理是施工企业的代理人，总监理工程师是监理单位的代理人，工程招标代理机构是发包人的代理人。

（4）无权代理

《民法典》第一百七十一条规定：行为人没有代理权、超越代理权或者代理权终止后，仍然实施代理行为，未经被代理人追认的，对被代理人不发生效力。

相对人可以催告被代理人自收到通知之日起三十日内予以追认。被代理人未作表示的，视为拒绝追认。行为人实施的行为被追认前，善意相对人有撤销的权利。撤销应当以通知的方式作出。

行为人实施的行为未被追认的，善意相对人有权请求行为人履行债务或者就其受到的损害请求行为人赔偿。但是，赔偿的范围不得超过被代理人追认时相对人所能获得的利益。

相对人知道或者应当知道行为人无权代理的，相对人和行为人按照各自的过错承担责任。

《民法典》第五百零三条规定：无权代理人以被代理人的名义订立合同，被代理人已经开始履行合同义务或者接受相对人履行的，视为对合同的追认。

（5）代理人不当行为及违法代理的法律后果

《民法典》第一百六十四条规定：代理人不履行或者不完全履行职责，造成被代理人损害的，应当承担民事责任。代理人和相对人恶意串通，损害被代理人合法权益的，代理人和相对人应当承担连带责任。

《民法典》第一百六十七条规定：代理人知道或者应当知道代理事项违法仍然实施代理行为，或者被代理人知道或者应当知道代理人的代理行为违法未作反对表示的，被代理人和代理人应当承担连带责任。

【例题1】 关于代理的说法，正确的有（ABDE）。

A. 项目经理是施工企业的代理人

B. 项目总监理工程师是监理单位的代理人

C. 项目总监理工程师是建设单位的代理人

D. 代理人和相对人恶意串通，损害被代理人合法权益的，代理人和相对人应当承担连带责任

E. 被代理人知道或者应当知道代理人的代理行为违法未作反对表示的，被代理人和代理人应当承担连带责任

（6）表见代理

行为人没有代理权、超越代理权或者代理权终止后以被代理人名义订立合同，相对人有理由相信行为人有代理权的，该代理行为有效。表见代理的目的是维护代理制度的诚信基础，保护善意相对人的合法权益，建立正常的民事流转秩序。

表见代理特别构成条件：

① 有使相对人相信行为人具有代理权的事实或理由。通常情况下，行为人持有被代理人发出的证明文件，如被代理人的介绍信、盖有合同专用章或者盖有公章的空白合同书。

② 相对人为善意且无过失，即相对人不知行为人所为的行为系无权代理行为。如果相对人出于恶意，即明知他人为无权代理，仍与其实施民事行为，表见代理不能成立。

表见代理依法产生有权代理的法律效力，即无权代理人与相对人之间实施的民事法律行为对于被代理人具有法律约束力。被代理人不得以无权代理为由，主张代理行为无效，被代理人的损失可以向无权代理人追偿。

【例题2】 某施工企业的项目经理李某在工程施工过程中订立材料采购合同，承担该合同付款责任的是（B）。

    A. 李某   B. 施工企业

    C. 李某所属施工企业项目经理部   D. 施工企业法定代表人

解析：项目经理相当于施工企业代理人，项目经理的行为法律后果由企业法人承担。

【例题3】 甲公司的业务员张某被开除后，为报复甲公司，用盖有甲公司公章的空白合同书与乙公司订立一份建材购销合同。乙公司并不知情，并按时将货物送至甲公司所在地，甲公司拒绝接收，引起纠纷。关于该案代理与合同效力的说法，正确的是（D）。

    A. 张某的行为为无权代理，合同无效   B. 张某的行为为表见代理，合同无效

    C. 张某的行为为委托代理，合同有效   D. 张某的行为为表见代理，合同有效

解析：张某实质上是无代理权，但是却有使相对人乙相信其有代理权的表征，因此构成表见代理，选项A、C错误。在表见代理中，被代理人应受表见代理人与相对人之间实施的法律行为的约束，签订的合同有效，因此选项B错误。

2.3 合同担保

2.3.1 担保的概念

担保是指当事人根据法律规定或者双方约定，为促使债务人履行债务，实现债权人的权利的法律制度。担保通常由当事人双方订立担保合同。担保合同可以是单独订立的书面合同（包括当事人之间具有担保性质的信函、传真等），也可以是主合同的担保条款。合同与担保之间的关系是从属关系，即担保附属于合同。担保合同是主合同的从合同，主合同无效，担保合同无效，保障合同的履行是担保的最根本的特征。

2.3.2 担保方式

担保方式分为保证、抵押、质押、留置和定金。

（1）保证

① 保证的概念。保证，是指保证人和债权人约定，当债务人不履行债务时，保证人按照保证合同约定履行债务或者承担责任的行为。具有代为清偿债务能力的法人及其他组织或公民（自然人）可以做保证人。

保证法律关系中至少有三方当事人参加，即保证人、被保证人（债务人）和债权人。保证合同中的当事人是保证人和债权人。

【例题4】 某建设单位和承包商签订了施工合同A，承包商和分包商签订了分包合同B。为保证施工合同A的认真履行，建设单位要求承包商提供保证人，则保证合同的当事人是（C）。

    A. 承包商和分包商   B. 承包商和保证人

    C. 建设单位和保证人   D. 建设单位和承包商

② 保证的方式。保证的方式包括一般保证和连带责任保证。

一般保证，是指当事人在保证合同中约定，债务人不能履行债务时，由保证人承担保证责任的保证。在一般保证合同中，保证人享有先诉抗辩权；在连带保证合同中，保证人不享有这项权利。所谓先诉抗辩权，是指在债权人要求保证人代为履行时，保证人可以要求债权人先就主债务人的财产诉请强制执行，只有在主债务人的财产不足以清偿债务时，保证人才

应承担保证责任。如果债权人未先对主债务人的财产诉请强制执行而直接要求保证人代为履行，则保证人就可以行使先诉抗辩权。

连带责任保证的债务人在主合同规定的债务履行期届满时没有履行债务的，债权人可以要求债务人履行债务，也可以要求保证人在其保证范围内承担保证责任。

《民法典》规定：保证方式由当事人约定，如果当事人没有约定或者约定不明确的，则按照一般保证承担保证责任。

③ 保证担保的范围。保证担保的范围包括主债权及利息、违约金、损失赔偿金和实现债权的费用。当事人另有约定的，按照其约定。

④ 保证期间。保证期间是指保证人承担保证责任的期间。一般保证的保证人与债权人未约定保证期间的，保证期间为主债务履行期届满之日起六个月。在保证期间，债权人应当向债务人提起诉讼或仲裁（在一般保证中）或向保证人主张权利（在连带责任保证中）。逾此期限，债权人未提起上述主张的，保证人则不承担保证责任。

⑤ 常见的工程担保。工程担保已经成为世界建筑行业普遍接受和应用的一种国际惯例。在工程建设的过程中，保证是最为常用的一种担保方式。保证这种担保方式必须由第三人作为保证人，由于对保证人的信誉要求比较高，工程建设中的保证人往往是银行，也可能是信用较高的其他担保人，如担保公司。这种保证应当采用书面形式。在工程建设中习惯把银行出具的保证称为保函，而把其他保证人出具的书面保证称为保证书。

a. 施工投标保证。施工项目的投标担保应当在投标时提供，担保方式可以是由投标人提供一定数额的保证金；也可以提供第三人的信用担保（保证），一般是由银行或者担保公司向招标人出具投标保函或者投标保证书。在下列情况下可以没收投标保证金或要求承保的担保公司或银行支付投标保证金：

• 投标人在投标有效期内撤销投标书；

• 投标人在业主已正式通知其投标已被接受中标后，在投标有效期内未能或拒绝按投标人须知规定签订合同协议或递交履约保函。投标保证的有效期限一般是从投标截止日起到确定中标人止。投标保证金的直接目的虽是保证投标人对投标活动负责，但其一旦缴纳和接受，对双方都有约束力。采用投标保证担保金的，除不可抗拒因素外，中标人拒绝与招标人签订工程合同的，招标人可以将其投标保证担保金予以没收；除不可抗拒因素外，招标人不与中标人签订工程合同的，招标人应当按照投标保证担保金的两倍返还中标人。

b. 施工合同的履约保证。施工合同的履约保证，是为了保证施工合同的顺利履行而要求承包人提供的担保。《中华人民共和国招标投标法》（以下简称《招标投标法》）规定："招标文件要求中标人提交履约保证金的，中标人应当提交。"在建设项目的施工招标中，履约担保的方式可以是提交一定数额的履约保证金；也可以提供第三人的信用担保（保证），一般是由银行或者担保公司向招标人出具履约保函或者保证书。履约保证的有效期限从提交履约保证起，到项目竣工并验收合格止。《招标投标法》规定："中标人不履行与招标人订立的合同的，履约保证金不予退还，给招标人造成的损失超过履约保证金数额的，还应对超过部分予以赔偿。"

c. 施工预付款保证。工程建设施工中发包人一般应向承包人支付预付款，帮助承包人解决前期施工资金周转的困难。预付款担保是承包人提交的为保证返还预付款的担保。预付款担保都是采用由银行出具保函的方式提供。预付款保证的有效期从预付款支付之日起至发包人向承包人全部收回预付款之日止。

d. 支付担保。支付担保是中标人要求招标人提供的保证履行合同中约定的工程款支付义务的担保。

工程款支付担保的作用在于：通过对业主资信状况进行严格审查并落实各项担保措施，确保工程费用及时支付到位；一旦业主违约，付款担保人将代为履约。

发包人要求承包人提供保证向分包人付款的付款担保，可以保证工程款真正支付给实施工程的单位或个人；如果承包人不能及时、足额地将分包工程款支付给分包人，业主可以向担保人索赔，并可以直接向分包人付款。

对工程款支付担保的规定，对解决我国建筑市场工程款拖欠现象具有特殊重要的意义。《建设工程施工合同（示范文本）》（GF—2017—0201）规定了关于发包人工程款支付担保的内容：除专用合同条款另有约定外，发包人要求承包人提供履约担保的，发包人应当向承包人提供支付担保。支付担保可以采用银行保函或担保公司担保等形式，具体由合同当事人在专用合同条款中约定。

《房屋建筑和市政基础设施工程施工招标投标管理办法》关于发包人工程款支付担保的内容：招标文件要求中标人提交履约担保的，中标人应当提交。招标人应当同时向中标人提供工程款支付担保。

【例题 5】 关于保证的说法，正确的是（C）。

A. 保证法律关系只有两方参加

B. 对债权人而言，一般保证比连带责任保证更能保护其利益

C. 如果合同未约定保证方式，则按一般保证处理

D. 债权人应当在要求债务人履行债务之前先要求保证人履行债务

解析： 选项 A 错误，保证法律关系至少必须有保证人、被保证人（债务人）和债权人三方参加。选项 B 错误，连带责任保证的债权人既可以要求债务人履行债务，也可以要求保证人在其保证范围内承担保证责任；一般保证的债权人只有在主合同纠纷经审判或者仲裁，且债务人财产依法强制执行仍不能履行债务时，才能要求保证人承担保证责任。连带责任保证更能保护债权人利益。选项 D 错误，一般保证债权人必须先要求债务人履行债务，只有当债务人确实无法履行债务时，才要求保证人承担保证责任；连带保证既可以要求债务人履行债务，也可以要求保证人在其保证范围内承担保证责任。要区别情况。

【例题 6】 关于连带责任保证的说法，正确的是（B）。

A. 当事人没有明确约定保证方式，保证人应按连带责任保证承担责任

B. 连带责任保证的债务人在债务履行期满没有履行债务时，债权人即可要求保证人承担保证责任

C. 主合同的债务人经审判应履行债务后，债权人才可以要求连带责任保证人承担保证责任

D. 主合同的债务人经审判应履行债务，且债务人财产依法强制执行仍不能履行，债权人才可以要求连带责任保证人承担保证责任

解析： 当事人没有明确约定保证方式，保证人应按一般保证承担保证责任；债务人在主合同规定的期限内没有履行债务的，债权人可以要求连带责任保证人承担保证责任。所以选项 A、C 错误，选项 D 是描述的一般保证。

【案例 2】 2017 年 2 月，工商银行某市分行应借款人申请为其贷款 1 亿元人民币，合同规定贷款期限为 1 年。合同还约定借款人借款到期后未履行合同义务时，由某企业作为承担连带责任的保证人承担保证责任。借款到期后，借款人不能履行债务。该工商银行分行按照

合同保证条款要求保证人承担保证责任。保证人称借款合同纠纷未经审判或仲裁，并就债务人财产依法强制执行仍不能履行债务前，对债权人可以拒绝承担保证责任。因此，保证人不予承担替借款人履行债务的保证责任。

问题：保证人所提理由是否有法律根据？为什么？

【分析】　保证人所提出的理由无法律根据。因为某企业是作为借款人的连带责任保证人，而不是一般保证人。连带责任保证的债务人在主合同规定的债务履行期限届满没有履行债务的，债权人可以要求债务人履行债务，也可以要求保证人在其保证范围内承担保证责任。

（2）抵押

① 抵押的概念　《民法典》第三百九十四条规定：为担保债务的履行，债务人或者第三人不转移财产的占有，将该财产抵押给债权人的，债务人不履行到期债务或者发生当事人约定的实现抵押权的情形，债权人有权就该财产优先受偿。

债务人或者第三人为抵押人，债权人为抵押权人，提供担保的财产为抵押财产。

《民法典》第四百条规定：设立抵押权，当事人应当采用书面形式订立抵押合同。抵押合同一般包括下列条款：被担保债权的种类和数额；债务人履行债务的期限；抵押财产的名称、数量等情况；担保的范围。

② 抵押财产

a. 可以抵押的财产。债务人或者第三人有权处分的下列财产可以抵押：建筑物和其他土地附着物；建设用地使用权；海域使用权；生产设备、原材料、半成品、产品；正在建造的建筑物、船舶、航空器；交通运输工具；法律、行政法规未禁止抵押的其他财产。

以建筑物抵押的，该建筑物占用范围内的建设用地使用权一并抵押。以建设用地使用权抵押的，该土地上的建筑物一并抵押。

b. 禁止抵押的财产。下列财产不得抵押：土地所有权；宅基地、自留地、自留山等集体所有土地的使用权，但是法律规定可以抵押的除外；学校、幼儿园、医疗机构等为公益目的成立的非营利法人的教育设施、医疗卫生设施和其他公益设施；所有权、使用权不明或者有争议的财产；依法被查封、扣押、监管的财产；法律、行政法规规定不得抵押的其他财产。

③ 抵押登记

a. 必须登记。以建筑物和其他土地附着物、建设用地使用权、海域使用权以及正在建造的建筑物抵押的，应当办理抵押登记。抵押权自登记时设立。如果义务人没有履行抵押登记手续，抵押权并没有设立，未办理物权登记的，合同对方不能享有物权的优先受偿权。

b. 自愿登记。以动产抵押的，抵押权自抵押合同生效时设立，未经登记，不得对抗善意第三人。

④ 抵押权的实现　债务履行期限届满抵押权人未受清偿的，可以与抵押人协议以抵押物折价或者以拍卖、变卖该抵押物所得的价款受偿；协议不成的，抵押权人可以向人民法院提起诉讼。抵押物折价或者拍卖、变卖后，其价款超过债权数额的部分归抵押人所有，不足部分由债务人清偿。

同一财产向两个以上债权人抵押的，拍卖、变卖抵押物所得的价款依照下列规定清偿：

a. 抵押权已经登记的，按照登记的时间先后确定清偿顺序；

b. 抵押权已经登记的先于未登记的受偿；

c. 抵押权未登记的，按照债权比例清偿。

其他可以登记的担保物权，清偿顺序参照适用以上规定。

⑤ 抵押人的权利义务　抵押人的权利包括：保留抵押物的占有权；依法处分抵押物的权利。抵押人的义务为保持抵押物完好。

抵押期间抵押人可以转让抵押财产。当事人另有约定的，按照其约定。抵押财产转让的，抵押权不受影响。抵押人转让抵押财产的，应当及时通知抵押权人，并不需要取得抵押权人的同意。抵押权人能够证明抵押财产转让可能损害抵押权的，可以请求抵押人将转让所得的价款向抵押权人提前清偿债务或者提存。转让的价款超过债权数额的部分归抵押人所有，不足部分由债务人清偿。

【例题 7】 不得抵押的财产有（D）。

A. 建设用地使用权　B. 正在建造的建筑物　C. 原材料　D. 公立学校的教育设施

【例题 8】 同一财产向两个以上债权人抵押的，拍卖、变卖抵押财产所得价款，债权人受偿的原则有（ACE）。

A. 抵押权已登记的，按照登记的时间先后确定清偿顺序

B. 抵押权无论是否登记，均按照债权比例受偿

C. 抵押权已登记的，先于未登记的受偿

D. 抵押权已登记的，按照债权比例清偿

E. 抵押权未登记的，按照债权比例受偿

解析： 抵押权已登记的，按照登记的先后顺序清偿；抵押权已登记的先于未登记的受偿；抵押权未登记的，按照债权比例清偿。

（3）质押

① 质押的概念。质押是指债务人或者第三人将其动产或权利移交给债权人占有，用以担保债权履行的担保形式。债务人或者第三人为出质人，债权人为质权人，移交的动产或权利为质物。质权属于约定的担保物权，以转移占有为特征。

② 质押的分类。质押包括动产质押和权利质押。

a. 动产质押。动产质押是指债务人或者第三人将其动产移交给债权人占有，将该动产作为债权的担保。

b. 权利质押。权利质押是指将一般的权利凭证交给债权人占有的担保。可以质押的权利包括：汇票、支票、本票、债券、存款单、仓单、提单；依法可以转让的股份、股票；依法可以转让的商标专用权、专利权、著作权中的财产权；现有的以及将有的应收账款；法律、行政法规规定可以出质的其他财产权利。

【例题 9】 关于抵押的说法，正确的是（B）。

A. 抵押物只能由债务人提供　　　　B. 正在建造的建筑物可用于抵押

C. 提单可用于抵押　　　　　　　　D. 抵押物应当转移占有

解析： 选项 A 错误，债务人或者第三人都可以提供抵押物；选项 C 错误，提单可用于质押；选项 D 错误，抵押物不转移占有。

（4）留置（法定担保）

留置是指债权人按照合同约定占有对方（债务人）的财产，当债务人不按照合同约定的期限履行其债务时，债权人有权依照法律规定留置该财产并享有处置该财产得到优先受偿的权利。

留置一般仅适用于保管合同、运输合同和加工承揽合同的债权担保。

【例题 10】　承运人按照运输合同约定将货物运输到指定地点后，托运人拒绝支付运输费用，承运人可以对相应的运输货物行使（D）。

A. 质押权　　　　　B. 抵消权　　　　　C. 抵押权　　　　　D. 留置权

（5）定金

① 定金的概念。定金是指当事人双方为了担保债务的履行，约定由当事人一方向对方先行支付一定数额的货币作为担保。定金应当以书面形式约定。定金合同从实际交付之日起生效。

② 定金比例及罚则。定金的数额由当事人约定；但是，不得超过主合同标的额的百分之二十，超过部分不产生定金的效力。实际交付的定金数额多于或者少于约定数额的，视为变更约定的定金数额。

债务人履行债务的，定金应当抵作价款或者收回。给付定金的一方不履行债务或者履行债务不符合约定，致使不能实现合同目的的，无权请求返还定金；收受定金的一方不履行债务或者履行债务不符合约定，致使不能实现合同目的的，应当双倍返还定金。定金不足以弥补一方违约造成的损失的，对方可以请求赔偿超过定金数额的损失。

③ 定金和预付款的区别。预付款是产品或劳务的接受方为表明自己履行合同的诚意或者为对方履行合同提供一定资金，在对方履行合同前率先向对方支付的部分价金或劳务报酬。预付款与定金具有某些相同之处，都是预先给付，但二者有本质区别：

a. 定金的作用在于担保主合同的履行。定金是合同担保方式，还具有证明合同的作用，而预付款则没有担保和证约的作用。当事人对合同是否成立产生争议时，法院或仲裁机构查明是否有定金交付即可判断合同是否成立。

b. 预付款在合同正常履行的情况下，成为价款的一部分；在合同没有得到履行的情况下，不管是给付一方当事人违约，还是接受方违约，预付款都要原数返回。定金则不同，在合同得到履行时，定金是收回还是抵作价款，要根据双方当事人的约定来确定，并非一定抵作价款。在不履行合同的情况下，给付定金的一方不履行债务时，无权要求返还定金；接受定金的一方不履行债务的，应当双倍返还定金。定金具有违约惩罚性，而预付款则没有。

c. 定金只有在交付后才能成立。

定金在合同中运用广泛，不仅适用于以金钱履行义务的合同，也可以适用于其他有偿合同。而预付款一般只能适用于以金钱履行义务的合同。

【例题 11】　6 月 1 日，甲乙双方签订建材买卖合同，总价款为 100 万元，约定由买方交付定金 30 万元。由于资金周转困难，买方于 6 月 10 日实际交付了 25 万元，卖方予以签收。下列说法正确的是（ABE）。

A. 买卖合同是主合同，定金合同是从合同

B. 买卖合同自 6 月 1 日成立

C. 定金合同自 6 月 1 日成立

D. 若卖方不能交付货物，应返还 50 万元

E. 若买方放弃购买，仍可以要求卖方返还 5 万元

解析：定金数额不得超过主合同标的额的 20%。超过的部分无效，不适用双倍返还。若卖方不能交付货物，应返还 $100 \times 20\% \times 2 + 5 = 45$（万元）。定金合同自交付之日起生效。

表 2.1 为五种担保方式比较。

表 2.1 五种担保方式比较

类型	成立	主体	标的	担保范围
保证	保证合同(条款)	债权人、保证人(债务人之外的第三人)	保证人以其信用保证在债务人不履行合同时由保证人履行的行为	主债权及利息、违约金、损害赔偿金、实现债权的费用。合同有约定的依约定
抵押	抵押合同	抵押权人(即债权人)、抵押人(债务人或第三人)	不动产或动产(不转移占有)	主债权及利息、违约金、损害赔偿金、实现抵押权的费用。合同有约定的依约定
质押	质押合同	质权人(即债权人)、出质人(债务人或第三人)	动产或财产权利(需转移占有)	主债权及利息、违约金、损害赔偿金、质物保管费用和实现质权的费用。合同有约定的依约定
留置	法律规定的条件(合同)	债权人、债务人	债务人的动产	主债权及利息、违约金、损害赔偿金、留置物保管费用和实现留置权的费用
定金	定金合同(条款)	给付定金方和接受定金方	金钱	

2.4 诉 讼 时 效

(1) 诉讼时效的概念

诉讼时效是指民事权利受到侵害的权利人在法定的时效期间内不行使权利,在法定的诉讼时效期间届满之后,权利人行使请求权的,人民法院就不再予以保护。超过诉讼时效期间,在法律上发生的效力是权利人的胜诉权消灭,即丧失请求法院保护的权利。

超过诉讼时效期间,权利人虽然丧失胜诉权,但是实体权利本身并不消灭。《民法典》第一百九十二条规定:诉讼时效期间届满的,义务人可以提出不履行义务的抗辩。诉讼时效期间届满后,义务人同意履行的,不得以诉讼时效期间届满为由抗辩;义务人已经自愿履行的,不得请求返还。

(2) 诉讼时效的种类

① 一般诉讼时效期间。向人民法院请求保护民事权利的诉讼时效期间为三年。法律另有规定的,依照其规定。

② 诉讼时效期间的起算。诉讼时效期间从权利人知道或者应当知道其权利被侵害以及义务人之日起计算。从权利被侵害之日起超过 20 年的,人民法院不予保护。

(3) 诉讼时效中断

诉讼时效的中断是指在诉讼时效期间进行中,因发生一定的法定事由,致使已经经过的时效期间统归无效,待时效中断的事由消除后,诉讼时效期间重新起算。

《民法典》第一百九十五条规定,有下列情形之一的,诉讼时效中断,从中断、有关程序终结时起,诉讼时效期间重新计算:权利人向义务人提出履行请求;义务人同意履行义务;权利人提起诉讼或者申请仲裁;与提起诉讼或者申请仲裁具有同等效力的其他情形。

例如 2017 年 10 月 10 日,A 公司与 B 公司签订购销合同,约定 A 公司在 2017 年 10 月 31 日前付清货款 100 万元。但期满时 A 公司分文未付,2018 年 3 月 10 日,B 公司派员催促 A 公司付款未果。诉讼时效期间应从 2017 年 11 月 1 日起计算至 2020 年 10 月 31 日三年届满，诉讼时效期间届满之后，权利人行使请求权的，人民法院不再予以保护。2018 年 3 月 10 日，B 公司派员催促 A 公司付款，引起诉讼时效的中断，诉讼时效期间重新起算。诉讼时效期间自 2018 年 3 月 11 日起重新计算，直到 2021 年 3 月 10 日届满。

（4）诉讼时效中止

诉讼时效中止，是指在诉讼时效期间进行中，因一定的法定事由产生使权利人无法行使请求权，暂停计算诉讼时效期间。待中止时效的事由消除后，诉讼时效期间继续计算。

《民法典》第一百九十四条规定，在诉讼时效期间的最后六个月内，因下列障碍，不能行使请求权的，诉讼时效中止：不可抗力；无民事行为能力人或者限制民事行为能力人没有法定代理人，或者法定代理人死亡、丧失民事行为能力、丧失代理权；继承开始后未确定继承人或者遗产管理人；权利人被义务人或者其他人控制；其他导致权利人不能行使请求权的障碍。自中止时效的原因消除之日起满六个月，诉讼时效期间届满。

例如某开发商拖欠工程材料款，诉讼时效为 3 年，当诉讼时效进行到二年零八个月，发生中止诉讼时效的法定事由，该事由延续 2 个月，则该事由消除后，还有 6 个月的时效期间。

表 2.2 为诉讼时效中断与诉讼时效中止的区别。

表 2.2　诉讼时效中断与诉讼时效中止的区别

不同点	诉讼时效中断	诉讼时效中止
发生的时间不同	诉讼时效中断可以发生在诉讼时效期间内的任何一段时间	诉讼时效中止只能发生在诉讼时效期间的最后六个月内
发生的原因不同	诉讼时效中断的原因是由当事人的主观意志所决定的情况	中止诉讼时效的原因是不以当事人的意志为转移的客观情况
发生的效力不同	诉讼时效中断是将已经过的诉讼时效期间全部推翻，重新起算诉讼时效期间	诉讼时效中止事由持续期间，诉讼时效期间暂停计算，中止诉讼时效的事由消除后无论中止事由发生时原诉讼时效期间剩余多少，剩余的诉讼时效期间均自中止事由消除之日起再计算 6 个月

【例题 12】　某建设工程施工合同约定，建设单位应于工程验收合格交付后支付工程款。2017 年 11 月 1 日，该工程经验收合格交付使用，但建设单位迟迟不予支付工程款。若施工单位通过诉讼解决此纠纷，则下列情形中，会导致诉讼时效中止的是（B）。

A. 2019 年 8 月，施工单位所在地突发洪灾，一个月后恢复生产

B. 2020 年 6 月，施工单位所在地发生强烈地震，一个月后恢复生产

C. 2020 年 7 月，施工单位法定代表人生病住院，一个月后痊愈出院

D. 2020 年 9 月，施工单位向人民法院提起诉讼，但随后撤诉

解析：该题应分两个层次，一是诉讼时效的期限为自 2017 年 11 月 2 日至 2020 年 11 月 1 日共三年，二是引起时效中止的事由必须发生在诉讼时效进行中的最后 6 个月，因此先找一个时间节点，即 2020 年 5 月 1 日之后，诉讼时效中止发生在诉讼时效期间的最后 6 个月内。

· ·　思考与练习　· ·

一、单选题

1. 以下不属于无权代理行为的是（　　　）。

A. 没有代理权　　　　 B. 超越代理权　　　 C. 代理权授权不明确　　 D. 代理权终止

2. 无权代理人代订的合同，未经被代理人追认，相对人又没有正当理由相信行为人有代理权的，其法律后果由（　　）承担。

A. 行为人　　　　　　 B. 被代理人　　　　 C. 代理人　　　　　　 D. 相对人

3. 甲施工企业与乙钢材供应商订立钢材采购合同，合同价款为1000万元，约定定金为300万元。甲实际支付定金100万元，乙按照合同约定开始供货。后在合同履行过程中，双方发生争议。关于本案中定金的说法，正确的是（　　）。

A. 双方约定300万元的定金因为超过合同价款的20％而无效

B. 视为变更约定的定金数额为200万元

C. 若甲违约，致使合同目的不能实现，则应当向乙支付100万元

D. 若乙违约，致使合同目的不能实现，则应当向甲返还200万元

4. 关于无权代理，下列说法正确的是（　　）。

A. 无权代理行为不能转化为合法的代理行为

B. 无权代理是无代理权的行为人以自己名义进行民事和经济活动

C. 代理权终止后继续行使代理行为

D. 被代理人不可以对无权代理行使"追认权"

5. 下列财产中，（　　）可作为抵押物进行抵押。

A. 抵押人所有的房屋　　　　　　　 B. 土地所有权

C. 依法被查封的财产　　　　　　　 D. 抵押人所有的支票

6. 建设单位将自己开发的房地产项目抵押给银行，订立了抵押合同，后来又办理了抵押登记。则（　　）。

A. 项目转移给银行占有，抵押权自签订之日起设立

B. 项目转移给银行占有，抵押权自登记之日起设立

C. 项目不转移占有，抵押权自登记之日起设立

D. 项目不转移占有，抵押权自签订之日起设立

7. 担保的产生源于（　　）对债务人的不信任。

A. 当事人　　　　　　 B. 保证人　　　　　 C. 债权人　　　　　　 D. 被担保人

8. 施工企业和供应商的材料供应合同中约定了定金条款，根据法律规定该合同中的定金条款自（　　）之日起生效。

A. 主合同签字、盖章　　　　　　　 B. 到公证部门办理公证

C. 实际交付定金　　　　　　　　　 D. 双方就定金条款协商达成一致

9. 关于代理的说法，正确的是（　　）。

A. 代理人在授权范围内实施代理行为的法律后果由被代理人承担

B. 代理人可以超越代理权实施代理行为

C. 被代理人对代理人的一切行为承担民事责任

D. 代理是代理人以自己的名义实施民事法律行为

10. 下列有关定金的说法，正确的是（　　）。

A. 给付定金的一方不履行约定债务的，须向债权人再支付与定金等额的款项作为赔偿

B. 给付定金的一方不履行约定债务的，有权要求返还定金

C. 收受定金的一方不履行约定债务的，应当双倍返还定金

D. 收受定金的一方不履行约定债务的，应当只返还定金

11. 债务人将其存款单移交债权人占有，用以担保债务履行的担保方式是（　　）。

A. 抵押　　　　　　　B. 留置　　　　　　　C. 保证　　　　　　　D. 质押

12. 下列关于保证方式的说法，不正确的一项是（　　）。

A. 一般保证，是指当事人在保证合同中约定，当债务人不能履行债务时，由保证人承担保证责任的保证方式

B. 一般保证的保证人在主合同纠纷未经审判或仲裁，并就债务人财产依法强制执行仍不能履行债务前，对债权人可以拒绝承担保证责任

C. 连带保证，是指当事人在保证合同中约定保证人与债务人对债务承担连带责任的保证方式

D. 连带责任保证的债务人在主合同规定的债务履行期届满没有履行债务的，债权人在要求债务人履行债务后，才能要求保证人承担保证责任

13. 必须由第三人为当事人提供担保的方式是（　　）。

A. 保证　　　　　　　B. 抵押　　　　　　　C. 留置　　　　　　　D. 定金

14. 下列关于保证期间描述正确的是（　　）。

A. 债权人承担保证的期间

B. 保证人承担保证责任的期间

C. 债权人与保证人共同承担保证责任的期间

D. 保证合同生效的期间

15. 主债权债务合同无效，担保合同（　　），但法律另有规定的除外。

A. 仍然有效　　　　　B. 无效　　　　　　　C. 在担保期间内有效　　D. 效力待定

二、多选题

1. 甲委托乙前往丙厂采购男装，乙觉得丙生产的女装市场看好，便自作主张以甲的名义向丙订购。丙未问乙的代理权限，便与之订立了买卖合同。对此，下列（　　）是正确的。

A. 甲有追认权　　　　B. 丙有催告权　　　　C. 丙有撤销权　　　　D. 构成表见代理

E. 乙的行为构成无权代理

2. 甲公司委托业务员乙到某地采购电视机，乙到该地发现丙公司的某牌电脑畅销，就用盖有甲公司公章的空白介绍信和空白合同与丙公司签订了购买 500 台某牌电脑的合同。双方约定货到付款。货到后，甲公司拒绝付款，下列论述中正确的是（　　）。

A. 乙购买某牌电脑的行为没有代理权

B. 乙购买某牌电脑的行为构成表见代理，产生有权代理的法律后果

C. 甲公司应接受货物并向丙公司付款

D. 若甲公司受到损失，有权向乙追偿

E. 甲公司可以拒绝收货付款

3. 关于保证方式的说法正确的有（　　）。

A. 保证方式有一般保证和连带责任保证

B. 当事人没有约定保证方式，则为一般保证

C. 当事人没有约定保证方式，则为连带责任保证

D. 一般保证是指债务人没有按约定履行债务时，债权人可直接要求保证人履行

E. 一般保证是指债权人必须首先要求债务人履行

4. 诉讼时效因（　　）而中断，从中断时起，诉讼时效期间重新计算。

A. 提起诉讼　　　　　　　　　　　　　　B. 诉讼时效期间届满

C. 不可抗力　　　　　　　　　D. 当事人一方提出要求

E. 当事人一方同意履行义务

5. 在没有特别约定的情况下，保证责任的范围包括（　　　）。

A. 主债权及利息　　　　　　　B. 损害赔偿金

C. 违约金　　　　　　　　　　D. 实现债权的费用

E. 定金

三、案例分析

张某是甲商贸公司员工，曾长期充当采购员代表甲商贸公司与乙家电生产厂进行购销家电活动。2018 年 3 月，张某因严重违反公司的规章制度被甲商贸公司开除。但是，甲商贸公司并未收回给张某开出的仍在有效期内的介绍信和授权委托书。张某遂凭此介绍信以甲公司的名义，与老合作伙伴乙家电厂签订了 10 万元的家电购买合同，并约定在交货后一个月内付款。乙家电厂在与张某签订合同时，并不知张某已被开除。乙家电厂向张某交货一个月后，仍未收到张某支付的货款，也不知其下落。乙家电厂家于是要求甲商贸公司支付 10 万元货款，甲商贸公司以张某已被开除与其无关为由拒绝支付，双方发生争执。

问题：本案如何处理？

第3章 合同法律制度

《民法典》合同编第四百六十三条规定："本编调整因合同产生的民事关系。"合同编第一分编为通则，规定了合同的订立、效力、履行、保全、变更和转让、终止、违约责任等一般性规则。

3.1 合同法律制度概述

（1）合同的概念

合同是指民事主体之间设立、变更、终止民事法律关系的协议。

建筑市场中的各方主体，包括建设单位、勘察设计单位、施工单位、咨询单位、监理单位、材料设备供应单位等，都要依靠合同确立相互之间的关系。

（2）合同的法律特征

合同的法律特征体现在以下五个方面：

① 合同是一种民事法律行为。民事法律行为是民事主体通过意思表示设立、变更、终止民事法律关系的行为。合同是民事法律行为的一种，《民法典》关于民事法律行为的一般规定，如民事法律行为的有效要件、民事法律行为的无效和撤销等，均可适用于合同。

② 合同是双方民事法律行为。民事法律行为有双方法律行为和单方法律行为之分。仅有一方当事人的意思表示，法律行为即可成立的，是单方法律行为，如立遗嘱。当事人双方意思表示一致，法律行为才可以成立的，属于双方法律行为。合同是典型的双方意思表示一致的行为。所谓意思表示一致，是指一方作出订立合同提议的意思表示，其他当事人作出完全同意对方提出的建议的意思表示。

③ 合同的目的在于设立、变更或终止民事法律关系。当事人订立合同都有一定的目的和宗旨，订立合同都要产生、变更、终止民事权利义务关系。

④ 民事权利要受到诸多因素制约。合同尽管是民事主体之间的协议，但要发生预期的法律后果，还要受到多重因素的制约，例如，法律的效力性强制性规定、善良风俗等，这些制约也为合同当事人的自由约定划定了界限。

⑤ 合同具有相对性。合同的效力仅仅在合同当事人之间才有效力。《民法典》规定，依法成立的合同，仅对当事人具有法律约束力，但是法律另有规定的除外。

（3）合同法律制度的基本原则

① 平等原则。合同当事人的法律地位一律平等，合同中的权利和义务对等，合同当事人必须就合同条款充分协商，达成一致意见，合同才能成立。

② 自愿原则。自愿原则贯彻合同活动的全过程，在遵守法律、行政法规的前提下，合

同当事人可自愿决定是否订立合同，与谁订立合同，自愿约定合同内容，补充和变更合同内容，自愿选择解决争议的方式。

③ 公平原则。在订立合同时，应根据公平原则确定合同当事人的权利和义务、合理分配风险、确定违约责任。

④ 诚实信用原则。合同当事人在订立、履行合同和合同终止后的全过程中，应谨守诚实信用的原则，相互协作，不得有欺诈或其他违背诚实信用的行为。当事人在订立合同时，应当诚实地陈述真实情况，不得有任何隐瞒、欺诈；当事人在履行合同时，应当全面地履行合同的约定或法定的义务，恪守合同；当事人及司法机关在处理合同纠纷时，应当力求正确地解释合同，不得故意曲解合同条款。如在建设工程合同中，当事人是通过欺诈、胁迫等手段订立的合同，则应当承担相应的法律责任。

⑤ 守法与公序良俗原则。民事主体从事民事活动，不得违反法律，不得违背公序良俗。

（4）合同的分类

按照不同标准，合同可以作如下分类。

① 主合同与从合同

a. 主合同：指不依赖其他合同而独立存在的合同。如买卖合同、建筑工程施工合同等。

b. 从合同：以主合同的存在为存在前提的合同。如担保合同、抵押合同。

② 要式合同与不要式合同

a. 要式合同：法律要求必须具备一定形式和手续的合同，如签订建设工程合同必须采用书面形式。

b. 不要式合同：法律不要求必须具备一定形式和手续的合同。

③ 双务合同与单务合同 双务合同是当事人双方相互享有权利和相互负有义务的合同，如买卖、租赁、承揽、运输等合同。单务合同是指仅有一方负担给付义务的合同，即合同当事人双方并不互相享有权利和负担义务，如赠与合同。

④ 诺成合同与实践合同 诺成合同是当事人就合同的主要条款达成协议即能成立的合同，如买卖合同、租赁合同等。实践合同则要求在当事人意思表示一致的基础上，还必须交付标的物或者完成其他给付义务的合同，如保管合同。

⑤ 有偿合同与无偿合同 有偿合同是合同当事人双方任何一方均须给予另一方相应权益方能取得自己利益的合同。而无偿合同的当事人一方无须给予相应权益即可从另一方取得利益。

⑥ 有名合同与无名合同 有名合同，又称为典型合同，是指法律对某类合同赋予名称并为其设定具体规范的合同。《民法典》规定的19类合同就是有名合同，包括：买卖合同；供用电、水、气、热力合同；赠与合同；借款合同；保证合同；租赁合同；融资租赁合同；保理合同；承揽合同；建设工程合同；运输合同；技术合同；保管合同；仓储合同；委托合同；物业服务合同；行纪合同；中介合同；合伙合同。无名合同，又称为非典型合同，是指法律尚未确立一定的名称和具体规则的合同。无名合同应直接适用《民法典》合同编通则，参照适用《民法典》合同编分则。

建设工程项目涉及的合同主要有：买卖合同，如建设工程物资采购合同；建设工程合同，包括建设工程勘察、设计合同，建设工程施工合同；委托合同，如建设工程（委托）监理合同等。

【例题1】 根据不同的分类标准，建设工程施工合同属于（A）。

A. 有名合同，双务合同，有偿合同　　　　B. 有名合同，双务合同，不要式合同

C. 无名合同，单务合同，要式合同　　　　D. 有名合同，单务合同，要式合同

3.2　合同的订立和成立

3.2.1　合同的形式和内容

（1）合同形式的概念和分类

合同的形式可分为书面形式、口头形式或其他形式。书面形式是指合同书、信件和数据电文（包括电报、电传、传真、电子数据交换和电子邮件）等可以有形地表现所载内容的形式。法律、行政法规规定或者当事人约定采用特定形式的，应当采用特定形式。

（2）合同的内容

合同一般应当包括的主要条款有：

① 当事人的名称或者姓名和住所。包括当事人的姓名（自然人）或名称（经济组织）、法定代表人（负责人）、委托代理人、住所（自然人的户口所在地或经常住所地、经济组织的主要办事机构或主要经营场地）、电话、传真、银行账号等。

② 标的。标的是合同当事人双方权利和义务共同指向的对象。标的的表现形式为物、劳务、行为、智力成果、工程项目等。

③ 数量。施工合同中的数量主要体现的是工程量的大小。

④ 质量。建设工程中的质量标准大多是强制性的质量标准，当事人的约定不能低于这些强制性的标准。

⑤ 价款或者报酬。价款或者报酬是当事人一方向交付标的的另一方支付的货币。合同条款中应写明有关银行结算和支付方法的条款。

⑥ 履行的期限、地点和方式。

⑦ 违约责任。违约责任是任何一方当事人不履行或者不适当履行合同规定的义务而应当承担的法律责任。

⑧ 解决争议的方法。在合同履行过程中不可避免地会产生争议，为使争议发生后能够有一个双方都能接受的解决办法，应当在合同条款中对此作出规定。

3.2.2　合同的订立

当事人订立合同，可以采取要约、承诺方式或其他方式，如招标投标、拍卖等。

（1）要约

① 要约的概念和生效　要约又称发盘、出盘、发价、出价、报价，是订立合同的必经阶段。要约是一种订约行为，发出要约的人称为要约人，接受要约的人称为受要约人或相对人。要约是希望和他人订立合同的意思表示。

要约应具备以下条件：

a. 内容具体确定，要约必须具备合同的一般条款。

b. 表明经受要约人承诺，要约人即受该意思表示约束。

以对话方式作出的意思表示（要约），相对人知道其内容时生效。以非对话方式作出的

意思表示（要约），到达相对人时生效。要约的法律效力指要约生效后发生的法律后果。要约的法律效力分为对受要约人的效力和对要约人的效力两个方面。

第一，对受要约人的效力。要约生效后，受要约人取得承诺的权利。受要约人没有承诺的义务。受要约人不作出承诺的，合同不能成立，并不负任何责任。除法律有特别规定或者双方事先另有约定外，受要约人不承诺时也不负通知的义务；即使要约人单方在要约中表明不作通知即为承诺，该声明对受要约人也没有拘束力。

第二，对要约人的效力。要约人发出要约，一般应当在要约中指明要约答复的期限。这个期限，又称为要约的有效期限。在要约有效期限内，要约人要受要约的约束。主要表现在：受要约人如果接受要约，要约人有签订合同的义务；要约人在要约有效期限内不得随意撤销或变更要约。因为在要约的有效期限内受要约人可能因接到该要约而拒绝了第三人发来的相同内容的要约，或者为承诺要约后的合同履行已经作了准备，如果允许要约人随意撤销或变更要约，则可能使受要约人受到损失。

在建设工程合同签订过程中，承包人向发包人递交投标文件的投标行为就是一种要约行为，投标文件中应包含建设工程合同具备的主要条款，如工程造价、工程质量、工程工期等内容，作为要约的投标对承包人具有法律约束力，表现在承包人在投标生效后无权修改或撤回投标以及一旦中标就必须与发包人签订合同，否则要承担相应责任等。

② 要约邀请　要约邀请是希望他人向自己发出要约的意思表示。要约邀请并不是合同成立过程中的必经过程，它是当事人订立合同的预备行为，在法律上无须承担责任。这种意思表示的内容往往不确定，不含有合同得以成立的主要内容，也不含相对人同意后受其约束的表示。拍卖公告、招标公告、招股说明书、债券募集办法、基金招募说明书、商业广告和宣传、寄送的价目表等为要约邀请。商业广告和宣传的内容符合要约条件的，构成要约。在建设工程合同签订过程中，发包人发布招标公告或投标邀请书的行为就是一种要约邀请行为，其目的在于邀请承包人投标。

要约邀请不同于要约。要约邀请在前，要约在后，要约邀请人无须对自己的行为承担法律责任；而要约却具有法律约束力。

③ 要约的撤回与撤销

a. 要约的撤回。要约的撤回是指要约在发生法律效力之前，欲使其不发生法律效力而取消要约的意思表示。撤回要约的通知应当在要约到达受要约人之前或与要约同时到达受要约人。

b. 要约撤销。要约撤销是指要约在发生法律效力之后，要约人欲使其丧失法律效力而取消该要约的意思表示。撤销要约的意思表示以对话方式作出的，该意思表示的内容应当在受要约人作出承诺之前为受要约人所知道；撤销要约的意思表示以非对话方式作出的，应当在受要约人作出承诺之前到达受要约人。

下列要约不得撤销：要约人确定承诺期限或者以其他形式明示要约不可撤销；受要约人有理由认为要约是不可撤销的，并已经为履行合同做了准备工作。

【例题2】　承包商为追赶工期，向水泥厂紧急发函要求按市场价格订购200t 42.5级硅酸盐水泥，并要求3日内运抵施工现场。则承包商的订购行为（D）。

A. 属于要约邀请，随时可以撤销

B. 属于要约，在水泥运抵施工现场前可以撤回

C. 属于要约，在水泥运抵施工现场前可以撤销

D. 属于要约，而且不可撤销

解析： 内容具体确定，属于要约，要约人确定承诺期限，要约不得撤销。

④ 要约的失效　要约的失效是指要约丧失了法律拘束力。要约失效的原因有：承诺期限届满而没有承诺；要约被依法撤销；要约被拒绝；受要约人对要约的内容作出实质性变更（新要约）。

（2）承诺

① 承诺的概念和条件。承诺是受要约人作出的同意要约的意思表示。

承诺必须具备以下条件：

a. 承诺必须由受要约人作出。非受要约人向要约人作出的接受要约的意思表示是一种要约而非承诺。

b. 承诺只能向要约人作出。

c. 承诺的内容应当与要约的内容一致。受要约人对合同标的、数量、质量、价款或报酬、履行期限与履行地点和方式、违约责任和解决争议方法等的变更，是受要约人对要约内容的实质性变更，视为新要约。

d. 承诺必须在承诺期限内发出。

【例题 3】　某施工企业向某材料供应商发出了要约，材料供应商在对施工企业的答复中仅仅要求将交货时间推迟一天。材料供应商的答复是对施工企业要约的（B）。

A. 实质性变更，该承诺有效　　　　　B. 实质性变更，不构成承诺

C. 非实质性变更，不构成承诺　　　　D. 非实质性变更，视为新要约

在建设工程合同的招标投标中，招标人发出中标通知书的行为是承诺。

② 承诺方式和生效。承诺应当以通知的方式作出，根据交易习惯或者要约表明可以通过行为作出承诺的除外。以对话方式作出的意思表示（承诺），相对人知道其内容时生效。以非对话方式作出的意思表示（承诺），到达相对人时生效。承诺不需要通知的，根据交易习惯或者要约的要求作出承诺的行为时生效。

③ 承诺的撤回。承诺的撤回是承诺人阻止承诺发生法律效力的意思表示。承诺可以撤回，撤回承诺的通知应当在承诺通知到达要约人之前到达或与承诺通知同时到达要约人。

④ 迟到的承诺。超过承诺期限到达的承诺称为迟到的承诺。

受要约人超过承诺期限发出的承诺或者在承诺期限内发出承诺，按照通常情形不能及时到达要约人的，为新要约。除非要约人及时通知受要约人该承诺有效。

【例题 4】　关于要约和承诺，下列表述错误的是（D）。

A. 要约和承诺是合同订立的必经程序　　B. 书面要约和承诺都是到达时生效

C. 要约可以撤回，承诺也可以撤回　　　D. 要约可以撤销，承诺也可以撤销

【例题 5】　甲商场向乙企业发出采购 100 台电冰箱的要约，乙于 5 月 1 日寄出承诺信件，5 月 8 日信件寄至甲商场，适逢其总经理外出，5 月 9 日总经理知悉了该信内容，遂于 5 月 10 日电传告知乙收到承诺。该承诺（B）生效。

A. 5 月 1 日　　　　　B. 5 月 8 日　　　　　C. 5 月 9 日　　　　　D. 5 月 10 日

【例题 6】　关于要约和承诺的说法，正确的是（B）。

A. 撤回要约的通知应当在要约到达受要约人之后到达受要约人

B. 承诺的内容应当与要约的内容一致

C. 要约邀请是合同成立的必经过程

D. 撤回承诺的通知应当在要约确定的承诺期限内到达要约人

【例题7】 有关要约和承诺的说法，错误的是（ACD）。

A. 承诺在承诺通知发出时生效

B. 书面要约在到达受要约人时生效

C. 要约可以撤回，但不可以撤销

D. 承诺只能在承诺通知到达要约人时撤回

E. 建筑工程合同的投标书是要约

3.2.3 合同成立条件

合同的成立应具备以下条件：

① 订约主体存在双方或多方当事人。

② 当事人必须就合同的主要条款协商一致。即合同必须经过双方当事人协商一致才成立。

③ 合同的成立应具备要约和承诺阶段。要约和承诺是合同成立的基本规则，也是合同成立必须经过的两个阶段。如果合同没有经过承诺，而只是停留在要约阶段，则合同未成立。

【案例1】 甲公司于2019年3月10日向乙公司发出电子邮件称："现有 A 型钢材 100 吨，每吨 2500 元，如贵方需购，望于收到电子邮件之日起一周内回复，也可直接带款提货。"3月12日，乙公司给甲公司回复称："接受贵方提供的 A 型钢材 100 吨，但价格希望以每吨 2400 元成交，如同意可在 7 日内将货送至本公司。"甲公司收到电子邮件后未予答复。

问题：

① 甲、乙之间合同是否成立？为什么？

② 如甲公司在 2019 年 3 月 11 日得知 A 型钢材可能涨价，拟撤销要约，是否可以？为什么？

③ 假设乙公司在 2019 年 3 月 20 日回复甲公司称"完全接受贵方条件"。甲公司收到电子邮件后未予答复，则甲、乙之间合同关系是否成立？为什么？

④ 假设乙公司接到甲公司 2019 年 3 月 10 日电报后，于 3 月 12 日派人带款提货，而此时甲公司已将这 100 吨钢材高价卖给了丙公司，甲公司是否需对乙公司承担法律责任？为什么？

【分析】

① 甲、乙之间合同不成立。因为乙公司的答复变更了甲公司要约中实质性内容，不属于承诺，而是一个新要约，甲公司接电后未予答复，故甲、乙之间合同不成立。

② 不可以。因为要约人确定了承诺期限的，要约不得撤销。本案中，甲的要约中确定了承诺期限，故甲不得撤销要约。

③ 甲、乙之间合同不成立。因为乙公司发出承诺时已超过承诺期限，应视为新要约，故甲、乙之间合同不成立。

④ 甲公司应对乙公司承担法律责任。因为乙公司在承诺期内带款提货，以实际行为承诺，合同成立。甲公司向乙公司发出的是一个确定承诺期限的要约，甲公司如无法履行其义务，违反诚实信用原则，理应向乙公司承担法律责任。

3.2.4 合同成立时间

① 通常情况下，承诺生效时合同成立。承诺生效是合同成立的实质要件，也是判断合

同成立时间的标准。承诺是对要约的接受，承诺生效，两个意思表示取得一致，合同成立。

② 当事人采用合同书形式订立合同的，自当事人均签名、盖章或者按指印时起合同成立。在签名、盖章或者按指印之前，当事人一方已经履行主要义务，对方接受时，该合同成立。

③ 法律、行政法规规定或者当事人约定合同应当采用书面形式订立，当事人未采用书面形式但是一方已经履行主要义务，对方接受时，该合同成立。

④ 信件、数据电文形式合同和网络合同成立时间的规定如下：

a. 当事人采用信件、数据电文等形式订立合同要求签订确认书的，签订确认书时合同成立。

b. 当事人一方通过互联网等信息网络发布的商品或者服务信息符合要约条件的，对方选择该商品或者服务并提交订单成功时合同成立，但是当事人另有约定的除外。

【例题8】　某水泥厂在承诺有效期内，对施工单位订购水泥的要约做出了完全同意的答复，则该水泥买卖合同成立的时间为（ A ）。

A. 水泥厂的答复文件到达施工单位时　　B. 施工单位发出订购水泥的要约时

C. 水泥厂发出答复文件时　　　　　　　D. 施工单位订购水泥的要约到达水泥厂时

【例题9】　甲公司向乙公司购买了一批钢材，双方约定采用合同书的方式订立合同，由于施工进度紧张，在甲公司的催促之下，在双方未签字盖章之前，乙公司将钢材送到了甲公司，甲公司接受并投入工程使用。甲、乙公司之间的买卖合同（ B ）。

A. 无效　　　　　　　B. 成立　　　　　　　C. 可变更　　　　　　　D. 可撤销

3.2.5　缔约过失责任

（1）缔约过失责任的概念

缔约过失责任，是指在订立合同的过程中，当事人由于过错违反先合同义务而依法承担的民事责任。

先合同义务，是当事人为订立合同而相互接触和协商期间产生的义务，它包括当事人之间的互相协助、互相通知、互相保护，对合同有关事宜给予必要和充分的注意等义务。由于此时合同还没有成立，因此先合同义务不是合同义务；因违反先合同义务承担的赔偿责任也不是合同责任。

（2）缔约过失责任的构成要件

① 当事人违反了先合同义务。即当事人的行为发生在订立合同过程中。缔约过失责任是针对合同尚未成立应当承担的责任。

② 缔约一方受有损失。缔约过失责任的损失是一种信赖利益的损失，即缔约人信赖合同有效成立，但因法定事由发生，致使合同不成立、无效或被撤销等而造成的损失。

③ 缔约当事人有过错。承担缔约过失责任一方应当有过错，包括故意行为和过失行为导致的后果责任。

④ 合同尚未成立。这是缔约过失责任和违约责任的区别。合同一旦成立，当事人应当承担的是违约责任。

⑤ 缔约当事人的过错行为与该损失之间有因果关系。缔约当事人的过错行为与该损失之间有因果关系，即该损失是由违反先合同义务引起的。

（3）承担缔约过失责任的情形

① 假借订立合同，恶意进行磋商；

② 故意隐瞒与订立合同有关的重要事实或提供虚假情况；

③ 有其他违背诚实信用原则的行为；

④ 违反缔约中的保密义务。

当事人在订立合同过程中知悉的商业秘密，无论合同是否成立，不得泄露或者不正当使用。泄露或者不正当使用该商业秘密给对方造成损失的，应当承担损害赔偿责任。

【例题 10】 下列情形中，（C）应承担缔约过失责任。

A. 甲公司拒绝了受要约人迟到的承诺

B. 采购方要求乙公司以低于市场价 10% 的价格供货，乙公司予以拒绝，与他人订立了买卖合同

C. 丙公司收到中标通知书后不与招标人签订合同，造成招标人经济损失

D. 丁公司未按合同约定提交履约保证金

【例题 11】 下列属于应当承担缔约过失责任的情形是（D）。

A. 施工单位没有按照合同约定的时间完成工程

B. 建设单位没有按照合同约定的时间支付工程款

C. 施工单位在投标时借用了其他企业的资质，在资格预审时没有通过审查

D. 建设单位在发出中标通知书后，改变了中标人

解析： 选项 A、B 是违约责任。

【例题 12】 甲、乙两公司拟签订 A 商品的购销合同，在签订过程中，甲公司故意隐瞒了提供的 A 商品是赝品的关键事实，后经乙公司调查发现，给乙公司造成损失 60 万元，导致合同无法订立，根据法律规定，（A）。

A. 甲公司应承担缔约过失责任　　　　　B. 甲公司应承担违约责任

C. 乙公司自行承担损失　　　　　　　　D. 甲公司不用承担赔偿责任

解析： 缔约过失责任是指当事人在订立合同过程中，因为违背诚实信用原则给对方造成损失时所应承担的法律责任。当事人承担违约责任的前提是合同已经成立。本题中合同未成立，甲无须承担违约责任。

3.3　合同的效力

3.3.1　合同的生效

合同生效是指合同对双方当事人的法律约束力的开始。《民法典》规定："依法成立的合同，仅对当事人具有法律约束力，但是法律另有规定的除外。"

3.3.2　合同生效时间

① 依法成立的合同，自成立时生效，但是法律另有规定或者当事人另有约定的除外。

② 依照法律、行政法规的规定，合同应当办理批准等手续的，依照其规定。

3.3.3　合同成立与合同生效的关系

当事人对合同的效力可以约定附条件和附期限。附生效条件的合同，自条件成熟时生

效；附生效期限的合同，自期限届至时生效。在这两种情形下，合同的成立与生效的时间具有非同一性。

合同成立是合同生效的前提条件，合同生效和合同成立是两个不同的概念。合同成立，即意味着当事人双方就合同的主要条款已经达成一致。合同的成立主要表现了当事人的意志，体现了自愿订立合同的原则。成立的合同并不一定具有法律效力。已经成立的合同，如果不符合法律规定的生效要件，仍不能产生法律效力。

3.3.4 有效合同的条件

① 合同的主体合格。当事人具有相应的民事权利能力和民事行为能力。

在建设工程合同中，合同当事人一般都应当具有法人资格，并且承包人还应当具备相应的资质等级；否则，订立的建设工程合同无效。

② 意思表示真实。意思表示不真实具体表现为欺诈、胁迫或重大误解等，意思表示不真实的合同不能取得法律效力。

③ 不违反法律、行政法规的强制性规定，不违背公序良俗。

3.3.5 效力待定的合同

效力待定合同，是指合同虽然已经成立，但因并不完全符合合同有效的要件的规定，因此其能否生效尚未确定，一般须经有权人追认才能生效的合同。

（1）限制民事行为能力人订立的合同

十八周岁以上的自然人为成年人。不满十八周岁的自然人为未成年人。成年人为完全民事行为能力人，可以独立实施民事法律行为。十六周岁以上的未成年人，以自己的劳动收入为主要生活来源的，视为完全民事行为能力人。八周岁以上的未成年人为限制民事行为能力人，实施民事法律行为由其法定代理人代理或者经其法定代理人同意、追认，但是可以独立实施纯获利益的民事法律行为或者与其年龄、智力相适应的民事法律行为。不满八周岁的未成年人为无民事行为能力人，由其法定代理人代理实施民事法律行为。

限制民事行为能力人订立的合同，经法定代理人追认以后，合同有效。相对人可以催告法定代理人在 1 个月内予以追认。法定代理人未作表示的，视为拒绝追认。

（2）无代理权人订立的合同

行为人没有代理权、超越代理权或者代理权终止后以被代理人的名义订立的合同，未经被代理人追认，对被代理人不发生效力，由行为人承担责任。相对人可以催告被代理人在 1 个月内予以追认。权利人的追认可以使无权代理行为有效。被代理人未作表示的，视为拒绝追认。合同被追认之前，善意相对人有撤销的权利，撤销应当以通知的方式作出。

【案例 2】 甲商场业务员乙到丙公司采购空调，见丙公司生产的浴室防水暖风机小巧实用，尤其在北方没有来暖气之前，以及停止供暖之后的一段时间内对普通家庭非常实用，遂自行决定购买一批该公司生产的暖风机。货运到后，甲商场即对外销售该暖风机。后因该市提前供应暖气，暖风机的销量大减。甲商场这时想到乙是自作主张购买暖风机，商场有权拒绝支付货款。丙公司因收不回货款而诉至法院。

问题：本案中甲商场应否支付货款？为什么？

【分析】 乙自行决定购买丙公司生产的暖风机属于超越代理权限行为，甲商场接收了该货物并实际对外销售该暖风机，甲商场以实际行为表明其对该无权代理行为进行了追认，追认后该合同即为有效合同，甲商场应当履行合同支付货款。

3.3.6　无效合同

无效合同是指当事人违反了法律规定的条件而订立的，国家不承认其效力，不给予法律保护的合同。无效合同从订立之时起就没有法律效力。

① 无效合同的种类。《民法典》规定下列民事法律行为（合同）无效：

a. 违反法律、行政法规的强制性规定的合同。在建设工程领域，违反《建筑法》、《城乡规划法》等订立的合同往往因为违反这些法律的强制性规定而导致合同无效。

b. 违背公序良俗的合同。公序良俗是公共秩序与善良风俗的简称。

c. 行为人与相对人恶意串通，损害他人合法权益的合同。行为人和相对人之间必须具有意思联络、共同恶意，方构成恶意串通。如果只有一方具有损害他人权益的主观恶意，另一方不知情或者虽然知情但并无主观恶意的，不构成恶意串通。

d. 以虚假的意思表示实施的合同。行为人与相对人以虚假的意思表示实施的民事法律行为无效。

e. 无民事行为能力人实施的民事法律行为（订立的合同）。不能辨认自己行为的八周岁以上未成年人、成年人和不满八周岁的人为无民事行为能力人。

② 无效的免责条款。合同免责条款，是指当事人约定免除或者限制其未来责任的合同条款。合同中的下列免责条款无效：

a. 造成对方人身伤害的。

b. 因故意或者重大过失造成对方财产损失的。

③ 无效合同的确认。无效合同的确认权归人民法院或者仲裁机构，合同当事人或其他任何机构均无权认定合同无效。

3.3.7　可撤销的合同

可撤销的合同主要是意思表示不真实的合同。可撤销合同的效力取决于当事人的意志，其有效与否，取决于有撤销权的一方当事人是否行使撤销权。只有人民法院或者仲裁机构有权撤销合同。可撤销的合同不同于无效合同，在被撤销前是有效的，被撤销后自始无效。

① 导致合同可撤销的原因

a. 基于重大误解而订立的合同；

b. 在订立合同时显失公平的合同；

c. 以欺诈、胁迫等手段或者乘人之危，使对方在违背真实意思的情况下订立的合同。

在上述三种情形下订立的合同，因违背了意思表示真实的合同生效要件，当事人提出请求是合同撤销的前提，人民法院或者仲裁机构不得主动撤销合同。

② 可撤销合同与无效合同比较

a. 两者的性质不同。无效合同是一种绝对无效的合同。可撤销合同在合同被撤销前，合同是有效的，并不因合同存在可撤销的因素就认为其无效，但当撤销权人行使撤销权，撤销了合同时，该合同自始归于无效，产生与无效合同相同的法律后果。

b. 两者的法律后果有所不同。无效合同不但自始至终不能产生法律效力，而且有关当事人还要对其行为负有法律责任。可撤销合同是根据享有撤销权一方当事人的主观意愿而决定其法律义务和责任的。

c. 两者体现的原则也不同。因为无效合同是违犯国家法律、法规的行为，所以无效合同即使是当事人愿意履行其合同义务，国家法律也是坚决不能允许的。可撤销合同是有撤销权一方当事人有权自主决定对其合同在法定期限内是否向人民法院或仲裁机构申请合同的撤销，体现了当事人意思自治原则。撤销权人是否行使撤销权以撤销合同，由撤销权人自由决定。

③ 合同撤销权的消灭

a. 当事人自知道或者应当知道撤销事由之日起一年内、重大误解的当事人自知道或者应当知道撤销事由之日起九十日内没有行使撤销权。

b. 当事人受胁迫，自胁迫行为终止之日起一年内没有行使撤销权。

c. 当事人知道撤销事由后明确表示或者以自己的行为表明放弃撤销权。

d. 当事人自民事法律行为发生之日起五年内没有行使撤销权的，撤销权消灭。

④ 无效合同及合同被撤销后的法律后果 无效的或者被撤销的民事法律行为（合同）自始没有法律约束力。民事法律行为无效、被撤销或者确定不发生效力后，行为人因该行为取得的财产，应当予以返还；不能返还或者没有必要返还的，应当折价补偿。有过错的一方应当赔偿对方由此所受到的损失；各方都有过错的，应当各自承担相应的责任。法律另有规定的，依照其规定。

合同不生效、无效、被撤销或者终止的，不影响合同中有关解决争议方法的条款的效力。

【例题 13】 某施工合同因承包人重大误解而属于可撤销合同时，下列表述错误的是（C）。

A. 承包人可申请法院撤销合同

B. 承包人可放弃撤销权，继续认可该合同

C. 承包人放弃撤销权后发包人享有该权利

D. 承包人享有撤销权而发包人不享有该权利

【例题 14】 甲、乙两企业于 2018 年 8 月 12 日签订了货物买卖合同，甲企业在 8 月 25 日向人民法院请求撤销该合同，原因是甲企业在 8 月 20 日发现自己对合同的标的有重大误解，8 月 30 日人民法院依法撤销了该合同。关于该合同的效力，下列说法正确的是（C）。

A. 该合同在 8 月 30 日被撤销前为无效合同

B. 该合同在 8 月 30 日被撤销后，自 8 月 30 日起无效

C. 该合同在 8 月 30 日被撤销后，自 8 月 12 日起无效

D. 该合同在 8 月 30 日被撤销后，自 8 月 20 日起无效

解析： 可撤销合同的撤销权人可以撤销合同，也可以不撤销合同。该合同在 8 月 30 日被撤销前为有效合同，选项 A 错；如果当事人不行使撤销权，则该合同属于有效的合同，只有申请撤销且被撤销的合同，才没有法律效力。该合同一经撤销，其效力自签订合同时起无效。

3.4 合同的履行

3.4.1 合同履行规则

合同履行是指合同各方当事人按照合同的规定，全面履行各自的义务，实现各自的权

利，使各方的目的得以实现的行为。合同的履行，以有效的合同为前提和依据，因此，无效合同不存在履行问题。

（1）合同条款约定不明确时的履行规则

合同当事人双方应当按照合同约定全面履行自己的义务，包括履行义务的主体、标的、数量、质量、价款或者报酬以及履行的方式、地点、期限等，都应当按照合同的约定全面履行。合同有明确约定的，按照约定履行；合同没有明确约定的，双方可以协议补充；不能达成补充协议的，按照合同有关条款或者交易习惯确定。

合同内容约定不明确，又不能达成补充协议时的履行规则：

① 质量要求不明确的，按照强制性国家标准履行；没有强制性国家标准的，按照推荐性国家标准履行；没有推荐性国家标准的，按照行业标准履行；没有国家标准、行业标准的，按照通常标准或者符合合同目的的特定标准履行。

② 价款或者报酬不明确的，按照订立合同时履行地的市场价格履行；依法应当执行政府定价或者政府指导价的，按照规定履行。

③ 履行地点不明确，给付货币的，在接受货币一方所在地履行；交付不动产的，在不动产所在地履行；其他标的，在履行义务一方所在地履行。

④ 履行期限不明确的，债务人可以随时履行，债权人也可以随时要求履行，但应当给对方必要的准备时间。

⑤ 履行方式不明确的，按照有利于实现合同目的的方式履行。

⑥ 履行费用的负担不明确的，由履行义务一方负担；因债权人原因增加的履行费用，由债权人负担。

（2）执行政府定价或政府指导价的合同履行

执行政府定价或者政府指导价的，在合同约定的交付期限内政府价格调整时，按照交付时的价格计价。逾期交付标的物的，遇价格上涨时，按照原价格执行；价格下降时，按照新价格执行。逾期提取标的物或者逾期付款的，遇价格上涨时，按照新价格执行；价格下降时，按照原价格执行。

【例题 15】　某建筑公司向供货商采购某种国家定价的特种材料，合同签订时价格为 4000 元/t，约定 6 月 1 日运至某工地。后供货商迟迟不予交货，8 月下旬，国家调整价格为 3400 元/t，供货商急忙交货。双方为结算价格产生争议。下列说法正确的是（B）。

A. 应按合同约定的价格 4000 元/t 结算

B. 应按国家确定的最新价格 3400 元/t 结算

C. 应当按新旧价格的平均值结算

D. 双方协商确定，协商不成的应当解除合同

（3）电子合同标的交付时间

通过互联网等信息网络订立的电子合同的标的为交付商品并采用快递物流方式交付的，收货人的签收时间为交付时间。电子合同的标的为提供服务的，生成的电子凭证或者实物凭证中载明的时间为提供服务时间；前述凭证没有载明时间或者载明时间与实际提供服务时间不一致的，以实际提供服务的时间为准。

电子合同的标的物为采用在线传输方式交付的，合同标的物进入对方当事人指定的特定系统且能够检索识别的时间为交付时间。

电子合同当事人对交付商品或者提供服务的方式、时间另有约定的，按照其约定。

3.4.2　合同履行中的抗辩权

抗辩权是指在双务合同的履行中，双方都应当履行自己的债务，一方不履行或者有可能不履行时，另一方可以据此拒绝对方的履行要求。《民法典》合同编规定了同时履行抗辩权、先履行抗辩权和不安抗辩权，三者比较见表 3.1。

表 3.1　同时履行抗辩权、先履行抗辩权和不安抗辩权比较

项目		同时履行抗辩权	先履行抗辩权	不安抗辩权
共同点		由同一双务合同产生互负的对价给付债务	由同一双务合同产生互负的对价给付债务	由同一双务合同产生互负的对价给付债务
适用条件	不同点	①合同中未约定履行的顺序 ②对方当事人没有履行债务或者没有正确履行债务 ③对方的对价给付是可能履行的义务	①合同中约定了履行的顺序 ②应当先履行债务的当事人没有履行债务或者没有正确履行债务 ③应当先履行的对价给付是可能履行的义务	①合同中约定了履行的顺序 ②应当先履行债务的当事人，有确切证据证明对方有下列情形之一的，可以中止履行： 　a. 经营状况严重恶化； 　b. 转移财产、抽逃资金，以逃避债务； 　c. 丧失商业信誉； 　d. 有丧失或者可能丧失履行债务能力的其他情形
有权行使方		双方当事人均可行使	后履行义务的一方当事人有权行使	先履行义务的一方当事人有权行使
采取的措施		拒绝履行	拒绝履行	(暂停)中止履行并及时通知对方
其他				对方提供适当担保时，应当恢复履行。对方在合理期限内未恢复履行能力并且未提供适当担保的，视为以自己的行为表明不履行主要债务，中止履行的一方可以解除合同并可以请求对方承担违约责任

不安抗辩权制度在于保护先履行义务一方当事人。

【例题 16】 某建设单位与供应商之间的建筑材料采购合同中约定，工程竣工验收后 1 个月内支付材料款，其间，建设单位经营状况严重恶化，供应商遂暂停供应建筑材料，要求先付款，否则终止供货，则供应商的行为属于行使（C）。

A. 同时履行抗辩权　　　B. 先履行抗辩权　　　　C. 不安抗辩权　　　　D. 先诉抗辩权

【例题 17】 某施工合同中约定了承包商带资进行工程建设，业主在竣工后支付工程款，则以下表述正确的是（B）。

A. 在任何情况下，承包商都要先履行义务，否则就要承担违约责任

B. 如果承包商有确切证据证明业主将丧失支付工程款能力，可以中止履行合同

C. 如果承包商有确切证据证明业主将丧失支付工程款能力，就可以终止履行合同

D. 如果承包商有确切证据证明业主丧失支付工程款能力，承包商可以自由选择是中止履行合同还是解除合同

解析： 目前司法解释规定带资承包不影响合同效力。根据规定，当事人在行使不安抗辩权时，应及时通知对方中止履行合同。中止履行后，只有对方在合理期限内未恢复履行能力并且未提供适当的担保的，中止履行的一方才能解除合同。

【例题 18】 甲乙订立买卖合同，双方约定：甲应于 2019 年 9 月 1 日向乙交付货物，乙

应于9月8日向甲支付货款。8月底，甲发现乙经营状况严重恶化，并有证据证明，则在9月1日时，甲可以采取的措施是（D）。

    A. 须按约定交付货物，但可以请求乙提供相应担保

    B. 须交付货物，但可以仅先交付部分货物

    C. 须按约定交付货物，如乙不付款可追究其违约责任

    D. 有权拒绝交货，除非乙提供相应担保

解析： 当事人在行使不安抗辩权时，应及时通知对方中止履行合同。中止履行后，只有对方在合理期限内未恢复履行能力并且未提供适当的担保的，中止履行的一方才能解除合同并可以请求对方承担违约责任。

3.4.3 情势变更抗辩

根据《民法典》规定，情势变更是指合同成立后，合同的基础条件发生了当事人在订立合同时无法预见的、不属于商业风险的重大变化，继续履行合同对于当事人一方明显不公平的，受不利影响的当事人可以与对方重新协商；在合理期限内协商不成的，当事人可以请求人民法院或者仲裁机构变更或者解除合同。情势变更对于合同的履行来说是相当重要的，人民法院或者仲裁机构应当结合案件的实际情况，根据公平原则变更或者解除合同。

3.4.4 债权人的保全措施

保全措施是指为防止因债务人的财产不当减少而给债权人带来危害时，允许债权人为确保其债权的实现而采取的法律措施。这些措施包括代位权和撤销权两种。

（1）代位权

代位权是指债权人为确保其债权实现，当债务人怠于行使对第三人的债权而危及债权时，以自己的名义替债务人行使债权的制度。

《民法典》规定：因债务人怠于行使其债权或者与该债权有关的从权利，影响债权人的到期债权实现的，债权人可以向人民法院请求以自己的名义代位行使债务人对相对人的权利，但是该权利专属于债务人自身的除外。

人民法院认定代位权成立的，由债务人的相对人向债权人履行义务，债权人接受履行后，债权人与债务人、债务人与相对人之间相应的权利义务终止。

代位权的行使应符合以下要件：第一，债权人与债务人之间必须有合法的债权债务的存在；第二，债务人对第三人享有到期的债权；第三，须债务人怠于行使其权利；第四，须债务人怠于行使权利的行为损害债权人的债权。

代位权的行使范围以债权人的到期债权为限。债权人行使代位权的必要费用，由债务人负担。债权人行使代位权是以自己为原告，以相对人（第三人）为被告，要求相对人将其对债务人履行的债权向自己履行。

【例题19】 甲欠乙50万元贷款，乙又欠丙20万元贷款，因乙怠于行使到期债权，又不能清偿对丙的欠款，为此丙起诉甲要求支付欠款，下列说法正确的是（B）。

A. 丙不能以自己名义起诉甲   B. 丙起诉甲是在行使代位权

C. 丙起诉甲以50万元为限   D. 丙的起诉费用由自己支付

（2）撤销权

撤销权，是指债权人对于债务人减少财产以致危害债权的行为请求法院撤销的权利。

　　债务人以放弃其债权、放弃债权担保、无偿转让财产等方式无偿处分财产权益，或者恶意延长其到期债权的履行期限，影响债权人的债权实现的，债权人可以请求人民法院撤销债务人的行为。

　　债务人以明显不合理的低价转让财产、以明显不合理的高价受让他人财产或者为他人的债务提供担保，影响债权人的债权实现，债务人的相对人知道或者应当知道该情形的，债权人可以请求人民法院撤销债务人的行为。

　　债务人影响债权人的债权实现的行为被撤销的，自始没有法律约束力。

　　债务人放弃自己债权的担保、恶意延长自己到期债权的履行期限，以明显不合理的高价受让他人财产或者为他人的债务提供担保，这些行为都会导致自己债权或偿债能力受到不利的消极影响，进而影响对债权人的债权实现，债权人对这些行为都可以行使撤销权。

　　撤销权的行使范围以债权人的债权为限。债权人行使撤销权的必要费用，由债务人负担。

　　撤销权自债权人知道或者应当知道撤销事由之日起 1 年内行使。自债务人的行为发生之日起 5 年内没有行使撤销权的，该撤销权消灭。

　　【例题 20】 甲公司欠乙公司 30 万元，一直无力偿付，现丙公司欠甲公司 20 万元，已到期，但甲公司明示放弃对丙的债权。对甲公司的这一行为，乙公司可以采取下列（BC）措施。

　　A. 行使代位权，要求丙偿还 20 万元

　　B. 请求人民法院撤销甲放弃债权的行为

　　C. 乙行使权利的必要费用可向甲主张

　　D. 乙行使权利的必要费用只能自己负担

　　E. 乙应在知道或应当知道甲放弃对丙的债权 2 年内行使权利

3.5　合同的变更、转让和终止

3.5.1　合同的变更

　　合同变更是指当事人对已经发生法律效力，但尚未履行或尚未完全履行的合同，进行修改或补充所达成的协议。

　　《民法典》合同编规定：当事人协商一致，可以变更合同；依照法律、行政法规的规定，合同变更应当办理批准等手续的，依照其规定。

3.5.2　合同的转让

　　合同转让是在保持原合同内容的前提下仅就合同主体所作的变更，转让前的合同内容与转让后的合同内容一致，合同的转让包括债权转让、债务转移、当事人将权利义务一并转让三种。

　　（1）债权转让

　　债权转让是指合同债权人通过协议将其债权的全部或者部分转让给第三人的行为。法律、行政法规规定转让债权应当办理批准、登记手续的，应当办理批准、登记手续。但有下列情形之一的债权不可以转让：

① 根据债权性质不得转让；

② 按照当事人约定不得转让；

③ 依照法律规定不得转让。

债权人转让债权的，应当通知债务人。未通知债务人的，该转让对债务人不发生效力。

（2）债务转移

债务转移是指债务人将债务的全部或者部分转移给第三人的情况。债务人将债务的全部或者部分转移给第三人的，应当经债权人同意。债务人或者第三人可以催告债权人在合理期限内予以同意，债权人未作表示的，视为不同意。

债务转移包括债务全部转移和债务部分转移。当债务全部转移时，债务人即脱离了原来的合同关系，则由第三人取代原债务人而承担原合同债务，原债务人不再承担原合同中的义务和责任，由第三人向债权人承担债务。如果第三人不履行债务，债权人不得再请求原债务人承担债务，原债务人对第三人的偿还能力并不负担保责任。债务部分转移时，原债务人并未完全脱离债的关系，而是由第三人加入原来的债的关系，并与债务人共同向同一债权人承担原合同中的义务和责任。

债务人转移债务的，新债务人可以主张原债务人对债权人的抗辩。债务转移发生效力后，债务承担人将全部或部分地取代原债务人的地位而成为合同当事人，即新债务人。新债务人在受转移的债务范围内承担债务，原债务人不再承担已转移的债务。

债务人转移债务的，新债务人应当承担与主债务有关的从债务，但是该从债务专属于原债务人自身的除外。

（3）权利和义务一并转让

当事人一方经对方同意，可以将自己在合同中的权利和义务一并转让给第三人。

【例题21】 甲决定将与乙签订合同中的义务转移给丙，按照《民法典》的规定（ BCE ）。

A. 无需征得乙同意

B. 丙直接对乙承担合同义务

C. 丙可以对乙行使抗辩权

D. 丙只能对甲行使抗辩权

E. 甲对丙不履行合同的行为不承担责任

解析： 债务转让需经对方同意，债务转让后原债务人不再承担义务，由新债务人丙向债权人乙承担债务。当债务全部转移时，债务人即脱离了原来的合同关系，则由第三人取代原债务人而承担原合同债务，原债务人不再承担原合同中的义务和责任。债务人转移债务的，新债务人可以主张原债务人对债权人的抗辩。原债务人对新债务人的偿还能力并不负担保责任。

3.5.3 合同的终止

合同终止是指当事人之间根据合同确定的权利义务不复存在，合同不再对双方具有约束力。

（1）合同终止的情形

按照《民法典》合同编规定，有下列情形之一的，债权债务终止：

① 债务已经履行；

② 债务相互抵销；

③ 债务人依法将标的物提存；

④ 债权人免除债务；

⑤ 债权债务同归于一人；

⑥ 法律规定或者当事人约定终止的其他情形。

合同解除的，该合同的权利义务关系终止。

（2）合同解除

合同解除，是指对已经发生法律效力，尚未履行或者未完全履行的合同，因当事人一方的意思表示或者双方的协议而使债权债务关系提前归于消灭的行为。合同解除包括约定解除和法定解除。

① 约定解除合同。约定解除是当事人通过行使约定的解除权或者双方协商决定而进行的合同解除。

a. 当事人协商一致，可以解除合同：是指合同当事人双方经协商后，一致同意解除合同，而不是单方行使解除权的解除。

b. 约定一方解除合同事由的解除：当事人可以约定一方解除合同的事由。解除合同的事由发生时，解除权人可以解除合同。

② 法定解除合同。法定解除是解除条件直接由法律规定的合同解除。

《民法典》合同编规定，有下列情形之一的，当事人可以解除合同：

a. 因不可抗力致使不能实现合同目的。

不可抗力是指人力所无法抗拒的客观情况，它包括自然灾害和某些社会现象，是不受人的意志所支配的现象。不可抗力主要包括以下几种情形：重大的自然灾害，如台风、洪水、冰雹；政府行为，如征收、征用；社会异常事件，如罢工、骚乱。

b. 在履行期限届满前，当事人一方明确表示或者以自己的行为表明不履行主要债务。

一般情况下，只有在合同规定的履行期限届满之后，才会存在违约的问题。但是，如果在合同规定的履行期限届满之前，债务人明确表示拒绝履行主要债务或者债权人有确凿证据表明债务人将不履行主要债务，债权人的合同期待利益就此丧失，该合同也相应失去了存在的意义。

例如，某建材供应商与某承包商订立买卖合同，优惠供应一批螺纹钢。但在交付之前，供应商找到了新的买主，且出价更高。该供应商便将承包商订购的这批螺纹钢卖给了新的买主，而其仓库并无同样规格的螺纹钢库存，在这种情形下，该建材供应商实际上已经以其行为（将螺纹钢卖给新的买主）向承包商表明其在该买卖合同规定的履行期限届满时将不履行其在该买卖合同中的主要债务，承包商基于该买卖合同的期待债权已经无法实现。因此，承包商已无再继续维持该买卖合同关系之必要，因而其可以解除合同。

c. 当事人一方迟延履行主要债务，经催告后在合理期限内仍未履行。

债务人迟延履行主要债务的，债权人应当在一合理期间内，催告债务人履行。超过该合理期间债务人仍不履行的，表明债务人没有履行合同的诚意，或者根本不可能再履行合同，在此情况下，如果仍要债权人等待履行，不仅对债权人不公平，也会给其造成更大的损失，因此，债权人可以依法解除合同。

d. 当事人一方迟延履行债务或者有其他违约行为致使不能实现合同目的。

通常情况下，合同当事人一方迟延履行债务并不必然导致合同目的不能实现，应根据时间对实现合同目的的重要性来判断合同当事人一方迟延履行债务是否会导致合同目的不能实现，有些合同的履行期限（时间）对于实现合同目的至关重要，一旦当事人一方迟延履行债务，其结果将导致无法实现合同目的，严重损害合同当事人另一方的合同利益，此种情况下，合同当事人另一方便享有合同解除权，这种解除权无需催告。

e. 法律规定的其他情形。

合同解除制度设置的目的在于，因一方当事人的根本违约致使合同履行利益不能实现，对方当事人为了防止合同在违约情形下给自己造成更大的经济损失而采取的一种补救措施，即享有解除权的当事人采取的一种自救措施，目的在于防止损失扩大，维护自身利益。

③ 合同解除的程序。当事人一方依法主张解除合同的，应当通知对方。合同自通知到达对方时解除；通知载明债务人在一定期限内不履行债务则合同自动解除，债务人在该期限内未履行债务的，合同自通知载明的期限届满时解除。对方对解除合同有异议的，任何一方当事人均可以请求人民法院或者仲裁机构确认解除行为的效力。

当事人一方未通知对方，直接以提起诉讼或者申请仲裁的方式依法主张解除合同，人民法院或者仲裁机构确认该主张的，合同自起诉状副本或者仲裁申请书副本送达对方时解除。

④ 合同解除权的行使期限。法律规定或者当事人约定解除权行使期限，期限届满当事人不行使的，该权利消灭。

法律没有规定或者当事人没有约定解除权行使期限，自解除权人知道或者应当知道解除事由之日起一年内不行使，或者经对方催告后在合理期限内不行使的，该权利消灭。

【例题 22】 某工程在 9 月 10 日发生了地震灾害迫使承包人停止施工。9 月 15 日发包人与承包人共同检查工程的损害程度，并一致认为损害程度严重，需要拆除重建。9 月 17 日发包人将依法单方解除合同的通知送达承包人，9 月 18 日发包人接到承包人同意解除合同的回复。依据相关法律规定，该施工合同解除的时间应为 (C)。

    A.9 月 10 日   B.9 月 15 日   C.9 月 17 日   D.9 月 18 日

⑤ 合同解除的法律后果。合同解除后，尚未履行的，终止履行；已经履行的，根据履行情况和合同性质，当事人可以请求恢复原状或者采取其他补救措施，并有权要求赔偿损失。合同因违约解除的，解除权人可以请求违约方承担违约责任，但是当事人另有约定的除外。合同的权利义务关系终止，不影响合同中结算和清理条款的效力。

【例题 23】 甲施工企业承包的由乙投资建设的某工程项目，2018 年 2 月如期开工，从 5 月开始乙未能按合同约定支付工程款，甲向乙多次催告无果后，2018 年 10 月甲要求解除合同，以下说法错误的是 (A)。

A. 甲解除合同必须征得乙的同意

B. 甲解除合同后可以要求乙支付工程款和工程款的利息

C. 甲解除合同后可以要求乙赔偿损失

D. 甲解除合同后，合同中关于延迟支付工程款利息的规定条款仍然有效

【例题 24】 下列关于解除合同的表述正确的有(BCD)。

A. 当事人必须全部履行各自义务后才能解除合同

B. 当事人协商一致可以解除合同

C. 因不可抗力致使不能实现合同目的，可以解除合同

D. 一方当事人对解除合同有异议，可以按照约定的解决争议的方式处理

E. 合同解除后，当事人均不再要求对方承担任何责任

3.6　违约责任

3.6.1　违约责任的概念

违约责任，是指当事人任何一方不履行合同义务或者履行合同义务不符合约定而应当承担的法律责任。违约责任以合同有效为前提，违约行为的表现形式包括不履行和不适当履行。不履行是指当事人不能履行或者拒绝履行合同义务；不适当履行则包括迟延履行、质量有瑕疵、数量不足等其他违约情况。

3.6.2　承担违约责任的条件和原则

（1）承担违约责任的条件

① 当事人之间存在有效合同。违约行为发生的前提是当事人之间存在有效的合同关系，如果合同关系不存在，则不可能发生违约行为，任何一方当事人也不能基于合同请求另一方承担违约责任。

② 客观上有违约行为。

③ 不存在法定和约定的免责事由。

（2）承担违约责任的原则

承担违约责任采用严格责任原则，只要当事人有违约行为，即当事人不履行合同或者履行合同不符合约定的条件，就应当承担违约责任。承担违约责任以补偿性为原则。补偿性是指违约责任旨在弥补或者补偿因违约行为造成的损失。对于财产损失的赔偿范围，赔偿损失额应当相当于因违约所造成的损失，包括合同履行后可获得的利益；但是损害赔偿额不得超过违约一方订立合同时预见到或应当预见到的因违约可能造成的损失。

3.6.3　承担违约责任的方式

（1）继续履行

继续履行也称强制实际履行，指当事人一方未支付价款、报酬、租金、利息，或者不履行其他金钱债务的，对方可以请求其支付。继续履行旨在保护债权人实现其预期目标，它要求违约方按合同标的履行，而不得以违约金、赔偿损失代替履行。

继续履行可以与违约金、定金、赔偿损失并用，但不能与解除合同的方式并用。

《民法典》第五百八十条规定，当事人一方不履行非金钱债务或者履行非金钱债务不符合约定的，对方可以请求履行，但是有下列情形之一的除外：

① 法律上或者事实上不能履行；

② 债务的标的不适于强制履行或者履行费用过高；

③ 债权人在合理期限内未请求履行。

有前款规定的除外情形之一，致使不能实现合同目的的，人民法院或者仲裁机构可以根据当事人的请求终止合同权利义务关系，但是不影响违约责任的承担。

继续履行是一种可以与其他方式同时适用，且在实践中通常与其他方式同时适用的违约责任的承担方式。

【**例题 25**】　施工单位因违反施工合同而支付违约金后，建设单位仍要求其继续履行合同，则施工单位应（B）。

A. 拒绝履行　　　　　　　　　　　　B. 继续履行

C. 缓期履行　　　　　　　　　　　　D. 要求对方支付一定费用后履行

（2）采取补救措施

采取补救措施主要发生在履行合同质量不符合约定的情况下，是指由违约方采取的修理、更换、重新制作、退货、减少价格或报酬等措施。建设工程合同中，采取补救措施是施工单位承担违约责任常用的方法。

（3）赔偿损失

当事人一方不履行合同义务或者履行合同义务不符合约定，给对方造成损失的，应当赔偿对方的损失。

（4）支付违约金

当事人可以约定一方违约时应当根据违约情况向对方支付一定数额的违约金，也可以约定因违约产生的损失额的赔偿办法。约定的违约金低于造成的损失的，当事人可以请求人民法院或仲裁机构予以增加；约定的违约金过分高于造成的损失的，当事人可以请求人民法院或仲裁机构予以适当减少。当事人就迟延履行约定违约金的，违约方支付违约金后，还应当履行债务。

当事人约定的违约金超过造成的损失的 30% 的，一般可以认定为"过分高于造成的损失"。

（5）定金罚则

当事人可以约定一方向对方给付定金作为债权的担保。债务人履行债务的，定金应当抵作价款或收回。给付定金的一方不履行债务或者履行债务不符合约定，致使不能实现合同目的的，无权请求返还定金；收受定金的一方不履行债务或者履行债务不符合约定，致使不能实现合同目的的，应当双倍返还定金。

当事人既约定违约金，又约定定金的，一方违约时，对方可以选择适用违约金或定金条款。但是，这两种违约责任不能合并使用。定金不足以弥补一方违约造成的损失的，对方可以请求赔偿超过定金数额的损失。

【**例题 26**】　当事人双方既约定违约金，又约定定金的合同，一方当事人违约时，对违约行为的赔偿处理原则是（C）。

A. 只能采用违约金

B. 由违约一方选择采用违约金或定金

C. 由非违约方选择采用违约金或定金

D. 同时采用违约金和定金

【**例题 27**】　工程施工合同履行过程中，建设单位延迟支付工程款，则施工单位要求建设单位承担违约责任的方式可以是（AE）。

A. 继续履行合同　　　　　　　　　　B. 降低工程质量标准

C. 提高合同价款　　　　　　　　　　D. 提前支付所有工程款

E. 支付逾期利息

【**例题 28**】　甲与乙订立了一份苹果购销合同，约定：甲向乙交付 20 万千克苹果，货款为 40 万元，乙向甲支付定金 4 万元；如任何一方不履行合同应支付违约金 6 万元。甲因将苹果卖给丙而无法向乙交付苹果，乙提出的如下诉讼请求中，既能最大限度保护自己的利益，又能获得法院支持的是（C）。

　　A. 请求甲双倍返还定金 8 万元

　　B. 请求甲双倍返还定金 8 万元，同时请求甲支付违约金 6 万元

　　C. 请求甲支付违约金 6 万元，同时请求返还支付的定金 4 万元

　　D. 请求甲支付违约金 6 万元

　　解析：如适用定金罚则，乙可以得到 4 万元×2＝8 万元（其中 4 万元是乙先向甲支付的）；如适用违约金罚则，乙可以得到 6 万元。表面上看，适用定金罚则得到的金额高于适用违约金，但定金罚则中的 4 万元是乙先行支付的，所以从最大限度保护乙的利益出发，则是选择违约金 6 万元，同时定金 4 万元由甲返还给乙。

　　【例题 29】　关于违约金条款的适用，下列说法正确的有（ABC）。

　　A. 约定的违约金低于造成的损失的，当事人可以请求人民法院或者仲裁机构予以增加

　　B. 违约方支付迟延履行违约金后，另一方仍有权要求其继续履行

　　C. 当事人既约定违约金，又约定定金的，一方违约时，对方可以选择适用违约金条款或定金条款

　　D. 当事人既约定违约金，又约定定金的，一方违约时，对方可以同时适用违约金条款及定金条款

　　E. 约定的违约金高于造成的损失的，当事人可以请求人民法院或者仲裁机构按实际损失金额调减

3.6.4　承担违约责任的其他情形

　　（1）因第三人原因造成的违约的处理

　　违约是由第三人造成的，为因第三人原因造成的违约。因第三人原因造成一方当事人违约的，如第三人迟延交货造成一方当事人迟延履行的，该当事人应当承担违约责任。当事人一方因第三人的原因造成违约的，应当向对方承担违约责任。当事人一方和第三人之间的纠纷，依照法律规定或者按照约定解决。如施工过程中，承包人因发包人委托设计单位提供的图纸错误而导致损失后，发包人应首先给承包人相应损失的补偿，再依据设计合同追究设计人的违约责任。

　　【例题 30】　当事人因第三人原因造成违约，（B）向对方承担违约责任。

　　A. 不必　　　　B. 由该当事人　　　　C. 由第三人　　　　D. 当事人会同第三人

　　（2）预期违约

　　预期违约也称先期违约，是指在履行期限到来之前一方无正当理由而明确表示其在履行期限到来后将不履行合同，或者其行为表明其在履行期限到来以后将不可能履行合同。对于违约产生的后果，并非一定要等到合同义务全部履行后才追究违约方的责任，按照法律规定，对于预期违约，当事人也应当承担责任，对方可以在履行期限届满之前要求其承担违约责任。

　　【案例 3】　某大学（A）扩招，急需一批桌椅，于 7 月与某家具公司（B）签订一份买卖合同。合同约定：B 向 A 于 8 月 25 日前提供某规格课桌椅 400 套，合同价款 6 万元，由 B 公司送货到 A 单位的后勤处，合同约定违约金为 3000 元。A 单位签署合同后静候 B 公司送货，不料直到 8 月 26 日既不见 B 公司送货，也无履约消息；于是 A 单位当天电话催促，B 公司回应还需要 10 天才能交货，而 A 单位称 9 月 1 日要开学，要求 B 公司不要送货了，

但得到 B 公司的反对，双方未达成一致。A 单位便从另一公司花 7.8 万元购进 400 套同规格的课桌椅。9 月 8 日 B 公司将课桌椅送到 A 单位；A 单位拒收，并要求 B 公司赔偿其损失 1.8 万元和承担违约金 3000 元；而 B 公司称 A 单位不履行合同，应承担违约金 3000 元。

问题：

① A 单位可以解除原合同吗？为什么？

② A 单位的要求合理吗？为什么？

③ 该纠纷的责任应由哪一方承担？应如何承担？

【分析】

① 可以解除，这是属于法定解除的情形。因为 B 公司迟延履行主要债务，经 A 学校催告后，在 A 提出的合理期限内仍不能履行。所以 A 单位可以依据法定解除的情形单方面解除合同。

② A 的要求不合理。

B 公司未在合同约定的时间内交货，构成了违约，要承担违约责任，即根据合同约定向 A 支付违约金。本案因 B 的违约给 A 造成了 1.8 万元的损失，A 要求 B 公司支付 1.8 万元的损失赔偿以及 3000 元的违约金，总计 2.1 万元，已经超过 B 违约给 A 造成的实际损失，所以 A 的主张不能成立。

③ 本纠纷应由 B 公司承担违约责任，承担的方式应该是赔偿损失 1.8 万元。

【案例 4】　甲公司与乙公司于 2019 年 5 月 20 日签订了设备买卖合同，甲为买方，乙为卖方。双方约定：① 由乙公司于 10 月 30 日前分两批向甲公司提供设备 10 套，价款总计为 150 万元；② 甲公司向乙公司给付定金 25 万元；③ 如一方迟延履行，应向另一方支付违约金 20 万元。合同依法生效后，甲公司因故未向乙公司给付定金。7 月 1 日，乙公司向甲公司交付了 3 套设备，甲公司支付了 45 万元货款。9 月，该种设备价格大幅上涨，乙公司向甲公司提出变更合同，要求将剩余的 7 套设备价格提高到每套 20 万元，甲公司不同意，随后乙公司通知甲公司解除合同。

11 月 1 日，甲公司仍未收到剩余的 7 套设备，从而严重影响了其正常生产，并因此遭受了 50 万元的经济损失。于是甲公司诉至法院，要求乙公司增加违约金数额并继续履行合同。

问题：

① 合同约定甲公司向乙公司给付 25 万元定金是否合法？定金是否生效？说明理由。

② 乙公司通知甲公司解除合同是否合法？说明理由。

③ 甲公司要求增加违约金数额依法能否成立？说明理由。

④ 甲公司要求乙公司继续履行合同依法能否成立？说明理由。

【分析】

① 合同约定甲公司向乙公司给付 25 万元定金合法。定金数额由当事人约定，但不得超过主合同标的额的 20%。在本题中，甲公司与乙公司订立的合同约定的定金为 25 万元，占主合同标的额的 16.67%，符合法律规定。但由于定金合同从实际交付定金之日起生效，甲公司因故未向乙公司给付定金，因此，定金合同未生效。

② 乙公司通知甲公司解除合同不合法。依法订立的合同成立后，即具有法律约束力，任何一方当事人都不得擅自变更或解除合同，当事人协商一致可以解除合同，而甲乙双方没有协商一致。当事人的情况也不符合法定解除情形，因此，乙公司通知甲公司解除合同于法

无据。

③ 甲公司要求增加违约金数额依法成立。约定的违约金低于造成损失的，当事人可以请求人民法院或仲裁机构予以增加。甲乙双方约定的违约金为 20 万元，而甲公司的损失达 50 万元，因此，甲公司可以请求人民法院予以增加。

④ 甲公司要求乙公司继续履行合法成立。一方违约，对方当事人可以要求继续履行，违约方应当承担继续履行的违约责任。

【案例 5】 2018 年 1 月 1 日，某工厂（需方）与某村综合厂（供方）签订了一份购销总价款为 20 万元的炭黑合同，合同规定：村综合厂应于同年 4 月 1 日前发货；不能履行合同的，违约金为总价款的 5%。但到了 4 月 1 日，村综合厂并未发货，后经了解，村委会在综合厂订立合同前，曾批示此合同要经公证。但综合厂与某工厂订立合同时，并未订有公证条款。村委会认定此合同为无效合同，指示综合厂不要履行合同。某工厂于是以综合厂为被告向人民法院提起诉讼，要求综合厂支付违约金 1 万元，并继续履行合同。经受诉人民法院审查，该合同主体合格，意思表示真实且双方均有履行能力。

问题：

① 村委会有无确认该合同无效的权力？为什么？

② 公证是不是合同成立的必经程序？为什么？

③ 应由村委会直接承担违约责任，还是应由综合厂直接承担违约责任？为什么？

④ 某工厂要求综合厂支付违约金 1 万元并继续履行合同是否合理？违约金依法应如何支付？

【分析】

① 村委会无确认合同无效的权力，合同的无效由人民法院和仲裁机构确认。

② 公证不是合同成立的必经程序，因为法律没有规定公证是订立合同的必经程序。

③ 综合厂是合同当事人，应当由其承担违约责任。村委会作为综合厂的上级组织，并不是当事人，不对某工厂承担违约责任。

④ 某工厂要求综合厂支付违约金 1 万元并继续履行合同是合理的。约定的违约金若过分高于造成的损失，当事人可以请求人民法院或仲裁机构予以适当减少；约定的违约金若低于造成的损失，当事人可以请求人民法院或仲裁机构予以增加。

3.6.5　违约责任的免除

违约责任的免除主要包括两种情况：一是债权人放弃追究债务人的违约责任；二是存在免责事由。免责事由也称免责条件，是指当事人对其违约行为免于承担违约责任的事由。当事人一方因不可抗力不能履行合同的，应当及时通知对方，以减轻可能给对方造成的损失，并应当在合理期限内提供证明。当事人迟延履行后发生不可抗力的，不免除其违约责任。

3.7　建设工程施工合同纠纷案件司法解释相关规定

2020 年 12 月 25 日，最高人民法院审判委员会第 1825 次会议通过《最高人民法院关于审理建设工程施工合同纠纷案件适用法律问题的解释（一）》（以下简称《新施工合同司法解释一》），自 2021 年 1 月 1 日起与《民法典》配套并同步施行，原《最高人民法院关于建设工程价款优先受偿权问题的批复》《最高人民法院关于审理建设工程施工合同纠纷案件适用法律问题的解释（一）》《最高人民法院关于审理建设工程施工合同纠纷案件适用法律问题的解释（二）》等文件同时废止。

3.7.1 无效建设工程施工合同

（1）建设工程施工合同无效的主要类型

《新施工合同司法解释一》规定，建设工程施工合同具有下列情形之一的，应当认定无效：

① 承包人未取得建筑施工企业资质或超越资质等级的。

② 没有资质的实际施工人借用有资质的建筑施工企业名义的。

③ 建设工程必须进行招标而未招标或中标无效的。

④ 承包人违法分包建设工程。违法分包合同无效。施工总包单位进行项目分包很常见，但违反法律规定的分包也可导致分包合同无效。违法分包包括以下几种情形：总包单位将工程分包给不具备相应资质的单位或个人的属违法分包；总包合同中未约定，又未经建设单位认可，总包单位将部分工程交其他单位完成的；总包单位将工程主体结构的施工分包的；分包单位进行工程再分包的。这几类均属违法分包。

⑤ 转包。转包是指承包单位承包建设工程后，不履行合同约定的责任和义务，将其承包的全部建设工程转给他人或将其承包的全部建设工程肢解以后以分包的名义分别转给其他单位承包的行为。

⑥ 违反工程建设规划审批导致施工合同无效。发包人在起诉前取得建设工程规划许可证等规划审批手续的除外。

《招标投标法》规定，根据无效的中标结果所签订的施工承包合同而无效的情形如下：

a. 招标代理机构泄露应当保密的与招标投标有关的情况影响中标所签订的建设工程施工合同。

b. 招标代理机构与招标人、投标人串通损害国家利益、社会公共利益或者他人利益并影响中标结果所签订的建设工程施工合同。

c. 依法必须进行招标的项目的招标人向他人透露标底等情况影响中标结果所签订的建设工程施工合同。

d. 投标人相互串通、投标人与招标人相互串通、投标人以向招标人或评标委员会成员行贿而中标所签订的建设工程施工合同。

e. 投标人以他人名义投标或者以其他弄虚作假方式骗取中标所签订的建设工程施工合同。

f. 依法必须进行招标的项目，招标人违反规定与投标人就实质性内容进行谈判影响中标结果所签订的建设工程施工合同。

g. 招标人在评标委员会推荐的中标候选人以外确定中标人所签订的建设工程施工合同。

（2）情况类似但不属于无效合同的情形

《新施工合同司法解释一》同时规定了以下不予支持的无效合同请求。

① 竣工前取得相应资质的。承包商在超越资质承揽工程后取得了相应的资质，如果该资质是在工程竣工后取得，则该承包合同依然按照无效合同处理。承包人超越资质等级许可

的业务范围签订建设工程施工合同，在建设工程竣工前取得相应资质等级，当事人请求按照无效合同处理的，人民法院依法不予支持。

② 承揽全部劳务作业的劳务分包合同。劳务作业分包，是指施工总承包企业或者专业承包企业将其承包工程中的劳务作业发包给劳务分包企业完成的活动。其签订的分包合同即是劳务分包合同。

我国建设法律法规并没有限制劳务作业的分包人承揽全部建设工程的劳务作业。《新施工合同司法解释一》规定："具有劳务作业法定资质的承包人与总承包人、分包人签订的劳务分包合同，当事人以转包建设工程违反法律规定为由请求确认无效的，人民法院依法不予支持。"

（3）无效合同工程价款结算

《民法典》第七百九十三条对建设工程合同无效、验收不合格的处理规定：建设工程施工合同无效，但是建设工程经验收合格的，可以参照合同关于工程价款的约定折价补偿承包人。建设工程施工合同无效，且建设工程经验收不合格的，按照以下情形处理：

① 修复后的建设工程经验收合格的，发包人可以请求承包人承担修复费用；

② 修复后的建设工程经验收不合格的，承包人无权请求参照合同关于工程价款的约定折价补偿。

发包人对因建设工程不合格造成的损失有过错的，应当承担相应的责任。

【案例6】 A 建筑公司由于资质问题，以 B 建筑公司名义承揽了一项工程，并与建设单位 C 公司签订了施工合同。但在施工过程中，由于 A 建筑公司的实际施工技术力量和管理能力都较差，造成了工程进度的延误和一些工程质量缺陷。C 公司以此为由，不予支付余下的工程款。A 建筑公司以 B 建筑公司名义将 C 公司告上了法庭。

问题：

① A 建筑公司以 B 建筑公司名义与 C 公司签订的施工合同是否有效？

② C 公司是否应当支付余下的工程款？

【分析】

① A 建筑公司以 B 建筑公司名义与 C 公司签订的施工合同，是没有资质的实际施工人借用有资质的建筑施工企业名义签订的合同，属无效合同，不具有法律效力。

② C 公司是否应当支付余下的工程款要视该工程竣工验收的结果而定。建设工程施工合同被认定为无效后，工程款是否给付，如何给付，主要取决于建设工程质量是否合格。建设工程施工合同无效，建设工程经验收合格的，可以参照合同关于工程价款的约定折价补偿承包人。建设工程施工合同无效，且建设工程经验收不合格的，按照以下情形处理：修复后的建设工程经验收合格的，发包人可以请求承包人承担修复费用；修复后的建设工程经验收不合格的，承包人无权请求参照合同关于工程价款的约定折价补偿。

3.7.2 建设工程合同解除

《民法典》第八百零六条规定："承包人将建设工程转包、违法分包的，发包人可以解除合同。发包人提供的主要建筑材料、建筑构配件和设备不符合强制性标准或者不履行协助义务，致使承包人无法施工，经催告后在合理期限内仍未履行相应义务的，承包人可以解除合同。"

3.7.3 关于工程质量、工期问题

（1）关于工程质量

建设工程质量达标合格是施工的核心，不合格工程不能交付使用。对有质量缺陷的工程，一般应由施工方承担修复、重做、更换等责任。《新施工合同司法解释一》规定："因承包人的过错造成建设工程质量不符合约定，承包人拒绝修理、返工或者改建，发包人请求减少支付工程价款的，人民法院应予支持。"但是，若发包人有过错的也应当承担相应的过错责任。《民法典》第八百零一条规定：因施工人的原因致使建设工程质量不符合约定的，发包人有权请求施工人在合理期限内无偿修理或者返工、改建。经过修理或者返工、改建后，造成逾期交付的，施工人应当承担违约责任。

《新施工合同司法解释一》对发包人的过错情形予以了明确，规定发包人具有下列情形之一，造成建设工程质量缺陷，应当承担过错责任：

① 提供的设计有缺陷；

② 提供或者指定购买的建筑材料、建筑构配件、设备不符合强制性标准；

③ 直接指定分包人分包专业工程。

承包人有过错的，也应当承担相应的过错责任。这里所说承包人的过错是指：

① 承包人知道或应当知道工程设计缺陷，没有提出，继续施工的；

② 承包人对发包人提供或指定购买的建筑材料、建筑构配件和设备，未进行检验或经检验不合格仍然使用的；

③ 对发包人提出的违反法律、法规和建筑工程质量安全标准规定，降低工程质量的要求不予拒绝的。

因勘察、设计造成的工程质量缺陷，属于承包人的免责范围，应当由发包人先对承包人承担责任，再由发包人依据约定向勘察、设计方主张权利。

对于工程质量缺陷原因不明的，要通过鉴定，查明原因，分清责任主体。

（2）发包人擅自使用建设工程后出现质量问题的处理

建设工程未经竣工验收，发包人擅自使用后，又以使用部分质量不符合约定为由主张权利的，法院不予支持。但承包人应当在建设工程的合理使用寿命内对地基基础工程和主体结构质量承担民事责任。

【例题31】 建设工程未经竣工验收，发包人擅自使用后，又以使用部分质量不符合约定为由主张权利的，不予支持；但是承包商应当在建设工程的合理使用寿命内对（AC）质量承担民事责任。

A. 主体结构　　　　B. 屋面防水工程　　　　C. 地基基础工程
D. 电气管线工程　　E. 供热与供冷工程

（3）关于竣工时间

① 经竣工验收合格的，以竣工验收合格之日为竣工日期；

② 承包人已经提交竣工验收报告，发包人拖延验收的，以承包人提交竣工验收报告之日为竣工日期；

③ 未经竣工验收，发包人擅自使用的，以转移工程占有之日为竣工日期。

（4）开工日期确定

《新施工合同司法解释一》规定，当事人对建设工程开工日期有争议的，人民法院应当

分别按照以下情形予以认定：

① 开工日期为发包人或者监理人发出的开工通知载明的开工日期；开工通知发出后，尚不具备开工条件的，以开工条件具备的时间为开工日期；因承包人原因导致开工时间推迟的，以开工通知载明的时间为开工日期。

② 承包人经发包人同意已经实际进场施工的，以实际进场施工时间为开工日期。

③ 发包人或者监理人未发出开工通知，亦无相关证据证明实际开工日期的，应综合考虑开工报告、合同、施工许可证、竣工验收报告或者竣工验收备案表等载明的时间，并结合是否具备开工条件的事实，认定开工日期。

3.7.4 工程款结算的依据和标准

（1）工程欠款利息纠纷

当事人对欠付工程价款利息计付标准有约定的，按照约定处理；没有约定的，按照中国人民银行发布的同期同类贷款或者同期贷款市场报价利率计息。利息从应付工程价款之日计付。当事人对付款时间没有约定或者约定不明的，下列时间视为应付款时间：

① 工程已实际交付的，为交付之日；

② 工程没有交付的，为提交竣工结算文件之日；

③ 工程未交付，工程价款也未结算的，为当事人起诉之日。

施工企业应该注意建设工程实际交付日期；如果建设工程没有交付的，应该特别注意提交竣工结算文件日期；如果建设工程既没有交付，工程价款也未结算的，施工企业应该尽快向人民法院提起民事诉讼，以维护自己的合法权益。

（2）发包人收到结算报告逾期不答复的处理

建设单位收到承包人提交的工程结算文件后迟迟不予答复或者根本不予答复，以达到拖欠或者不支付工程价款的目的，为了保护合同当事人的合法权益，《新施工合同司法解释一》规定："当事人约定，发包人收到竣工结算文件后，在约定期限内不予答复，视为认可竣工结算文件的，按照约定处理。承包人请求按照竣工结算文件结算工程价款的，人民法院应予支持。"

（3）施工合同垫资的价款纠纷处理

① 当事人对垫资和垫资利息有约定，承包人请求按照约定返还垫资及其利息的，人民法院应予支持，但是约定的利息计算标准高于垫资时的同类贷款利率或者同期贷款市场报价利率的部分除外。

② 当事人对垫资没有约定的，按照工程欠款处理。

③ 当事人对垫资利息没有约定，承包人请求支付利息的，人民法院不予支持。

【例题 32】 发包人和承包人在合同中约定垫资但没有约定垫资利息，后双方因垫资返还发生纠纷诉至法院。关于该垫资的说法，正确的是（B）。

A. 法律规定禁止垫资，双方约定的垫资条款无效

B. 发包人应返还承包人垫资，但可以不支付利息

C. 双方约定的垫资条款有效，发包人应返还承包人垫资并支付利息

D. 垫资违反相关规定，应予以没收

【案例 7】 某办公楼工程，地下一层，灌注桩加承台加筏板基础，地上 10 层，框架结构，基坑开挖深度为 5.6m，采用水泥土墙支护方案。建设单位依法进行了施工招标，并与

中标施工单位签订了施工总承包合同，合同价款为 6000 万元，并按规定进行备案。施工总承包单位按合同约定将深基坑支护施工分包给了专业分包单位。

合同履行过程中，发生了如下事件。

事件 1：工程开工之前，建设单位要求施工单位让利 500 万元，双方又重新签订了一份施工承包合同，合同约定承包合同价款为 5500 万元。

事件 2：工程开工前，专业分包单位与具有相应资质的劳务公司又签订了劳务分包合同。

事件 3：工程于 2019 年 2 月 1 日开工，2020 年 12 月 30 日完工。2020 年 12 月 31 日，施工总承包单位按合同约定提交了施工验收申请报告，但建设单位以工程质量只有在使用过程中才能看出合格与否为借口，拒绝验收，并于接到竣工验收报告申请当天，不顾施工总承包单位的反对，启用了办公楼。二个月后，2021 年 3 月 1 日，建设单位组织了竣工验收，并签署了质量合格文件。同时要求工程质量保修书中竣工日期以 2021 年 3 月 1 日为准。施工总承包单位提出了异议。

问题：

① 结算工程价款是以中标合同为依据，还是以事件 1 中重新签订的合同为依据？

② 事件 2 中，专业分包公司签订的劳务分包合同是否有效？

③ 事件 3 中，施工总承包单位对竣工日期提出异议是否合理？说明理由。写出本工程合理的竣工日期。

【分析】

① 以中标合同为依据。招标人和中标人另行签订的建设工程施工合同约定的工程范围、建设工期、工程质量、工程价款等实质性内容，与中标合同不一致，一方当事人请求按照中标合同确定权利义务的，人民法院应予支持。

② 有效。具有劳务作业法定资质的承包人与总承包人、分包人签订的劳务分包合同，当事人以转包建设工程违反法律规定为由请求确认无效的，不予支持。

③ 合理。当事人对建设工程实际竣工日期有争议的，按照以下情形分别处理：建设工程经竣工验收合格的，以竣工验收合格之日为竣工日期；承包人已经提交竣工验收报告，发包人拖延验收的，以承包人提交验收报告之日为竣工日期；建设工程未经竣工验收，发包人擅自使用的，以转移占有建设工程之日为竣工日期。因此本工程合理的竣工日期为 2020 年 12 月 31 日。

（4）对其他工程结算价款纠纷的处理规定

对其他工程结算价款纠纷的处理规定见表 3.2。

表 3.2 对其他工程结算价款纠纷的处理规定

情形	规定
签订的施工合同与招标文件、投标文件、中标通知书载明的工程范围、工期、质量、价款不一致	一方当事人请求将招标文件、投标文件、中标通知书作为结算工程价款的依据的，人民法院应予支持
不属于必须招标的项目招标后，另行订立的合同背离中标合同的实质性内容	①当事人请求以中标合同作为结算建设工程价款依据的，应予支持 ②但因客观情况发生了招标投标时难以预见的变化而另行订立的除外

情形	规定
同一工程订立的数份合同均无效	①质量合格，一方当事人请求参照实际履行的合同关于工程价款的约定折价补偿承包人的，人民法院应予支持 ②实际履行的合同难以确定，当事人请求参照最后签订的合同关于工程价款的约定折价补偿承包人的，人民法院应予支持
当事人对工程量有争议的，按照施工中形成的签证等书面文件确认	承包人能够证明发包人同意其施工，但未能提供签证文件证明工程量发生的，可以按照当事人提供的其他证据确认实际发生的工程量
计价方法与造价鉴定	①有约定，从约定 ②因变更导致工程量或质量标准变化，协商不一致，可按签订合同时当地主管部门发布的计价方法或者标准结算 ③约定按照固定价结算的，一方请求对造价进行鉴定，不予支持
招标人和中标人另行签订的建设工程施工合同约定的工程范围、建设工期、工程质量、工程价款等实质性内容，与中标合同不一致	一方当事人请求按照中标合同确定权利义务的，人民法院应予支持

3.7.5　质量保证金返还时间

根据《新施工合同司法解释一》，有下列情形之一，承包人请求发包人返还工程质量保证金的，人民法院应予支持：

① 当事人约定的工程质量保证金返还期限届满。

② 当事人未约定工程质量保证金返还期限的，自建设工程通过竣工验收之日起满二年。

③ 因发包人原因建设工程未按约定期限进行竣工验收的，自承包人提交工程竣工验收报告九十日后起当事人约定的工程质量保证金返还期限届满；当事人未约定工程质量保证金返还期限的，自承包人提交工程竣工验收报告九十日后起满二年。

发包人返还工程质量保证金后，不影响承包人根据合同约定或者法律规定履行工程保修义务。

3.7.6　建设工程价款的优先受偿权

《民法典》第八百零七条规定，发包人未按照约定支付价款的，承包人可以催告发包人在合理期限内支付价款。发包人逾期不支付的，除按照建设工程的性质不宜折价、拍卖的以外，承包人可以与发包人协议将该工程折价，也可以申请人民法院将该工程依法拍卖。建设工程的价款就该工程折价或者拍卖的价款优先受偿。《新施工合同司法解释一》对此作出如下规定：

① 与发包人订立建设工程施工合同的承包人，依据《民法典》第八百零七条的规定请求其承建工程的价款就工程折价或者拍卖的价款优先受偿的，人民法院应予支持。

② 承包人根据《民法典》第八百零七条规定享有的建设工程价款优先受偿权优于抵押权和其他债权。

③ 装饰装修工程具备折价或者拍卖条件，装饰装修工程的承包人请求工程价款就该装饰装修工程折价或者拍卖的价款优先受偿的，人民法院应予支持。

④ 建设工程质量合格，承包人请求其承建工程的价款就工程折价或者拍卖的价款优先

受偿的，人民法院应予支持。

⑤ 未竣工的建设工程质量合格，承包人请求其承建工程的价款就其承建工程部分折价或者拍卖的价款优先受偿的，人民法院应予支持。

⑥ 承包人建设工程价款优先受偿的范围依照国务院有关行政主管部门关于建设工程价款范围的规定确定，一般包括承包人为建设工程应当支付的工作人员报酬、材料款等实际支出的费用。承包人就逾期支付建设工程价款的利息、违约金、损害赔偿金等主张优先受偿的，人民法院不予支持。

⑦ 承包人应当在合理期限内行使建设工程价款优先受偿权，但最长不得超过十八个月，自发包人应当给付建设工程价款之日起算。

⑧ 发包人与承包人约定放弃或者限制建设工程价款优先受偿权，损害建筑工人利益，发包人根据该约定主张承包人不享有建设工程价款优先受偿权的，人民法院不予支持。

【案例 8】　某工程竣工结算造价为 5670 万元，其中工程款 5510 万元，利息 70 万元，建设单位违约金 90 万元。工程竣工 5 个月后，建设单位仍没有按合同约定支付剩余款项，欠款总额为 1670 万元（含上述利息及建设单位违约金），随后施工单位依法行使了工程款优先受偿权。

问题：施工单位行使工程款优先受偿权可获得多少工程款？行使工程款优先受偿权的起止时间是如何规定的？

【分析】　可获得工程款 1510 万元，不包括利息和违约金。承包人应当在合理期限内行使建设工程价款优先受偿权，但最长不得超过十八个月，自发包人应当给付建设工程价款之日起算。

【例题 33】　关于建设工程施工合同纠纷的处理，下列说法正确的是（CDE）。

A. 贷款银行对建筑工程享有的抵押权优于承包人工程款的优先受偿权

B. 工程未经验收发包人擅自使用的，承包人不再承担任何质量违约责任

C. 合同约定按照固定价格结算的，人民法院不应支持当事人的造价鉴定请求

D. 建设工程经修复后验收合格的，发包人可以请求承包人承担修复费用

E. 建设工程未经竣工验收擅自使用的，以转移占有建设工程之日为竣工日期

解析：选项 A 错误，承包人工程款的优先受偿权优于银行抵押权。选项 B 错误，工程未经验收发包人擅自使用后，又以使用部分质量不符合约定为由主张权利的，法院不予支持。但承包人应当在建设工程的合理使用寿命内对地基基础工程和主体结构质量承担民事责任。

思考与练习

一、单选题

1. 下列表述中，错误的是（　　）。

A. 要约可以撤回　　　B. 要约可以撤销　　　C. 承诺可以撤回　　　D. 承诺可以撤销

2. 合同成立的时间为（　　）。

A. 要约生效的时间　　　　　　　　　　　B. 承诺发出时的时间

C. 要约邀请生效的时间   D. 书面承诺到达时的时间

3. 2018 年 3 月 12 日，甲建筑工程公司向乙钢铁公司发出一份传真，内容如下：本公司希望向你公司购买二级螺纹钢 20t，每吨 4800 元，2018 年 3 月 20 日之前在我公司所在城市的火车站交货，货到付款，请于 3 日内答复。2018 年 3 月 14 日，乙公司回复：同意你方要求，但请预付 3 万元定金。对于本案的表述正确的是（　　　）。

  A. 甲公司和乙公司通过要约和承诺订立合同，合同已经成立

  B. 甲公司的传真不构成要约，所以合同并未成立

  C. 乙公司的回复不构成承诺，所以合同并未成立

  D. 甲公司的传真不构成要约，乙公司的回复也不构成承诺，所以合同并未成立

4. 下列关于要约和承诺的表述中正确的是（　　　）。

  A. 承诺在承诺通知发出时生效

  B. 要约邀请是合同成立的必经过程

  C. 承诺可以在承诺通知到达要约人后撤回

  D. 要约人确定了承诺期限时要约不得撤销

5. 一方因缺乏经验或重大误解订立了对自己利益有重大损害的合同，则他可以（　　　）。

  A. 单方宣布合同无效   B. 拒绝履行合同义务

  C. 向行政主管部门申请撤销合同   D. 向法院请求裁定撤销合同

6. 在政府定价合同履行过程中，如逾期交货又遇到标的物的价格发生变化，则处理的原则是（　　　）。

  A. 遇价格上涨，按原价执行，价格下降，按新价执行

  B. 遇价格上涨，按新价执行，价格下降，按原价执行

  C. 无论价格上涨还是下降都按原价执行

  D. 无论价格上涨还是下降都按新价执行

7. 当事人约定由第三人向债权人履行债务的，若第三人不履行债务，则（　　　）。

  A. 债务人应当向债权人承担违约责任

  B. 第三人应当向债权人承担违约责任

  C. 债务人和第三人共同向债权人承担违约责任

  D. 债权人选择确定承担违约责任的主体

8. 合同生效后，当事人就质量、价款或者报酬、履行地点等内容没有约定或者约定不明确的，其法律后果是（　　　）。

  A. 可以协议补充   B. 不得协议补充，应当依照交易习惯确定

  C. 必须依国家政策标准确定   D. 合同无效

9. 债权人决定将其债权转让给第三人时，（　　　）。

  A. 须经对方同意   B. 不须经对方同意，但应通知对方

  C. 无须经对方同意，也不必通知对方   D. 须经对方同意，但要办理公证

10. 合同转让属于合同（　　　）。

  A. 义务变更   B. 标的变更   C. 权利变更   D. 主体变更

11. 当事人行使不安抗辩权的法律效果是（　　　）。

  A. 终止合同   B. 解除合同   C. 中止履行合同   D. 恢复履行合同

12. 某建设单位与供应商之间的建筑材料采购合同中约定，工程竣工验收后 1 个月内支付材料款，其间，建设单位经营状况严重恶化，供应商遂暂停供应建筑材料，要求先付款，否则终

止供货，则供应商的行为属于行使（　　）。

　　A. 同时履行抗辩权　　　　B. 先履行抗辩权　　　　C. 不安抗辩权　　　　D. 先诉抗辩权

13. 甲欠乙 50 万元贷款，乙又欠丙 20 万元贷款，因乙怠于行使到期债权，又不能清偿对丙的欠款，为此丙起诉甲要求支付欠款，下列说法正确的是（　　）。

　　A. 丙不能以自己名义起诉甲　　　　　　　B. 丙起诉甲是在行使代位权

　　C. 丙起诉甲以 50 万元为限　　　　　　　D. 丙的起诉费用由自己支付

14. 代位权是债权人代替债务人向（　　）主张权利。

　　A. 债务人的代理人　　　　　　　　　　　B. 债务人的债务人

　　C. 债权人的代理人　　　　　　　　　　　D. 债务人的其他债权人

15. 甲公司欠乙公司 100 万元，同时甲公司对丙公司享有 150 万元到期债权。甲欠乙的债务已至清偿期但无力偿还，却又不积极向丙追索债权，对此下列表述正确的（　　）。

　　A. 乙可以要求丙向自己偿还 100 万元

　　B. 乙可以自己的名义诉请人民法院要求丙向乙偿还 100 万元

　　C. 乙可以自己的名义要求丙向甲偿还 150 万元

　　D. 乙可以自己的名义诉请人民法院要求丙向甲偿还 150 万元

16. 关于撤销权，下列说法错误的是（　　）。

　　A. 债务人实施了处分财产的行为

　　B. 债务人处分财产的行为已经发生效力

　　C. 债务人处分财产的行为侵害债权人的债权

　　D. 债权人行使撤销权的必要费用由债权人负担

17. 因债务人怠于行使到期债权，对债权人造成损害的，债权人（　　）。

　　A. 行使代位权的费用，由债权人负担

　　B. 可以向人民法院请求以自己的名义代位行使债务人的债权

　　C. 可以向人民法院请求以债务人的名义代位行使债务人的债权

　　D. 可以向仲裁机构请求以债务人的名义代位行使债务人的债权

18. 某建设单位与设备供应公司签订购买 10 台空调的设备采购合同，合同约定：设备公司向建设单位供应 2 台空调，其余 8 台交付承建其工程的施工单位。这种情况属于合同履行中的（　　）。

　　A. 债权转让　　　　　　B. 合同变更　　　　　　C. 债务转移　　　　　　D. 合同转让

19. 甲乙订立合同，规定甲应于 2017 年 8 月 1 日交货，乙应于同年 8 月 7 日付款。7 月底，甲发现乙财产状况恶化，已没有支付货款的能力，并有确切证据，遂提出终止合同，但乙未允。基于上述情况，甲于 8 月 1 日未按约定交货。下列关于甲行为的论述中，正确的是（　　）。

　　A. 甲必须按合同约定交货，但可以要求乙提供相应的担保

　　B. 甲有权不按合同约定交货，除非乙提供了相应的担保

　　C. 甲必须按合同约定交货，但可以仅先交付部分货物

　　D. 甲应按合同约定交货，如乙不支付货款可追究其违约责任

20. 乙是某市建材经销商，长期从甲处进实木地板，后来甲要求乙结清 12 万元货款，乙表示无力偿还。甲随后查明乙曾销售一批价值 16 万元的瓷砖给丙，丙一直拖欠未付货款。则甲（　　）。

　　A. 可以起诉乙但不能起诉丙　　　　　　　B. 经乙同意后，可以起诉丙

　　C. 可以直接起诉丙，要求其偿还 12 万元　　D. 可以直接起诉丙，要求其偿还 16 万元

21. 合同解除后，当事人请求赔偿损失的权利（　　）。
    A. 丧失　　　　　　　　B. 受到一定影响　　　C. 由人民法院决定　　　D. 不受影响

22. 甲公司与施工企业签订建筑材料买卖合同后，立即与生产厂家乙公司签订了购买合同。由于乙公司的资金短缺，无法保证向甲公司的供货，致使施工企业因未能及时收到建筑材料而停工，则施工企业的损失应当由（　　）承担。
    A. 甲公司
    B. 乙公司
    C. 施工企业
    D. 甲公司和乙公司连带

23. 建设单位与设计院签订一份标的额为100万元的设计合同，约定一方违约应承担5万元违约金。后建设单位违约，致设计单位损失为4万元，则设计单位至多可请求建设单位承担（　　）万元的违约责任。
    A. 4　　　　　　　　　B. 5　　　　　　　　　C. 9　　　　　　　　　D. 10

24. 当合同约定的违约金过分高于因违约行为引起的损失时，违约方（　　）。
    A. 可以拒绝赔偿
    B. 不得提出异议
    C. 可以要求仲裁机构或人民法院予以适当减少
    D. 可以要求建设行政主管部门裁定予以适当减少

25. 某施工单位向水泥厂订购水泥100t，每吨价格300元，总货款为3万元，约定12月10日前交货，逾期交货的，水泥厂应支付违约金3000元，后水泥厂未能如期交货。关于本案正确的表述应是（　　）。
    A. 水泥厂支付违约金后，不必再承担其他民事责任
    B. 水泥厂支付违约金后，仍应当继续履行合同
    C. 水泥厂继续履行合同后，可不必支付违约金
    D. 水泥厂如无过错，可不必支付违约金

二、多选题

1. 关于要约邀请，以下说法正确的是（　　）。
    A. 要约邀请是希望他人向自己发出要约的意思表示
    B. 要约邀请是合同成立过程中的必经过程
    C. 要约邀请是当事人订立合同的预备行为
    D. 要约邀请表示的内容往往不确定，在法律上无须承担责任
    E. 不含有合同得以成立的主要内容和相对人同意后受其约束的表示

2. 要约可以撤销。但有下列（　　）情形，要约不得撤销。
    A. 要约人确定了承诺期限或者以其他形式明示要约不可撤销
    B. 受要约人有理由认为要约是不可撤销的，并已经为履行合同做了准备工作
    C. 撤销要约的通知在受要约人发出承诺通知之后到达受要约人
    D. 撤销要约的通知与承诺通知同时到达受要约人
    E. 撤销要约的意思表示以非对话方式作出的，应当在受要约人作出承诺之前到达受要约人

3. 有关要约和承诺的说法，错误的是（　　）。
    A. 书面承诺在通知发出时生效
    B. 书面要约在到达受要约人时生效
    C. 要约可以撤回，但不可以撤销
    D. 承诺只能在承诺通知到达要约人时撤回

E. 建筑工程合同的投标书是要约

4. 以下属于缔约过失责任构成要件的是（　　）。

A. 当事人有过错，若无过错，则不承担责任

B. 有损害后果的发生。若无损失，亦不承担责任

C. 当事人的过错行为与造成的损失有因果关系

D. 缔约过失责任发生在合同的履行过程中

E. 一方违反合同约定

5. 甲公司以国产设备为样品，谎称进口设备，与乙施工企业订立设备买卖合同，后乙施工企业知悉实情。关于该合同争议处理的说法，正确的有（　　）。

A. 若买卖合同被撤销后，有关争议解决条款也随之无效

B. 乙施工企业有权自主决定是否行使撤销权

C. 乙施工企业有权自合同订立之日起 1 年内主张撤销该合同

D. 该买卖合同被法院撤销后，则该合同自始没有法律约束力

E. 乙施工企业有权自知道设备为国产之日起 1 年内主张撤销该合同

6. 执行政府定价或者政府指导价的合同，应遵守的规定有（　　）。

A. 在合同约定的交付期限内政府价格调整时，按照交付时的价格计价

B. 逾期交付标的物的，遇价格上涨时，按照原价格执行

C. 逾期交付标的物的，遇价格下降时，按照新价格执行

D. 逾期提取标的物的，遇价格上涨时，按照新价格执行

E. 逾期付款的，遇价格下降时，按新价格执行

7. 下列关于合同转让的论述中，正确的是（　　）。

A. 合同的转让包括债权转让、债务转移和权利义务一并转让三种情形

B. 债权人转让权利的，债权人应该通知债务人

C. 债权人转让权利的，应当经债务人同意

D. 债务人转移债务的，债务人应该通知债权人

E. 债务人转移债务的，应当经债权人同意

8. 甲施工企业与乙起重机厂签订了一份购置起重机的买卖合同，约定 4 月 1 日甲付给乙 100 万元预付款，5 月 12 日乙向甲交付两辆起重机，但到了 4 月 1 日，甲经调查发现乙却已全面停产，经营状况严重恶化。此时甲可以（　　），以维护自己的合法权益。

A. 行使同时履行抗辩权　　　　　　　　B. 终止合同

C. 中止履行合同并通知对方　　　　　　D. 请求对方提供适当担保

E. 解除合同

9. 施工合同中的承包人到材料供应商处去购买水泥，由于水泥标号不清楚而将 425 号的水泥当作 525 号水泥购入。该买卖合同应该（　　）。

A. 向人民法院起诉，要求确认该合同无效

B. 向人民法院起诉，要求撤销该合同

C. 向仲裁机构申请仲裁，要求确认该合同无效

D. 向仲裁机构申请仲裁，要求撤销该合同

E. 自当事人知道或应当知道撤销事由之日起九十日内行使撤销权

10. 先履行义务一方有确切证据证明后履行义务一方有下列（　　）情形，可以行使不安抗辩权。

A. 未按合同约定办理保险

B. 经营状况严重恶化

C. 为了逃避债务转移财产或抽逃资金

D. 丧失商业信誉

E. 财务状况恶化但提供了第三人的担保

11. 甲公司将与乙公司签订的合同中的义务转让给丙公司。下列关于转让的表述中正确的有（　　）。

A. 合同主体不变，仍为甲、乙公司

B. 转让必须征得乙公司同意

C. 丙公司只能对甲公司行使抗辩权

D. 甲公司对丙公司不履行合同的行为不承担责任

E. 合同内容不变

12. 合同履行中当事人承担违约责任的形式有（　　）。

A. 支付违约金　　　　　　　　　　　B. 赔偿损失

C. 采取补救措施　　　　　　　　　　D. 追缴财产

E. 继续履行

13. 债务人（　　）的，可能导致债权人行使撤销权。

A. 放弃其债权　　　　　　　　　　　B. 无偿转让财产

C. 以低价转让财产　　　　　　　　　D. 怠于行使到期债权

E. 以明显不合理的低价转让财产

14. 某建设工程施工合同履行中，施工单位违约，则其可能承担违约责任的形式有（　　）。

A. 定金与支付违约金　　　　　　　　B. 支付违约金与解除合同

C. 赔偿损失与实际履行　　　　　　　D. 继续实际履行与解除合同

E. 赔偿损失与修理、重作、更换

三、案例分析

【案例1】　甲和某工厂订立一份买卖汽车的合同，约定由工厂在6月份将一部行驶3万公里的卡车交付给甲，价款3万元，甲交付定金5000元，交车后15日内余款付清，违约金6000元。合同订立后，该卡车因外出运货耽误，未能在6月底以前返回。7月1日，卡车途经山路，因遇暴雨，被一块石头砸中，车头受损，工厂对卡车进行了修理，于7月10日交付给甲。10天后，甲在运货中发现发动机有毛病，经检查，该发动机经过大修，遂请求退还卡车，并要求工厂双倍返还定金，支付6000元违约金，赔偿因其不能履行对第三人的运输合同而造成的经营收入损失3000元（该工厂知道有运输合同一事）。

问题：

① 甲能否要求退车？

② 甲能否请求工厂支付违约金并双倍返还定金？

③ 甲能否要求工厂赔偿经营损失？

【案例2】　某药材公司与某制药厂签订了购销枸杞的合同，合同约定，药材公司于9月底将50吨枸杞交给制药厂，每吨1.2万元，制药厂在合同签订后5日内付定金10万元，交货后20日内付清货款。合同还约定，药材公司每晚交货1天，支付迟延违约金500元；一方有其他违约情况，应向对方支付违约金1万元。因药材公司的董事长出国，合同仅有药材公司的公章，董事长未签字。

合同订立后，因药材公司收购地区连续下雨，且药材公司组织收购不力，致使药材公司未能收到足够的枸杞，9 月底，药材公司未能按时交货。10 月 6 日，药材公司通过火车将 50 吨枸杞发给制药厂。火车行进途中，因遇山洪暴发致使一部分货物被冲走。10 月 20 日，制药厂收到货物后，请当地卫生部门对该批货物进行了检验，确认该批枸杞已不适宜于做药材用，故暂时存放在仓库里，并立即电告药材公司要求退货，并要求药材公司双倍返还定金，同时赔偿制药厂因停工所造成的损失 5 万元，药材公司意识到对自己不利，提出该合同未经董事长签字确认，因此该合同无效。

问题：

① 制药厂能否要求退货？

② 制药厂能否请求药材公司赔偿其停工造成的损失？

③ 制药厂能否请求药材公司支付违约金并双倍返还定金？

④ 药材公司董事长未签字，该合同是否有效？

⑤ 若制药厂要求药材公司支付迟延违约金，在药材公司支付违约金后，制药厂可否仍要求药材公司继续履行？

【案例 3】 2020 年 3 月 15 日，某纺织厂与某服装厂签订一份布料买卖合同，双方约定：由纺织厂于 4 月 15 日前提供真丝双绉面料 1000 米，服装厂先支付价款 8 万元，并于 5 月 20 日将货款一次性全部支付。4 月 15 日，服装厂通知纺织厂按合同约定的时间交货，纺织厂回函称：因设备老化，按时交付有一定困难，请求暂缓履行。服装厂因为要抢在夏季到来之前上市销售该批真丝服装，没有同意纺织厂迟延履行的要求。4 月 25 日，因纺织厂没有履行合同，服装厂致函纺织厂，要求纺织厂最迟在 5 月 10 日前履行合同，否则解除合同。5 月 20 日，纺织厂仍未履行合同，服装厂只好从别的渠道用每米 90 元的价格购买了真丝双绉面料 1000 米，总价款 9 万元，同时通知纺织厂解除合同，返还 8 万元货款及利息，并要求纺织厂赔偿误工损失及购买布料多支付的 1 万元价款。8 月 10 日，纺织厂要求履行合同，称服装厂解除合同没有征得纺织厂的同意，因而合同没有解除，服装厂应当接受货物，在遭到拒绝后纺织厂遂起诉至法院。

问题：

① 服装厂是否有权解除合同？

② 法院能否支持纺织厂的主张？

③ 服装厂能否要求损害赔偿？

第4章 建设工程招标投标管理

工程建设项目是指工程以及与工程建设有关的货物、服务。所称工程，是指建设工程，包括建筑物和构筑物的新建、改建、扩建及其相关的装修、拆除、修缮等；所称与工程建设有关的货物，是指构成工程不可分割的组成部分，且为实现工程基本功能所必需的设备、材料等；所称与工程建设有关的服务，是指为完成工程所需的勘察、设计、监理等服务。

4.1 概　　述

4.1.1　招标投标的特征和法律性质

（1）招标投标的特征

招标投标是一种商品交易方式，是市场经济发展的必然产物。与传统交易活动中采用供求双方"一对一"直接交易的交易方式相比，招标投标是相对成熟的、高级的、有组织的、规范化的交易方式，具有以下特征：

① 竞争性。招标投标的核心是竞争，按规定每一次招标必须有三家以上投标，这就形成了投标者之间的竞争，他们以各自的实力、信誉、服务、质量、报价等优势，战胜其他的投标者。

② 程序性。招标投标活动必须遵循严密规范的法律程序。《招标投标法》及相关法律政策，对招标人从确定招标采购范围、招标方式、招标组织形式直至选择中标人并签订合同的招标投标全过程每一环节的时间、顺序都有严格、规范的限定，不能随意改变。任何违反法律程序的招标投标行为，都可能侵害其他当事人的权益，必须承担相应的法律后果。

③ 规范性。《招标投标法》及相关法律政策，对招标投标各个环节的工作条件、内容、范围、形式、标准以及参与主体的资格、行为和责任都作出了严格的规定。

④ 一次性。投标要约和中标承诺只有一次机会，且密封投标，双方不得在招标投标过程中就实质性内容进行协商谈判，讨价还价，这也是与询价采购、谈判采购以及拍卖竞价的主要区别。

（2）招标投标的法律性质

招标投标的目的在于选择中标人，并与之签订合同。因此，招标是签订合同的具体行为，是要约与承诺的特殊表现形式。招标投标中具体法律行为有招标行为、投标行为和确定中标人行为。

① 招标行为的法律性质是要约邀请。依据合同订立的一般原理，招标人发布招标公告

或投标邀请书的直接目的在于邀请投标人投标，投标人投标之后并不当然要订立合同，因此，招标行为仅仅是要约邀请。

② 投标行为的法律性质是要约行为。投标文件中包含将来订立合同的具体条款，投标是一种要约，作为要约的投标行为具有法律约束力，投标是一次性的，同一投标人不能就同一投标进行一次以上的投标；各个投标人对自己的报价负责；在投标文件发出后的投标有效期内，投标人不得随意修改投标文件的内容和撤回投标文件。一旦中标，投标人将受投标书的约束。

③ 确定中标人行为的法律性质是承诺行为。招标人向中标的投标人发出的中标通知书，是招标人同意接受中标的投标人的投标条件，即同意接受该投标人的要约的意思表示，属于承诺。招标人和中标人都有权利要求对方签订合同，也有义务与对方签订合同。另外，在确定中标结果和签订合同前，双方不能就合同的实质性内容进行谈判。招标投标是一种法律行为，必然要受到法律的规范和约束，必须服从法律的规范和要求。

4.1.2　建设工程招标投标的法律法规

招标投标法律法规是国家及政府部门用来规范招标投标活动、调整在招标投标过程中产生的各种关系的法律规范的总称。以要约和承诺特殊形式表现的招标与投标是合同的形成过程，招标人与中标人签订明确双方权利义务的合同。

全国人大及政府有关部委为了推行和规范招标投标活动，先后颁布多项相关法律法规。1999 年 3 月 15 日全国人大通过了《中华人民共和国合同法》，2021 年 1 月 1 日《民法典》生效，《中华人民共和国合同法》废止。《招标投标法》《招标投标法实施条例》《中华人民共和国政府采购法》确定招标投标为政府采购的主要方式。

建设工程涉及勘察、设计、施工、监理和货物采购等阶段，不同阶段的招标投标活动均由相应法律调整。勘察设计阶段适用八部委制定的《工程建设项目勘察设计招标投标办法》；施工阶段适用七部委局制定的《工程建设项目施工招标投标办法》及住房和城乡建设部发布的《建设工程工程量清单计价规范》（GB 50500—2013）；货物采购阶段适用七部委局制定的《工程建设项目货物招标投标办法》。

2007 年国家发展和改革委员会会同工业和信息化部、住房和城乡建设部、交通运输部、水利部、商务部、国家新闻出版广电总局、国家铁路局、中国民用航空局联合制定了《〈标准施工招标资格预审文件〉和〈标准施工招标文件〉试行规定》及相关附件，自 2008 年 5 月 1 日起施行。2011 年 12 月九部委联合印发了《简明标准施工招标文件》和《标准设计施工总承包招标文件》。

2017 年国家发展改革委等九部委联合编制了《标准设备采购招标文件》《标准材料采购招标文件》《标准勘察招标文件》《标准设计招标文件》《标准监理招标文件》，自 2018 年 1 月 1 日起实施。

《招标投标法实施条例》规定："编制依法必须进行招标的项目的资格预审文件和招标文件，应当使用国务院发展改革部门会同有关行政监督部门制定的标准文本。"因此，上述标准文件具有强制适用性。标准文本适用于依法必须招标的工程建设项目。

省、自治区、直辖市和较大市的人大、人大常委会和政府可以根据本区域具体情况和实际需要，制定关于招标投标活动的地方性法规和地方性规章。

4.1.3　招标投标的基本原则

招标投标的基本原则和要求是由招标投标的基本特征和法律性质决定的。具体介绍如下。

（1）公开原则

公开原则就是招标活动要具有较高的透明度，在招标过程中要将招标信息、招标程序、评标办法、中标结果等按相关规定公开。

① 招标信息公开。招标活动的公开原则，首要就是将工程项目招标的信息公开。依法必须公开招标的工程项目，应当在国家或者地方指定的报刊、信息网络或者其他媒介上发布招标公告。现阶段，各级地方政府网站或指定的建设工程交易中心网站可以发布工程项目招标公告。

② 招标投标条件公开。招标人必须将建筑工程项目的资金来源、资金准备情况、项目前期工作进展情况、项目实施进度计划、招标组织机构、对投标单位的资格要求向社会公开，以便潜在投标人决定是否参加投标和接受社会监督。

③ 招标程序公开。招标人应在招标文件中将招标投标程序和招标投标活动的具体时间、地点、安排注明清楚，以便投标人准时参加各项招标投标活动，并对招标投标活动加以监督。开标应当公开进行，开标的时间和地点应当与招标文件中预定确定的相一致。开标由招标人主持，邀请所有投标人和监督管理相关单位代表参加。招标人把在招标文件要求提交投标文件的截止时间前收到的所有密封完好的投标文件进行开标，开标时都应当众予以拆封、宣读，并做好记录以便存档备查。

④ 评标办法和标准公开。评标办法和标准应当在招标文件中载明，评标应严格按照招标文件确定的办法和标准进行，不得将招标文件未列明的其他任何标准和办法作为评标依据。招标人不得与投标人对投标价格、投标方案等实质性内容进行谈判。

⑤ 中标结果公开。确定中标人必须以评标委员会出具的评标报告为依据，严格按照法定的程序在规定的时间内完成，并向中标人发出中标通知书。

（2）公平原则

公平原则就是招标投标过程中所有的潜在投标人享有同等的权利、履行同等的义务，并采用统一的资审条件、评标办法和评标标准来进行评审。招标人要严格按照《招标投标法》和相应的招标投标管理条例规定的招标条件、程序要求办事，给所有的潜在投标人平等的机会，不得以不合理的条件限制或者排斥潜在投标人，不得对潜在投标人实行歧视待遇。招标人应当根据招标项目的特点和需要编制招标文件，不得提出与项目特点和需要不相符或过高的要求来排斥潜在投标人。招标文件中规定的各项技术标准均不得要求或标明某一特定的专利、商标、名称、设计、原产地或生产供应者，不得含有倾向或者排斥潜在投标人的其他内容。

招标人不得向他人透露已获取招标文件的潜在投标人的名称、数量以及可能影响公平竞争的有关招标投标的其他情况。招标人不得限制投标人之间的竞争。

对于投标人，不得相互串通投标报价，不得组织排斥其他投标人的公平竞争，损害招标人或者其他投标人的合法权益。投标人不得与招标人串通投标损害国家利益、社会公共利益或者他人的合法权益。

（3）公正原则

在招标过程中，招标人的行为应当公正，对所有的投标竞争者都应平等对待，不能有特殊倾向。建设行政主管部门依法对工程招标投标活动实施监督，评标时，评标标准和评标办法应当严格执行招标文件的规定，不得在评标时修改、补充。对所有在投标截止时间后送达的投标书及密封不完好的投标书都应拒收。投标人或者投标主要负责人的近亲属、项目主管部门或者行政监督部门的人员，以及与投标人有经济利益或者其他社会关系等可能影响投标文件公正评审的人员，不得作为评标委员会的成员。评标委员会成员不得发表任何具有倾向性、诱导性的见解，不得对评标委员会其他成员的评审意见施加任何影响。任何单位和个人不得非法干预、影响评标的过程和结果。

（4）诚实信用原则

遵循诚实信用原则要求招标投标当事人在招标投标活动中应当以诚实守信的态度行使权利、履行义务，不得通过弄虚作假、欺骗他人来争取不正当利益，不得损害对方、第三者或者社会公共利益。

招标投标双方信守要约和承诺的法律规定，履行各自的义务，不得规避招标、串通哄抬投标、泄露标底、骗取中标、非法转包分包等。

《招标投标法实施条例》规定："国家鼓励利用信息网络进行电子招标投标。"《电子招标投标办法》规定："数据电文形式与纸质形式的招标投标活动具有同等法律效力。"以上规定，提升了电子招标投标法律地位，值得市场主体高度关注。

【例题1】 如果一方在订立合同的过程中违背诚实信用原则并给对方造成了实际损失，责任方将承担（B）责任。

A. 赔偿　　　B. 缔约过失　　　C. 降低资质等级　　　D. 吊销资质证书

解析： 由于招标投标的活动是处于订立合同的过程中，如果一方在订立合同的过程中违背了诚实信用原则并给对方造成了实际的损失，责任方将承担缔约过失责任。

4.1.4　招标的方式

招标分为公开招标和邀请招标。

（1）公开招标

公开招标属于无限制性竞争招标，是招标人通过依法指定的媒介发布招标公告的方式邀请所有不特定的潜在投标人参加投标，并按照法律规定程序和招标文件规定的评标标准和方法确定中标人的一种竞争交易方式。

公开招标方式体现了市场机制公开信息、规范程序、公平竞争、客观评价、公正选择以及优胜劣汰的本质要求。公开招标因为投标人较多、竞争充分，且不容易串标、围标，有利于招标人从广泛的竞争者中选择合适的中标人并获得最佳的竞争效益。依法必须进行招标的项目采用公开招标，应当按照法律规定在国家发展改革委和其他有关部门指定媒介发布资格预审公告或招标公告，符合招标项目规定资格条件的潜在投标人不受所在地区、行业限制，均可申请参加投标。

必须公开招标的情形：

① 国家重点项目和省、自治区、直辖市人民政府确定的地方重点项目；

② 国有资金占控股或者主导地位的依法必须进行招标的项目；

③ 其他法律法规规定必须进行公开招标的项目。

（2）邀请招标

邀请招标应当向 3 个以上具备招标项目资格能力要求的特定的潜在投标人发出投标邀请书。邀请招标属于有限竞争性招标，也称选择性招标。邀请招标，是招标人以投标邀请书的方式直接邀请特定的潜在投标人参加投标，并按照法律程序和招标文件规定的评标标准和方法确定中标人的一种竞争交易方式。

邀请招标与公开招标相比，主要区别是：

① 邀请招标在程序上比公开招标简化，如无招标公告及投标人资格预审的环节。

② 邀请招标在竞争程度上不如公开招标强。邀请招标参加人数是经过选择限定的，被邀请的承包商数目不能少于 3 个，由于参加人数相对较少，易于控制，因此其竞争范围没有公开招标大，竞争程度也明显不如公开招标强。

③ 邀请招标在时间和费用上都比公开招标节省。邀请招标工作量和招标费用相对较小，既可以省去招标公告和资格预审程序及时间，又可以获得基本或者较好的竞争效果。

依法应当公开招标项目存在下列情形之一的，经招标项目有关监督管理部门审批、核准或认定后，方可采用邀请招标方式：

① 项目技术复杂或有特殊要求，只有少量潜在投标人可供选择的；

② 受自然地域环境限制的，只有少量潜在投标人可供选择的；

③ 涉及国家安全、国家秘密或者抢险救灾，适宜招标但不宜公开招标的；

④ 拟公开招标的费用与项目的价值相比，不值得的；

⑤ 法律、法规规定不宜公开招标的。

国家重点建设项目的邀请招标，应当经国务院发展计划部门批准；地方重点建设项目的邀请招标，应当经各省、自治区、直辖市人民政府批准。全部使用国有资金投资或者国有资金投资占控股或者主导地位的并需要审批的工程建设项目的邀请招标，应当经项目审批部门批准，但项目审批部门只审批立项的，由有关行政监督部门审批。

4.1.5　招标的组织形式

应当招标的工程建设项目，办理报建登记手续后，凡已满足招标条件的，均可组织招标，办理招标事宜。招标组织者组织招标必须具有相应的组织招标的资质。根据招标人是否具有招标资质，可以将组织招标分为自行组织招标和委托代理招标两种情况。

（1）自行组织招标

招标人自行办理招标事宜所应当具备的具体条件：

① 具有项目法人资格（或者法人资格）；

② 具有与招标项目规模和复杂程度相适应的工程技术、概预算、财务和工程管理等方面专业技术力量；

③ 有从事同类工程建设项目招标的经验；

④ 设有专门的招标机构或者拥有 3 名以上专职招标业务人员；

⑤ 熟悉和掌握招标投标法及有关法规规章。

同时，《招标投标法》还规定，依法必须进行招标的项目，招标人自行办理招标事宜的，应当向有关行政监督部门备案。招标人如不具备自行组织招标的能力条件，应当选择委托代理招标的组织形式。

（2）委托代理招标

由于招投标活动的周期一般比较长，过程也比较复杂，涉及的法律法规和政策性文件较多，在实际操作中，招标人或投标人往往委托专业化的公司即招投标代理机构来运作。招标人应该根据招标项目的行业和专业类型、规模标准，选择具有相应资格的招标代理机构，委托其代理招标采购业务。

招标人与招标代理机构之间是一种委托代理关系。招标代理机构是依法设立、从事招标代理业务并提供相关服务的社会中介组织。

招标代理机构应当具备的条件：

① 有从事招标代理业务的营业场所和相应资金；

② 有能够编制招标文件和组织评标的相应专业力量。

招标代理机构在招标人委托的范围内办理招标事宜并遵守《招标投标法》及《招标投标法实施条例》关于招标人的规定。

4.1.6 建设工程招标的种类

工程项目招标按照不同的标准可以进行不同的分类。

（1）按照工程建设程序和内容分类

按照工程建设程序和内容，可以将建设工程招标投标分为建设项目前期咨询招标投标、工程勘察设计招标投标、材料设备采购招标投标、施工招标投标。

① 建设项目前期咨询招标：对建设项目的可行性研究任务进行的招标。投标方一般为工程咨询企业。工程投资方在缺乏工程实施管理经验时，通过招标方式选择具有专业管理经验的工程咨询单位，为其制订科学、合理的投资开发建设方案，并组织控制方案的实施。这种集项目咨询与管理于一体的招标类型的投标人一般也为工程咨询单位。

② 勘察设计招标：根据批准的可行性研究报告，择优选择勘察设计单位的招标。勘察和设计是两种不同性质的工作，可由勘察单位和设计单位分别完成。勘察单位最终提出施工现场的地理位置、地形、地貌、地质、水文等在内的勘察报告。设计单位最终提供设计图纸和成本预算结果。设计招标还可以进一步分为建筑方案设计招标、施工图设计招标。当施工图设计不是由专业的设计单位承担，而是由施工单位承担，一般不进行单独招标。

③ 材料设备采购招标：在工程项目初步设计完成后，对建设项目所需的建筑材料和设备（如电梯、供配电系统、空调系统等）采购任务进行的招标。投标方通常为材料供应商、成套设备供应商。

④ 工程施工招标：在工程项目的初步设计或施工图设计完成后，用招标的方式选择施工单位的招标。施工单位最终向建设单位交付按招标设计文件规定的建筑产品。

（2）按工程项目承包的范围分类

按工程承包的范围可将工程招标划分为项目总承包招标、项目阶段性招标、设计施工招标、工程分承包招标及专项工程承包招标。

① 项目全过程总承包招标：选择项目全过程总承包人招标，一种是指工程项目实施阶段的全过程招标，另一种是指工程项目建设全过程的招标。前者是在设计任务书完成后，从项目勘察、设计到施工交付使用进行一次性招标；后者则是从项目的可行性研究到交付使用进行一次性招标，建设单位只需提供项目投资和使用要求及竣工、交付使用期限，其可行性

研究、勘察设计、材料和设备采购、土建施工设备安装及调试、生产准备和试运行、交付使用，均由一个总承包商负责承包，即所谓"交钥匙工程"。承揽"交钥匙工程"的承包商被称为总承包商，绝大多数情况下，总承包商要将工程部分阶段的实施任务分包出去。

无论是项目实施的全过程还是某一阶段或程序，按照工程建设项目的构成，可以将建设工程招标投标分为全部工程招标投标、单项工程招标投标、单位工程招标投标、分部工程招标投标。全部工程招标投标，是指对一个建设项目（如一所学校）的全部工程进行的招标投标。单项工程招标投标，是指对一个工程建设项目中所包含的单项工程（如一所学校的教学楼、图书馆、食堂等）进行的招标投标。单位工程招标投标，是指对一个单项工程所包含的若干单位工程（实验楼的土建工程）进行招标投标。分部工程招标投标，是指对一项单位工程包含的分部工程（如土石方工程、深基坑工程、楼地面工程、装饰工程）进行招标投标。

② 工程分承包招标：中标的工程总承包人作为其中标范围内的工程任务的招标人，将其中标范围内的工程任务，通过招标投标的方式，分包给具有相应资质的分承包人，中标的分承包人只对招标的总承包人负责。

③ 专项工程承包招标：在工程承包招标中，对其中某项比较复杂或专业性强、施工和制作要求特殊的单项工程进行单独招标。

（3）按照工程是否具有涉外因素分类

按照工程是否具有涉外因素，可以将建设工程招标分为国内工程招标和国际工程招标。

① 国内工程招标：对本国没有涉外因素的建设工程进行的招标。

② 国际工程招标：对有不同国家或国际组织参与的建设工程进行的招标。国际工程招标，包括本国的国际工程（习惯上称涉外工程）招标和国外的国际工程招标两个部分。国内工程招标和国际工程招标的基本原则是一致的，但在具体做法上有差异。随着社会经济的发展和与国际接轨的深化，国内工程招标和国际工程招标在做法上的区别已越来越小。

（4）按工程承发包模式分类

按承发包模式可将工程招标划分为工程咨询招标、交钥匙工程招标、设计建造（施工）招标、设计管理招标、BOT 工程招标。

① 工程咨询招标：以工程咨询服务为对象的招标行为。工程咨询服务的内容主要包括工程立项决策阶段的规划研究、项目选定与决策，建设准备阶段的工程设计、工程招标，施工阶段的监理、竣工验收等工作。

② 交钥匙工程招标："交钥匙"模式即承包商向业主提供包括融资、设计、施工、设备采购、安装和调试直至竣工移交的全套服务。交钥匙工程招标是指发包商将上述全部工作作为一个标的招标，也即全过程招标。

③ 工程设计施工招标：将设计及施工作为一个整体标的以招标的方式进行发包，投标人必须为同时具有设计能力和施工能力的承包商。我国由于长期采取设计与施工分开的管理体制，目前具备设计、施工双重能力的施工企业为数较少。

使用一个承包商对整个项目负责，避免了设计和施工的矛盾，可显著减少项目的成本和工期。同时，在选定承包商时，把设计方案的优劣作为主要的评标因素，可保证业主得到高质量的工程项目。

④ 工程设计管理招标：设计管理模式是指由同一实体向业主提供设计和施工管理服务的工程管理模式。使用这种模式时，业主只签订一份既包括设计也包括工程管理服务的合同，在这种情况下，设计机构与管理机构是同一实体。这一实体常常是设计机构和施工管理

企业的联合体。

⑤ BOT 工程招标：BOT（Build-Operate-Transfer） 即建造-运营-移交模式。这是指政府通过契约授予私营企业（包括外国企业）以一定期限的特许专营权，许可其融资建设和经营特定的公用基础设施，并准许其通过向用户收取费用或出售产品以清偿贷款，回收投资并赚取利润；特许权期限届满时，该基础设施无偿移交给政府。

4.2 建设工程招标的范围、规模和条件

4.2.1 建设工程招标的范围和规模

（1）建设项目强制招标的范围

基于资金来源和项目性质方面的考虑，《招标投标法》和《必须招标的工程项目规定》将强制招标的项目界定为如表 4.1 中所示的几项。

表 4.1 必须招标的项目

项目类别	具体范围
大型基础设施、公用事业等关系社会公共利益、公众安全的项目	具体范围由国务院发展改革部门会同国务院有关部门按照确有必要、严格限定的原则制订，报国务院批准
全部或者部分使用国有资金投资或者国家融资的项目	使用预算资金 200 万元人民币以上，并且该资金占投资额 10% 以上的项目；使用国有企业事业单位资金，并且该资金占控股或者主导地位的项目
使用国际组织或者外国政府贷款、援助资金的项目	使用世界银行、亚洲开发银行等国际组织贷款、援助资金的项目；使用外国政府及其机构贷款、援助资金的项目

（2）必须招标的规模标准

必须招标的项目必须同时满足项目范围和规模标准两个条件。以上范围内的各类工程建设项目，包括项目的勘察、设计、施工、监理以及与工程建设有关的重要设备、材料等的采购，达到下列标准之一的，必须进行招标：

① 施工单项合同估算价在 400 万元人民币以上。

② 重要设备、材料等货物的采购，单项合同估算价在 200 万元人民币以上。

③ 勘察、设计、监理等服务的采购，单项合同估算价在 100 万元人民币以上。

同一项目中可以合并进行的勘察、设计、施工、监理以及与工程建设有关的重要设备、材料等的采购，合同估算价合计达到前款规定标准的，必须招标。

（3）可以不进行招标的项目

符合上述范围和标准的各类工程建设项目，包括项目的勘察、设计、施工、监理以及与工程建设有关的重要设备、材料等的采购，必须进行招标。但有下列情形之一的，经有关主管部门批准，可以不进行招标：

① 涉及国家安全、国家秘密或者抢险救灾而不适宜招标的；

② 属于利用扶贫资金实行以工代赈需要使用农民工的；

③ 建设项目的勘察、设计，采用特定专利或者专有技术的，或者其建筑艺术造型有特殊要求的；

④ 施工主要技术采用特定的专利或者专有技术的；

⑤ 施工企业自建自用的工程，且该施工企业资质等级符合工程要求的；

⑥ 在建工程追加的附属小型工程或者主体加层工程，承包人仍具备承包能力的；

⑦ 停建或缓建后恢复建设的单位工程，且承包人未发生变更的；

⑧ 法律、法规规定的其他情形。

4.2.2　建设工程招标的条件

为了建立和维护正常的建设工程招标投标秩序，在建设工程招标程序正式开始前，招标人必须完成必要的准备工作，以满足招标所需要的条件。

建设工程招标必须具备一定的条件，不具备这些条件就不能进行招标。按照《招标投标法》第九条规定，"招标项目按照国家有关规定需要履行项目审批手续的，应当先履行审批手续，取得批准。招标人应当有进行招标项目的相应资金或者资金来源已经落实"，即履行项目审批手续和落实资金来源是招标项目进行招标前必须具备的两项基本条件。

（1）履行项目审批手续

对招标项目需要履行审批的规定，包括两个方面：首先，建设项目本身是否按现行项目审批管理制度办理了手续、取得了批准；其次，依法必须招标的项目是否按规定申报了招标事项的核准手续。

关于招标项目需申报招标事项的核准手续，按《关于国务院有关部门实施招标投标活动行政监督的职责分工的意见》《工程建设项目可行性研究报告增加招标内容和核准招标事项暂行规定》《工程建设项目自行招标试行办法》的规定进行。依法必须招标的工程建设项目，按照工程建设项目审批管理规定，凡应报送项目审批部门审批的，必须在报送项目可行性报告中增加有关招标的内容，主要有以下四项：

① 建设项目的勘察、设计、施工、监理以及重要设备、材料等采购活动的具体范围（全部或部分招标）。

② 拟招标的组织形式（委托招标或自行招标）；拟自行招标的，应按《工程建设项目自行招标试行办法》规定报送书面材料。

③ 拟采用的招标方式（公开招标或者邀请招标），拟邀请招标的，应对其理由作出说明。

④ 其他有关内容。

（2）资金或资金来源已经落实

招标人应当有进行招标项目的相应资金或者资金来源已经落实，并在招标文件中如实载明。

4.2.3　合理划分工程招标标段

划分标段，是指招标人在充分考虑合同规模、技术标准规格分类要求、潜在投标人状况，以及合同履行期限等因素的基础上，将一项工程、服务或者一个批次的货物拆分成若干个合同进行招标的行为，是招标规划的核心工作内容。划分标段既要满足招标项目技术经济和管理的客观需要，又要遵守相关法律法规的规定。

划分招标标段主要考虑以下相关因素。

（1）法律法规规定

①《招标投标法实施条例》第二十四条规定："招标人对招标项目划分标段的，应当遵守招标投标法的有关规定，不得利用划分标段限制或者排斥潜在投标人。依法必须进行招标的项目的招标人不得利用划分标段规避招标。"

②《工程建设项目施工招标投标办法》（国家发展计划委员会令第30号）第二十七条规定："施工招标项目需要划分标段、确定工期的，招标人应当合理划分标段、确定工期，并在招标文件中载明。对工程技术上紧密相联、不可分割的单位工程不得分割标段。招标人不得以不合理的标段或工期限制或者排斥潜在投标人或者投标人。依法必须进行施工招标的项目的招标人不得利用划分标段规避招标。"

（2）工程承包管理上的要求

工程承包模式采用总承包合同与多个平行承包合同对标段划分的要求有很大差别。采用工程总承包模式，招标人期望把工程施工的大部分工作都交给总承包人，并且希望有实力的总承包人投标。同时，总承包人也期望发包的工程规模足够大，否则不能引起其投标的兴趣。因此，总承包方式发包的一般是较大标段工程，否则就失去了总承包的意义。而多个平行承包模式是将一个工程建设项目分成若干个可以独立、平行施工的标段，分别发包给若干个承包人承担，工程施工的责任、风险随之分散，但是工程施工的协调管理工作量随之加大。

（3）招标人工程管理力量

招标项目划分标段的数量，确定标段规模，与招标人的工程管理力量有关。标段数量增加，必将增加实施招标、评标和合同管理的工作量，因此划分标段需要考虑招标人组织实施招标和合同履行管理的能力。

（4）经济因素

通过科学划分标段，使标段具有合理适度的规模，保证足够竞争数量的单位满足投标资格能力条件，并满足经济合理性要求。既要避免规模过小，单位固定成本上升，增加招标项目的总投资，并可能导致大型企业失去参与投标竞争的积极性；又要避免规模过大，可能因符合资格能力条件的单位过少而不能满足充分竞争的要求，或者具有资格能力条件的单位因受资源投入的限制，而无法保质保量按期完成招标项目，并由此增加合同履行的风险。

4.3 工程招标投标监督管理、投诉、违法行为及处理

4.3.1 工程招标投标的监督管理

政府行政主管部门对招标活动进行如下监督。

（1）依法核查必须采用招标方式选择承包单位的建设项目

① 招标备案　工程项目的建设应当按照建设管理程序进行。为了保证工程项目的建设符合国家或地方总体发展规划，以及能使招标后工作顺利进行，因此不同标的的招标均需满足相应的条件。

② 工程建设项目施工招标的要求

a. 招标人已经依法成立。

b. 初步设计及概算应当履行批准手续的，已经批准。

c. 招标范围、招标方式和招标组织形式等应当履行核准手续的，已经核准。

d. 有相应资金或资金来源已经落实。

e. 有招标所需的设计图纸及技术资料。

③ 对招标人的招标能力要求

a. 是法人或依法成立的其他组织。

b. 有与招标工作相适应的经济、法律咨询和技术管理人员。

c. 有组织编制招标文件的能力。

d. 有审查投标单位资质的能力。

e. 有组织开标、评标、定标的能力。

如果招标单位不具备上述要求，需委托具有相应资质的中介机构代理招标。

④ 招标代理机构的资质条件

a. 有从事招标代理业务的营业场所和相应资金。

b. 有能够编制招标文件和组织评标的相应专业力量。

⑤ 对招标有关文件的核查备案

a. 对招标人资格审查文件的核查：不得以不合理条件限制或排斥潜在投标人；不得对潜在投标人实行歧视待遇；不得强制投标人组成联合体投标。

《招标投标法实施条例》规定招标人有下列行为之一的，属于以不合理条件限制、排斥潜在投标人或者投标人：

• 就同一招标项目向潜在投标人或者投标人提供有差别的项目信息；

• 设定的资格、技术、商务条件与招标项目的具体特点和实际需要不相适应或者与合同履行无关；

• 依法必须进行招标的项目以特定行政区域或者特定行业的业绩、奖项作为加分条件或者中标条件；

• 对潜在投标人或者投标人采取不同的资格审查或者评标标准；

• 限定或者指定特定的专利、商标、品牌、原产地或者供应商；

• 依法必须进行招标的项目非法限定潜在投标人或者投标人的所有制形式或者组织形式；

• 以其他不合理条件限制、排斥潜在投标人或者投标人。

b. 对招标文件的核查：招标文件的组成是否包括招标项目的所有实质性要求和条件，以及拟签订合同的主要条款，能使投标人明确承包工作范围和责任，并能够合理预见风险编制投标文件；招标项目需要划分标段的，承包工作范围的合同界限是否合理；招标文件是否有限制公平竞争的条件。

（2）对招标投标活动的监督

全部使用国有资金投资或者国有资金投资占控股或者主导地位，依法必须进行施工招标的工程项目，应当进入有形建筑市场进行招标投标活动。建设行政主管部门派员参加开标、评标、定标的活动，监督招标人按法定程序选择中标人，处理招投标投诉。

4.3.2　招标投标活动投诉

投诉是指投标人（包括其他利害关系人，下同）认为招标投标活动不符合法律、法规和规章规定，依法向有关招标投标行政监督部门提出意见并要求相关主体改正的行为。投诉是《招标投标法》赋予投标人的行政救济手段，各行政监督部门是处理投诉的主体。

投诉的主体是投标人或者其他利害关系人，认为招标投标活动不符合法律、行政法规规定的，可以自知道或者应当知道之日起 10 日内向有关行政监督部门投诉。投诉应当有明确的请求和必要的证明材料。投标人对招标文件（资格预审文件）、开标活动和评标结果向行政监督部门进行投诉，应当先向招标人提出异议。对资格预审文件有异议的，应当在资格预审申请截止时间 2 日前提出；对招标文件有异议的，应当在投标截止时间 10 日前提出；对开标的异议应当在开标会上当场提出；对依法必须进行招标项目的评标结果有异议的，应当在中标候选人公示期间提出。

有下列情形之一的投诉，不予受理：

① 投诉人不是所投诉招标投标活动的参与者，或者与投诉项目无任何利害关系。

② 投诉事项不具体，且未提供有效线索，难以查证的。

③ 投诉书未署具投诉人真实姓名、签字和有效联系方式的；以法人名义投诉的，投诉书未经法定代表人签字并加盖公章的。

④ 超过投诉时效的。

⑤ 已经作出处理决定，并且投诉人没有提出新的证据。

⑥ 投诉事项已进入行政复议或者行政诉讼程序的。

行政监督部门应当自收到投诉之日起 3 个工作日内决定是否受理投诉，并自受理投诉之日起 30 个工作日内作出书面处理决定；需要检验、检测、鉴定、专家评审的，所需时间不计算在内。

4.3.3　招标投标活动中的违法行为及其处理

4.3.3.1　招标人的法律责任

招标人的法律责任，是指招标人在招标过程中对其所实施的行为应当承担的法律后果。按照招标人承担责任的不同法律性质，其法律责任分为民事法律责任、行政法律责任和刑事法律责任。

（1）招标人的民事法律责任

① 招标人需承担民事法律责任的违法行为。根据《招标投标法》及《招标投标法实施条例》的规定，招标人需承担民事法律责任的违法行为，主要可以分为导致招标无效、中标无效和其他违法行为。其中，招标人的下列违法行为将导致中标无效：

a. 依法必须进行招标的项目的招标人向他人透露已获取招标文件的潜在投标人的名称、数量或者可能影响公平竞争的有关招标投标的其他情况的，或者泄露标底的，且前述行为影响中标结果的；

b. 依法必须进行招标的项目，招标人违反《招标投标法》规定，与投标人就投标价格、投标方案等实质性内容进行谈判的，且前述行为影响中标结果的；

c. 招标人在评标委员会依法推荐的中标候选人以外确定中标人的；

d. 依法必须进行招标的项目在所有投标被评标委员会否决后自行确定中标人的。

根据《招标投标法》及《招标投标法实施条例》的相关规定，除导致中标无效的违法行为，招标人应承担民事法律责任的其他违法行为还包括：

a. 招标人超过规定的比例收取投标保证金、履约保证金；

b. 招标人不按照规定退还投标保证金及银行同期存款利息的；

c. 招标人无正当理由不发出中标通知书；

d. 招标人发出中标通知书后无正当理由改变中标结果；

e. 招标人不按照规定确定中标人；

f. 招标人在订立合同时向中标人提出附加条件；

g. 招标人不按招标文件和中标人的投标文件订立合同的；

h. 招标人与中标人订立背离合同实质性内容的协议书；

i. 其他法律法规规定的其他违法行为。

② 招标人承担民事法律责任的方式。根据《招标投标法》《招标投标法实施条例》及相关规定，招标人承担民事法律责任的方式主要包括：

a. 采取补救措施。补救方式主要有招标人重新组织评标、招标人重新招标、招标人与中标人重新订立合同、招标人有权在其余投标人中重新确定中标人等。

b. 恢复原状、赔偿损失。中标无效的招标人已与中标人签订书面合同的，合同无效，应当恢复原状，因该合同取得的财产，应当予以返还或者没有必要返还的应当折价补偿。有过错的一方应赔偿对方因此所遭受的损失，双方都有过错的，应当承担各自相应的责任。

（2）招标人的行政法律责任

① 招标人需承担行政法律责任的违法行为。根据《招标投标法》及《招标投标法实施条例》的规定，招标人承担行政法律责任的违法行为，主要可以分为导致招标无效、中标无效和其他违法行为。其中，招标人的下列违法行为将导致中标无效：

a. 依法必须进行招标的项目的招标人向他人透露已获取招标文件的潜在投标人的名称、数量或者可能影响公平竞争的有关招标投标的其他情况的或者泄露标底的，且前述行为影响中标结果的；

b. 依法必须进行招标的项目，招标人违反《招标投标法》规定，与投标人就投标价格、投标方案等实质性内容进行谈判的，且前述行为影响中标结果的；

c. 招标人在评标委员会依法推荐的中标候选人以外确定中标人的；

d. 依法必须进行招标的项目在所有投标被评标委员会否决后自行确定中标人的。

根据《招标投标法》及《招标投标法实施条例》的相关规定，除导致中标无效的违法行为，招标人应承担行政法律责任的其他违法行为还包括：

a. 对必须进行招标的项目不招标的，或依法应当公开招标而采用邀请招标的，或将必须进行招标的项目化整为零或者以其他任何方式规避招标的；

b. 依法应当公开招标的项目不按照规定在指定媒介发布资格预审公告或者招标公告的；

c. 招标文件、资格预审文件的发售、澄清、修改的时限，或者确定的提交资格预审申请文件、投标文件的时限不符合招标投标法和招标投标法实施条例规定的；

d. 招标人以不合理的条件限制或者排斥潜在投标人的，对潜在投标人实行歧视待遇的；

e. 招标人不按照规定对异议作出答复，继续进行招标投标活动的；

f. 强制要求投标人组成联合体共同投标的，或者限制投标人之间竞争的；

g. 招标人与中标人不按照招标文件和中标人的投标文件订立合同的，或招标人在订立合同时向中标人提出附加条件的；

h. 招标人不按照规定确定中标人的，招标人无正当理由不发出中标通知书的；

i. 招标人超过招标投标法实施条例规定的比例收取投标保证金、履约保证金或者不按照规定退还投标保证金及银行同期存款利息的；

j. 招标人、中标人订立背离合同实质性内容的协议的，或招标人在中标通知书发出后无正当理由改变中标结果；

k. 法律法规规定的其他违法行为。

② 招标人承担行政法律责任的方式。招标人在招标投标过程中的违法行为承担行政法律责任的方式主要有：

a. 警告、责令限期改正。招标人有《招标投标法》《招标投标法实施条例》及部门规章规定的违法行为，情节轻微的，行政部门有权对招标人发出书面警告，并有权责令其限期改正。

b. 罚款。招标人有违法行为的，行政监督部门有权对招标人依据不同规定处以不同数额的罚款，并同时可并处没收违法所得。

c. 不颁发施工许可证。《房屋建筑和市政基础设施工程施工招标投标管理办法》规定，应当招标未招标的，应当公开招标未公开招标的，县级以上地方人民政府建设行政主管部门应当责令改正，拒不改正的，不得颁发施工许可证。

d. 行政处分。行政处分的对象是招标人单位的直接负责的主管人员和其他直接责任人员。

e. 暂停项目执行或者暂停资金拨付。对必须进行招标的项目而不招标的，或者是将必须进行招标的项目化整为零或以其他方式规避招标的，如果招标项目是全部或者部分使用国有资金的，有关行政部门可以暂停该项目的执行或是暂停向该项目拨付资金。

（3）招标人的刑事法律责任

招标人的刑事法律责任，是指招标人因实施刑法规定的犯罪行为所应承担的刑事法律后果。刑事法律责任是招标人承担的最严重的一种法律后果。

招标人向他人透露已获取招标文件的潜在投标人信息、招标文件的重要内容或可能影响公平竞争的有关招标投标的其他情况，如泄露评标专家委员会成员的或是泄露标底并造成重大损失的，招标人构成侵犯商业秘密罪，处 3 年以下有期徒刑或者拘役，造成特别严重后果的，处 3 年以上 7 年以下有期徒刑，并处罚金。

4.3.3.2 投标人的法律责任

投标人的法律责任，是指投标人在投标过程中对其所实施的行为应当承担的法律后果。按照投标人承担责任的不同法律性质，其法律责任分为民事法律责任、行政法律责任和刑事法律责任。

（1）投标人的民事法律责任

投标人承担民事法律责任的主要方式表现为：中标无效、赔偿损失、转让无效、分包无效、履约保证金不予退回等。

① 中标无效的民事法律责任。《招标投标法》第五十三条规定："投标人相互串通投标或者与招标人串通投标的，投标人以向招标人或者评标委员会成员行贿的手段谋取中标的，中标无效。"

《招标投标法》第五十四条规定："投标人以他人名义投标或者以其他方式弄虚作假，骗取中标的，中标无效。"

投标人以他人名义投标一般出于以下几种原因：投标人没有承担招标项目的能力；投标人不具备国家要求的或招标文件要求的从事该招标项目的资质；投标人曾因违法行为而被工

商机关吊销营业执照，或是因违法行为而被有关行政监督部门在一定期限内取消其从事相关业务的资格等。除以他人名义投标外，投标人还可能以其他方式弄虚作假，骗取中标，如伪造资质证书、营业执照，在递交的资格审查材料中弄虚作假等。投标人在投标过程中有了上述的行为即属违法行为，将导致中标无效。

② 赔偿损失的民事法律责任。《招标投标法》第五十四条中规定："投标人以他人名义投标或者以其他方式弄虚作假，骗取中标的，中标无效，给招标人造成损失的，依法承担赔偿责任。"

投标人弄虚作假的行为给招标人造成损失的，依法承担赔偿责任。投标人的赔偿范围既包括直接损失也包括间接损失。直接损失如因骗取中标导致中标无效后重新进行招标的成本等；间接损失如项目的预期收益的损失等。本条所定的损害赔偿对象是因投标人的骗取中标行为而遭受损害的招标人。

③ 转让无效、分包无效的民事法律责任。《招标投标法》第五十八条中规定："中标人将中标项目转让给他人的，将中标项目肢解后分别转让给他人的，违反本法规定将中标项目的部分主体、关键性工作分包给他人的，或者分包人再次分包的，转让、分包无效。"

投标人在中标后，不按法律规定进行中标项目分包的，投标人就应当承担转让无效、分包无效的责任。该无效为自始无效，即从转让或者分包时起就无效。因该行为取得的财产应当返还给对方当事人，有过错的一方当事人应对无效行为给他人造成的损失，承担赔偿责任。

④ 履约保证金不予退还的民事法律责任。根据《招标投标法》的规定，中标人不履行与招标人订立的合同的，履约保证金不予退还，给招标人造成的损失超过履约保证金数额的，还应当对超过部分予以赔偿；没有提交履约保证金的，应当对招标人的损失承担赔偿责任。

（2）投标人的行政法律责任

投标人的行政法律责任是指投标人因违反行政法律规范而依法应当承担的法律后果。投标人承担行政法律责任的主要方式有：警告、罚款、没收违法所得、责令停业、取消投标资格及吊销营业执照。

① 《招标投标法》中关于投标人承担行政法律责任方式的规定

a. 投标人相互串通投标或者与招标人串通投标的，投标人以向招标人或者评标委员会成员行贿的手段谋取中标的，处中标项目金额千分之五以上千分之十以下的罚款，对单位直接负责的主管人员和其他直接责任人员处单位罚款数额百分之五以上百分之十以下的罚款；有违法所得的，并处没收违法所得；情节严重的，取消其 1～2 年内参加依法必须进行招标的项目的投标资格并予以公告，直至由工商行政管理机关吊销营业执照。

b. 投标人以他人名义投标或者以其他方式弄虚作假，骗取中标的，依法必须进行招标的项目的投标人有前款所列行为尚未构成犯罪的，处中标项目金额千分之五以上千分之十以下的罚款，对单位直接负责的主管人员和其他直接责任人员处单位罚款数额千分之五以上百分之十以下的罚款；有违法所得的，并处没收违法所得；情节严重的，取消其 1～3 年内参加依法必须进行招标的项目的投标资格并予以公告，直至由工商行政管理机关吊销营业执照。

c. 中标人将中标项目转让给他人的，将中标项目肢解后分别转让给他人的，违反本法规定将中标项目的部分主体、关键性工作分包给他人的，或者分包人再次分包的，处转让、分包项目金额千分之五以上千分之十以下的罚款；有违法所得的，并处没收违法所得；可以责令停业整顿；情节严重的，由工商行政管理机关吊销营业执照。

d. 中标人不按照与招标人订立的合同履行义务，情节严重的，取消其 2～5 年内参加依法必须进行招标的项目的投标资格并予以公告，直至由工商行政管理机关吊销营业执照。

② 部门规章中关于投标人承担行政法律责任行为和方式的规定 招标投标过程中投标人因违法行为应承担相应的行政责任，根据《工程建设项目货物招标投标办法》《工程建设项目招标投标活动投诉处理办法》《工程建设项目施工招标投标办法》《评标委员会和评标方法暂行规定》等规定，对投标人行政法律责任均作出了非常明确和具体的规定。

投标人在招标投标过程中，因违法行为所应承担的行政法律责任的方式有：

a. 警告；

b. 对单位责令停业整顿；

c. 有违法所得的并处没收违法所得；

d. 吊销营业执照；

e. 罚款，对违法行为的罚款的处罚是双罚制，既处罚违法的单位也处罚单位的直接负责的主管人员；

f. 取消参与投标的资格，根据其违法人员的违法行为取消其参加投标的资格时间从最低的 1 年到 3 年不等，但如果中标人有不履行与招标人订立合同的情况，其处罚参与投标的资格期限比其他违法行为要更为严厉，其取消参与投标的最低期限为 2 年，最高的期限为 5 年；

g. 没收投标保证金；

h. 对其违法行为进行公告等。

（3）投标人的刑事法律责任

投标人的刑事法律责任是指投标人因实施刑法规定的犯罪行为所应承担的刑事法律后果，刑事法律责任是投标人承担的最严重的一种法律后果。

① 承担串通投标罪的刑事责任。投标人相互串通投标报价，损害招标人或者其他投标人利益，情节严重的，处 3 年以下有期徒刑或者拘役，并处或单处罚金。投标人与招标人串通投标，损害国家、集体、公民合法利益的，处 3 年以下有期徒刑或者拘役，并处或单处罚金。

② 承担合同诈骗罪的刑事责任。投标人以非法占有为目的，在签订、履行合同过程中骗取对方当事人财物，数额较大的，处 3 年以下有期徒刑或者拘役，并处或者单处罚金；数额巨大或者有其他严重情节的，处 3 年以上 10 年以下有期徒刑，并处罚金；数额特别巨大或者有其他特别严重情节的，处 10 年以上有期徒刑或者无期徒刑，并处罚金或者没收财产。

③ 承担行贿罪的刑事责任。投标人向招标人或者评标委员会成员行贿，构成犯罪的，处 3 年以下有期徒刑或者拘役。单位犯前款罪的，对单位判处罚金，并对其直接负责的主管人员和其他直接责任人员，依照前款的规定处罚。

4.4 建设工程施工招标投标程序

建设工程施工招标一般要经历招标准备阶段、招标阶段和决标成交阶段。具体工作内容详见表 4.6～表 4.8。

4.4.1　建设工程施工招标的一般程序

从招标人的角度看，建设工程招标的一般程序主要经历以下几个环节：

① 设立招标组织或者委托招标代理人；

② 编制招标文件、招标文件备案；

③ 发布招标公告或者发出投标邀请书；

④ 对投标资格进行审查；

⑤ 分发招标文件和有关资料；

⑥ 组织投标人踏勘现场，对招标文件进行答疑；

⑦ 成立评标组织，召开开标会议（实行资格后审的还要进行资格审查）；

⑧ 审查投标文件，澄清投标文件中不清楚的问题，组织评标；

⑨ 择优定标，发出中标通知书；

⑩ 签订合同，报送备案。

4.4.1.1　编制招标有关文件、招标文件备案

（1）编制资格预审文件

根据《中华人民共和国标准施工招标资格预审文件》（以下简称《标准施工招标资格预审文件》）（2007 年版），资格预审文件包括资格预审公告、申请人须知、资格审查办法、资格预审申请文件格式、项目建设概况五部分。

（2）编制招标文件

招标文件是招标活动中最重要的文件，其内容包括招标工程项目的技术要求，对投标人资格审查的标准，投标报价要求，评标的标准和方法，开标、评标、定标的程序等所有实质性要求和条件以及拟签订合同的主要条款。《中华人民共和国标准施工招标文件》（以下简称《标准施工招标文件》）（2007 年版）中的结构见表 4.2。

表 4.2　《标准施工招标文件》（2007 年版）结构表

卷数	章次
第一卷	第 1 章　招标公告(未进行资格预审)
	第 1 章　投标邀请书(代资格预审通过通知书)
	第 1 章　投标邀请书(适用于邀请招标)
	第 2 章　投标人须知
	第 3 章　评标办法(经评审的最低投标价法)
	第 3 章　评标办法(综合评估法)
	第 4 章　合同条款及格式
	第 5 章　工程量清单
第二卷	第 6 章　图纸
第三卷	第 7 章　技术标准和要求
第四卷	第 8 章　投标文件格式

① 封面格式。《标准施工招标文件》（2007 年版）封面格式包括下列内容：项目名称、

标段名称（如有）、标示出"招标文件"这四个字、招标人名称和单位印章、时间。

② 招标公告或投标邀请书。招标公告的内容应与公开媒体刊登的招标公告的内容一致。邀请招标的，投标邀请书应要求投标人在规定的时间前确认是否参加投标，以便投标人数量不足时及时邀请其他投标人。

公开招标进行资格预审的，投标邀请书同时起到代资格预审通过通知书的作用。因为已经完成了资格预审，所以其投标邀请书内容不包括招标条件、项目概况与招标范围和投标人资格要求等内容。同时为提高招标投标工作效率，招标人在投标邀请书中也增加了在收到投标邀请书后的规定时间内，以传真或快递方式予以确认是否参加投标的要求。

③ 投标人须知。工程施工项目应在投标人须知中重点明确招标范围、工期、质量、分包、暂估价工程、计价规范和报价要求等内容，以及不得参加投标的情形（见表4.3）。

表4.3　投标人须知主要内容

项目	内容
总则	对项目概况、资金来源和落实情况、招标范围、计划工期和质量要求的描述，投标人资格要求，对费用承担、保密、语言文字、计量单位等内容的约定，对踏勘现场、投标预备会的要求，以及对分包和偏离问题的处理
招标文件	招标文件的构成以及澄清和修改的规定
投标文件	投标文件的组成，投标报价编制的要求，投标有效期和投标保证金的规定，需要提交的资格审查资料，是否允许提交备选投标方案，以及投标文件编制所应遵循的标准格式要求
投标	投标文件的密封和标识、递交、修改及撤回的各项要求； 明确投标准备时间，即自招标文件开始发出之日起至投标人提交投标文件截止之日止，最短不得少于20天
开标	开标的时间、地点和程序
评标	评标委员会的组建方法，评标原则和采取的评标办法（不包括评标委员会名单）
合同授予	拟采用的定标方式，中标通知书的发出时间，要求承包人提交的履约担保和合同的签订时限
重新招标和不再招标	重新招标和不再招标的条件
纪律和监督	对招标过程各参与方的纪律要求
需要补充的其他内容	

（3）编制标底、工程量清单及招标控制价

① 标底。标底是招标工程的预期价格，能反映出拟建工程的资金额度，以明确招标人在财务上应承担的义务。招标人用它来控制工程造价，并以此为尺度来评判投标人的报价是否合理，中标都要按照报价签订合同。标底应当在开标时公布，标底只能作为评标的参考，不得规定以接近标底为中标条件，也不得规定投标报价超出标底上下浮动范围作为否决投标的条件。

② 工程量清单。工程量清单指建设工程的分部分项工程项目、措施项目、其他项目、规费项目和税金项目的名称和相应数量等的明细清单，由分部分项工程量清单、措施项目清单、其他项目清单、规费税金清单组成。采用工程量清单招标时，招标人自行或委托具有资质的中介机构编制反映工程实体消耗和措施性消耗的工程量清单，工程量清单将要求投标人完成的工程项目及其相应工程实体数量全部列出，并作为招标文件的一部

分提供给投标人，由投标人依据工程量清单自主报价。在工程招标中采用工程量清单计价是国际上较为通行的做法。现行《建设工程工程量清单计价规范》（GB 50500—2013）规定工程量清单必须作为招标文件的组成部分，其准确性和完整性由招标人负责，招标工程量清单是工程量清单计价的基础，应作为编制招标控制价、投标报价、计算或调整工程量、索赔等的依据之一。

③ 招标控制价。招标控制价是招标人根据国家以及当地有关规定的计价依据和计价办法、招标文件、市场行情，并按工程项目设计施工图纸等具体条件调整编制的，对招标工程项目限定的最高工程造价，也可称其为拦标价、预算控制价或最高报价等。对于招标控制价及其规定，应注意以下问题：

a. 国有资金投资的工程建设项目实行工程量清单招标，必须编制招标控制价。

b. 招标控制价超过批准的概算时，招标人应将其报原概算审批部门审核。

c. 投标人的投标报价高于招标控制价的，其投标应予以拒绝。

d. 招标控制价应由具有编制能力的招标人或受其委托具有相应资质的工程造价咨询人编制。工程造价咨询人不得同时接受招标人和投标人对同一工程的招标控制价和投标报价的编制委托。

e. 招标控制价应在招标文件中公布，不应上调或下浮。

f. 采用工程量清单计价时，招标控制价的编制内容包括：分部分项工程费、措施项目费、其他项目费、规费和税金。

g. 编制招标控制价，采用的材料价格应是工程造价管理机构通过工程造价信息发布的材料单价，工程造价信息未发布材料单价的材料，其材料价格应通过市场调查确定。

h. 施工机械设备的选型应本着经济实用、先进高效的原则确定。

i. 投标人认为招标人的招标控制价不符合规定，应在招标控制价公布后 5 天内向招投标监督机构和工程造价管理机构投诉。工程造价管理机构在受理投诉的 10 天内完成复查。当招标控制价误差＞3％时，应责成招标人改正。

国有资金投资的工程进行招标，根据《招标投标法》的规定，招标人可以设标底。当招标人不设标底时，为有利于客观、合理地评审投标报价和避免哄抬标价，造成国有资产流失，招标人应编制招标控制价。《招标投标法实施条例》第二十七条规定："招标人可以自行决定是否编制标底。一个招标项目只能有一个标底。标底必须保密。招标人设有最高投标限价的，应当在招标文件中明确最高投标限价或者最高投标限价的计算方法。招标人不得规定最低投标限价。"

【例题 2】　根据《招标投标法实施条例》，关于工程建设项目招标标底的设置和作用，下列说法正确的是（A）。

A. 标底只能作为评标的参考

B. 标底应当在招标文件中明确规定并事先公布

C. 应当把投标报价是否接近标底作为中标条件

D. 报价超过标底上下浮动一定幅度作为否决投标的条件

【例题 3】　根据《建设工程工程量清单计价规范》，关于招标控制价的说法，正确的有（ABE）。

A. 招标控制价是对招标工程项目规定的最高工程造价

B. 招标人不得规定最低投标限价

C. 国有或非国有资金投资的建设工程招标，招标人必须编制招标控制价

D. 招标控制价应在招标文件中公布，在招标过程中不应上调，但可适当下浮

E. 投标人的投标报价高于招标控制价时，其投标应予以否决

解析： 非国有资金投资的建设项目，可以不编制招标控制价；招标控制价不得上调或下浮。招标人设有最高投标限价的，应当在招标文件中明确最高投标限价或者最高投标限价的计算方法，招标人不得规定最低投标限价。

【例题 4】 关于招标项目标底或投标限价的说法，正确的是（A）。

A. 若招标项目设有标底，开标时应当公布

B. 设有最高投标限价时，应规定最低投标限价

C. 评标时可以投标报价是否接近标底作为中标条件

D. 可以投标报价超过标底上下 15% 作为否决投标的条件

解析： 招标人可以自行决定是否编制标底，一个招标项目只能有一个标底。若招标项目设有标底，应当在开标时公布。标底只能作为评标的参考，不得以投标报价是否接近标底作为中标条件，也不得以投标报价超过标底上下浮动的某个范围作为否决投标的条件。招标人可以设有最高投标限价，招标人不得规定最低投标限价。

（4）办理招标文件备案手续

招标人编制资格预审文件、招标文件、标底（招标控制价）后，将这些文件报招标投标管理机构备案。

4.4.1.2 发布招标公告或者发出投标邀请书

资格预审文件、招标文件等备案后，招标人就要发布招标公告或发出投标邀请书。采用公开招标方式的，招标人要在报纸、杂志、广播、电视等大众传媒或工程交易中心公告栏上发布招标公告，招请一切愿意参加工程投标的不特定的承包商申请投标资格审查或申请投标。

对公开招标发布招标公告有两种做法：一是实行资格预审（即在投标前进行资格审查）的，用资格预审通告代替招标公告，即只发布资格预审通告即可；二是实行资格后审（即在开标后进行资格审查）的，不发资格预审通告，而只发招标公告。

采用邀请招标方式的，招标人要向 3 个以上具备承担招标项目的能力、资信良好的特定的承包商发出投标邀请书，邀请他们申请投标资格审查，参加投标。

（1）资格预审公告

根据《工程建设项目施工招标投标办法》《标准施工招标资格预审文件》中的规定，工程建设项目资格预审公告内容包括：

① 招标项目的条件，包括项目审批、核准或备案机关名称，资金来源，项目出资比例，招标人的名称等；

② 项目概况与招标范围，包括本次招标项目的建设地点、规模、计划工期、招标范围、标段划分等；

③ 对申请人的资格要求，包括资质等级与业绩，是否接受联合体申请、申请标段数量；

④ 资格预审方法，表明是采用合格制还是有限数量制；

⑤ 资格预审文件的获取时间、地点和售价；

⑥ 资格预审申请文件的递交地点和截止时间；

⑦ 同时发布公告的媒介名称；

⑧ 联系方式，包括招标人和招标代理机构项目联系人的名称、地址、电话、传真、网址、开户银行及账号等。

（2）招标公告

按照《招标投标法》第十六条第二款"招标公告应当载明招标人的名称和地址、招标项目的性质、数量、实施地点和时间以及获取招标文件的办法等事项"的基本内容要求，结合国务院有关部委规章中对招标公告内容的共性规定，招标公告基本内容包括：

① 招标条件，包括招标项目的名称，项目审批、核准或备案机关名称，资金来源，简要技术要求以及招标人的名称等；

② 招标项目的规模、招标范围、标段或标包的划分或数量；

③ 招标项目的实施地点或交货或服务地点；

④ 招标项目的实施时间，即工程施工工期或货物交货期或提供服务时间等；

⑤ 对投标人或供应商或服务商的资质等级与资格要求；

⑥ 获取招标文件的时间、地点、方式以及招标文件售价；

⑦ 递交投标文件的地点和投标截止日期；

⑧ 联系方式，包括招标人和招标或采购代理机构项目联系人的名称、地址、电话、传真、网址、开户银行及账号等联系方式；

⑨ 其他。

4.4.1.3　资格审查

（1）资格审查内容

① 具有独立订立合同的权利；

② 具有履行合同的能力，包括专业、技术资格和能力，资金、设备和其他物质设施状况，管理能力，经验、信誉和相应的从业人员；

③ 没有处于被责令停业，投标资格被取消，财产被接管、冻结，破产状态；

④ 在最近 3 年内没有骗取中标和严重违约及重大工程质量问题；

⑤ 法律行政法规规定的其他资格条件。

招标人对投标人进行投标资格审查，是通过对投标人按照资格预审通告的要求提交或填报的有关资格预审文件和资料进行比较分析，确定出入选的投标人名单。

实行资格后审的，招标人对投标人进行投标资格审查，通过对投标人按照招标公告的要求提交或填报的有关资格审查文件和资料进行比较分析，确定出有资格参加评标的投标人名单。凡报名者皆有参加投标的资格，开标后对其进行资格审查。

（2）资格预审文件的发售、澄清和提交

① 资格预审文件的发售期不得少于 5 日。申请人对资格预审文件有异议的，应当在递交资格预审申请文件截止时间 2 日前向招标人提出。招标人应当自收到异议之日起 3 日内作出答复；作出答复前，应当暂停实施招标投标的下一步程序。

② 资格预审文件的澄清、修改。招标人可以对已发出的资格预审文件进行必要的澄清或者修改。澄清或者修改的内容可能影响资格预审申请文件编制的，招标人应当在提交资格预审申请文件截止时间至少 3 日前，以书面形式通知所有获取资格预审文件的潜在投标人；不足 3 日的，招标人应当顺延提交资格预审申请文件的截止时间。

③ 编制并递交资格预审申请文件。依法必须进行招标的项目，提交资格预审申请文件的截止时间，自资格预审文件停止发售之日起不得少于 5 日。

资格预审公告格式

_____（项目名称）_____标段施工招标

资格预审公告（代招标公告）

1. 招标条件

本招标项目_____（项目名称）已由_____（项目审批、核准或备案机关名称）以_____（批文名称及编号）批准建设，项目业主为_____，建设资金来自_____（资金来源），项目出资比例为_____，招标人为_____。项目已具备招标条件，现进行公开招标，特邀请有兴趣的潜在投标人（以下简称申请人）提出资格预审申请。

2. 项目概况与招标范围

_____（说明本次招标项目的建设地点、规模、计划工期、招标范围、标段划分等）。

3. 申请人资格要求

3.1 本次资格预审要求申请人具备_____资质，_____业绩，并在人员、设备、资金等方面具备相应能力。

3.2 本次资格预审_____（接受或不接受）联合体资格预审申请。联合体申请资格预审的，应满足下列要求：_____。

3.3 各申请人可就上述标段中的_____（具体数量）个标段提出资格预审申请。

4. 资格预审方法

本次资格预审采用_____（合格制/有限数量制）。

5. 资格预审文件的获取

5.1 请申请人于_____年_____月_____日至_____年_____月_____日（法定公休日、法定节假日除外），每日上午_____时至_____时，下午_____时至_____时（北京时间，下同），在_____（详细地址）持单位介绍信购买资格预审文件。

5.2 资格预审文件每套售价_____元，售后不退。

5.3 邮购资格预审文件的，需另加手续费（含邮费）_____元。招标人在收到单位介绍信和邮购款（含手续费）后_____日内寄送。

6. 资格预审申请文件的递交

6.1 递交资格预审申请文件截止时间（申请截止时间，下同）为_____年_____月_____日_____时_____分，地点为_____。

6.2 逾期送达或者未送达指定地点的资格预审申请文件，招标人不予受理。

7. 发布公告的媒介

本次资格预审公告同时在_____（发布公告的媒介名称）上发布。

8. 联系方式

招标人：　　　　　　招标代理机构：

地址：　　　　　　　地址：

邮编：　　　　　　　邮编：

联系人：　　　　　　联系人：

电话：　　　　　　　电话：

传真：　　　　　　　传真：

电子邮件：　　　　　　电子邮件：

网　址：　　　　　　　网　址：

开户银行：　　　　　　开户银行：

账　号：　　　　　　　账　号：

　　　　　　　　　　　　　　　　　　　_____年_____月_____日

（注：括号里文字起解释说明作用，填写好相关内容后应予删除。）

4.4.1.4　发售招标文件

（1）招标文件发售时间

招标人应当保证合理的发售时间，使潜在投标人有时间获取招标文件。根据相关法律法规，招标文件发售时间最短不得少于 5 日。

当招标文件发售期满时，如果领购招标文件的潜在投标人不足 3 个，招标人应当分析实际原因，研究是否需要延长招标文件发售期和投标截止时间，或者修改招标文件的投标人资格条件等相关内容并重新组织招标，以使更多的潜在投标人参加投标。

【例题 5】　某依法必须进行招标的项目，招标文件从 4 月 1 日（星期二）开始发售，周六、周日招标人不发售，按照《招标投标法实施条例》的规定，该项目招标文件停止发售时间最早应为（D）。

A. 4 月 4 日（星期五）18 时　　　　　B. 4 月 5 日（星期六）18 时

C. 4 月 6 日（星期日）18 时　　　　　D. 4 月 7 日（星期一）18 时

（2）招标文件的澄清和修改

招标文件的澄清和修改是指招标文件发出后，由于部分内容存在模糊、遗漏、错误或者矛盾等，而对招标文件作出的书面补充、修改、澄清或说明。招标文件的澄清和修改构成招标文件的组成部分，对招标人和投标人均具有约束力。

《招标投标法实施条例》规定，潜在投标人或者其他利害关系人对招标文件有异议的，应当在投标截止时间 10 日前采用书面形式向招标人提出澄清要求。招标人应当自收到异议之日起 3 日内答复。

招标文件澄清或修改应当在投标截止时间 15 日前发出，否则应顺延投标截止时间；澄清和修改应说明潜在投标人提出的具体问题，以及招标人对问题的答复，但不能指明提出问题的潜在投标人名称；澄清和修改内容应当以书面形式，在规定时间之前发给所有获取招标文件的潜在投标人；接收人应予以确认。

招标人应当确定投标人编制投标文件所需要的合理时间。依法必须进行招标的项目，自招标文件开始发出之日起至投标人提交投标文件截止之日止，最短不得少于 20 日。《招标投标法实施条例》规定：国家鼓励利用信息网络进行电子招标投标。《电子招标投标办法》规定：电子招标投标活动是指以数据电文形式，依托电子招标投标系统完成的全部或者部分招标投标交易、公共服务和行政监督活动。数据电文形式与纸质形式的招标投标活动具有同等法律效力。

【案例 1】　某城市地方政府在城市中心区投资兴建一座现代化公共建筑 A，批准单位为国家发展和改革委员会，文号为发改投字［2019］＊＊＊号，建筑面积 56844m²，占地 4688m²，建筑檐口高度 68.86m，地下三层，地上二十层。采用公开招标、资格后审的方式确定设计人，要求设计充分体现城市特点，与周边环境相匹配，建成后成为城市的标志性建筑。招标内容为方案设计、初步设计和施工图设计三部分，以及建设过程中配合发包人解决设计遗留问题等事项。某招标代理机构草拟了一份招标公告如下：

招 标 公 告

招标编号：＊＊＊＊＊＊号

＊＊市的 A 工程项目，已由国家发展和改革委员会发改投字［2019］＊＊＊号文批准建设，该项目为政府投资项目。已经具备了设计招标条件，现采用公开招标的方式确定该项目设计人，凡符合资格条件的潜在投标人均可以购买招标文件，在规定的投标截止时间投标。

① 工程概况：详见招标文件。

② 招标范围：方案设计、初步设计、施工图设计以及工程建设过程中配合招标人解决现场设计遗留问题。

③ 资格审查采用资格后审方式，符合本工程房屋建筑设计甲级资格要求并资格审查合格的投标申请人才有可能被授予合同。

④ 对本招标项目感兴趣的潜在投标人，可以从＊＊＊省＊＊＊市＊＊＊路＊＊＊号市政府机关服务中心购买招标文件。时间为 2020 年 9 月 10 日至 2020 年 9 月 12 日，每日上午 8 时 30 分至 12 时 00 分，下午 13 时 30 分至 17 时 30 分（公休日、节假日除外）。

⑤ 招标文件每套售价为 200 元人民币。售后不退。如需邮购，可以书面形式通知招标人，并另加邮费每套 40 元人民币。招标人在收到邮购款后 1 日内，以快递方式向投标申请人寄送上述资料。

⑥ 投标截止时间为 2020 年 9 月 20 日 9 时 30 分。投标截止日前递交的，投标文件须送达招标人（地址、联系人见后）；开标当日递交的，投标文件须送达＊＊＊省＊＊＊市＊＊＊路＊＊＊号市政府机关服务中心。逾期送达的或未送达到指定地点的投标文件将被拒绝。

⑦ 招标项目的开标会将于上述投标截止时间的同一时间在＊＊＊省＊＊＊市＊＊＊路＊＊＊号市政府机关服务中心公开进行，邀请投标人派代表人参加开标会议。

招标代理机构名称、地址、联系人、电话、传真等（略）。

问题：

请逐一指出该公告的不当之处。

【分析】　该公告有以下不当之处：

① 未载明招标人名称、地址；

② 未载明招标项目概况；

③ 发售招标文件的时间不满足最短不得少于五日的要求；

④ 投标截止时间不符合不得少于二十日的法律规定；

⑤ 投标文件递交的地址不完整，地址应载明单位的具体楼号、房间号。

（3）开标前收取投标保证金

投标保证金是为防止投标人不审慎考虑和进行投标活动而设定的一种担保形式，是投标人向招标人缴纳的一定数额的金钱。投标保证金的收取和缴纳办法，应在招标文件中说明，并按招标文件的要求进行。投标保证金可采用现金、支票、银行汇票、银行保函。银行保函的格式应符合招标文件提出的格式要求。投标保证金的额度，根据工程投资大小由建设单位在招标文件中确定。保证金数额，不超过投标总价的 2%。投标保证金有效期与投标有效期一致。

4.4.1.5　组织投标人踏勘现场

招标文件分发后，招标人在招标文件规定的时间内，可以组织投标人踏勘现场，并对招标文件进行答疑。招标人不得组织单个或者部分潜在投标人踏勘项目现场。

招标单位应向投标单位介绍有关现场的以下情况，主要目的是让投标人了解工程现场和周围环境情况，获取必要的信息。

① 施工现场是否达到招标文件规定的条件。

② 施工现场的地理位置和地形、地貌。

③ 施工现场的地质、土质、地下水位、水文等情况。

④ 施工现场气候条件，如气温、湿度、风力、年雨雪量等。

⑤ 现场环境，如交通、饮水、污水排放、生活用电、通信等。

⑥ 工程在施工现场中的位置或布置。

⑦ 临时用地、临时设施搭建等。

投标人对招标文件或者在现场踏勘中如果有疑问或不清楚的问题，应当用书面的形式要求招标人予以解答，招标人应当给予解释和答复，并将解答内容同时送达所有获得招标文件的投标人。

4.4.1.6　对招标文件进行答疑，召开投标预备会（标前会议）

投标人对招标文件或者在现场踏勘中如果有疑问或不清楚的问题，可以而且应当用书面的形式要求招标人予以解答。招标人收到投标人提出的疑问或不清楚的问题后，应当给予解释和答复。招标人的答疑可以根据情况采用以下方式进行：

① 以书面形式解答，并将解答内容同时送达所有获得招标文件的投标人。以书面形式解答招标文件中或现场踏勘中的疑问，在将解答内容送达所有获得招标文件的投标人之前，应先经招标投标管理机构审查认定。

② 通过投标预备会进行解答，同时借此对图纸进行交底和解释，并以会议记录形式同时将解答内容送达所有获得招标文件的投标人。

投标预备会也称答疑会、标前会议，是指招标人为澄清或解答招标文件或现场踏勘中的问题，以便投标人更好地编制投标文件而组织召开的会议。

投标预备会后形成会议记录，招标人将会议记录报招标投标管理机构核准，并将经核准后的会议记录送达所有获得招标文件的投标人。

4.4.1.7　开标、评标和定标

① 开标。《招标投标法》规定，开标应当在招标文件确定的提交投标文件截止时间的同一时间公开进行。开标地点应当为招标文件中预先确定的地点。

② 评标。评标是评标委员会专家对各投标书优劣的比较，以便最终确定中标人。

③ 定标。中标人确定后，招标人向中标人发出中标通知书，同时将中标结果通知所有未中标的投标人。

中标通知书发出后 30 天内，双方应按照招标文件和中标人的投标文件订立书面合同。

4.4.2　建设工程施工投标的一般程序

从投标人的角度看，建设工程投标的一般程序见图 4.1，主要经历以下几个环节：

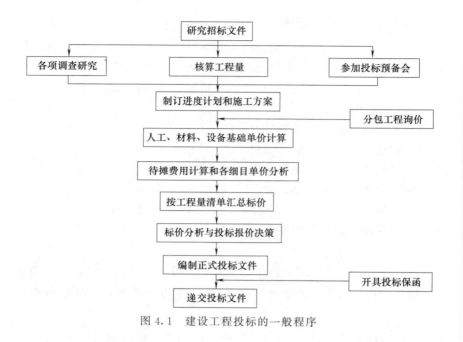

图 4.1　建设工程投标的一般程序

4.4.2.1　施工投标前准备

（1）施工投标决策

投标人取得招标信息后，首先要决定是否参加投标，如果参加投标，即进行前期工作：准备资料，申请并参加资格预审；获取招标文件；组建投标报价班子。然后进入询价与编制投标文件阶段。

（2）研究招标文件

为保证工程量清单报价的合理性，投标人取得招标文件后，应对投标人须知、合同条件、技术规范、图纸和工程量清单等重点内容进行分析，深刻而正确地理解招标文件和招标人的意图。

① 投标人须知　它反映了招标人对投标的要求，特别要注意项目的资金来源、投标书的编制和递交、投标保证金、更改或备选方案、评标方法等。研究投标人须知的目的在于防止投标被否决。

② 合同分析

a. 合同背景分析。投标人有必要了解与自己承包的工程内容有关的合同背景，为报价和合同实施及索赔提供依据。

b. 合同形式分析。主要分析承包方式（如分项承包、施工承包、设计与施工总承包和管理承包等）、计价方式（如单价合同、总价合同、可调合同价格和成本加酬金确定的合同价格等）。

c. 合同条款分析。主要包括：

• 承包人的任务、工作范围和责任。

• 工程变更及相应的合同价款调整。

• 付款方式、时间。应注意合同条款中关于工程预付款、材料预付款的规定。根据这些规定和预计的施工进度计划，计算出占用资金的数额和时间，从而计算出需要支付的利息数额并计入投标报价。

　　• 施工工期。合同条款中关于合同工期、竣工日期、部分工程分期交付工期等规定，这是投标人制订施工进度计划的依据，也是报价的重要依据。要注意合同条款中有无工期奖罚的规定，尽可能做到在工期符合要求的前提下报价有竞争力，或在报价合理的前提下工期有竞争力。

　　• 业主责任。投标人所制订的施工进度计划和做出的报价，都是以业主履行责任为前提的。所以应注意合同条款中关于业主责任措辞的严密性，以及索赔的有关规定。

　　d. 技术标准（规范）和要求分析。报价人员应在准确理解招标人要求的基础上对有关工程内容进行报价。

　　e. 图纸分析。图纸是确定工程范围、内容和技术要求的重要文件，也是投标人确定施工方法等施工计划的主要依据。图纸的详细程度取决于招标人提供的施工图设计所达到的深度和所采用的合同形式。详细的设计图纸可使投标人比较准确地估价。

4.4.2.2　询价与工程量复核

　　（1）询价

　　投标报价之前，投标人必须通过各种渠道，采用各种手段对工程所需各种材料、设备等的价格、质量、供应时间、供应数量等进行系统全面的调查，同时还要了解分包范围、分包人报价、分包人履约能力及信誉等。询价是投标报价的基础，它为投标报价提供可靠的依据。

　　① 生产要素询价

　　a. 材料询价。材料询价的内容包括调查对比材料价格、供应数量、运输方式、保险和有效期、不同买卖条件下的支付方式等。询价人员在施工方案初步确定后，立即发出材料询价单，并催促材料供应商及时报价。收到询价单后，询价人员应将从各种渠道所询得的材料报价及其他有关资料汇总整理。对同种材料从不同经销部门所得到的所有资料进行比较分析，选择合适、可靠的材料供应商的报价，提供给工程报价人员使用。

　　b. 施工机械设备询价。在外地施工需用的机械设备，有时在当地租赁或采购可能更为有利。因此，事前有必要进行施工机械设备的询价。

　　c. 劳务询价。劳务询价主要有两种情况：一种是劳务公司，相当于劳务分包，一般费用较高，但素质较可靠，工效较高，承包商的管理工作较轻；另一种是劳务市场招募零散劳动力，根据需要进行选择。

　　② 分包询价　主要关注以下内容：分包标函是否完整；分包工程单价所包含的内容；分包人的工程质量、信誉及可信赖程度；质量保证措施；分包报价。

　　（2）工程量复核

　　工程量清单作为招标文件的组成部分，是由招标人提供的。工程量的大小是投标报价最直接的依据。复核工程量的准确程度，将影响承包人的经营行为。一是根据复核后的工程量与招标文件提供的工程量之间的差距，考虑相应的投标策略，决定报价尺度；二是根据工程量的大小采取合适的施工方法，选择适用、经济的施工机具设备，投入使用相应的劳动力数量等。复核工程量，应注意以下几方面问题：

　　① 投标人应认真根据招标说明、图纸、地质资料等招标文件资料，计算主要清单工程量，复核工程量清单。

　　② 复核工程量的目的不是修改工程量清单，即使有误，投标人也不能修改工程量清单

中的工程量，因为修改了清单将导致在评标时被认为投标文件未响应招标文件而被否决。对工程量清单存在的错误，可以向招标人提出，由招标人统一修改并把修改情况通知所有投标人。

③ 针对工程量清单中工程量的遗漏或错误，是否向招标人提出修改意见取决于投标策略。投标人可以运用一些报价的技巧提高报价的质量，争取在中标后能获得更大的收益。

④ 通过工程量计算复核还能准确地确定订货及采购物资的数量，防止由于超量或少购等带来的浪费、积压或停工待料。

4.4.2.3　工程项目所在地的调查

（1）自然条件调查

① 气象资料。包括年平均气温、年最高气温和年最低气温，年平均降雨（雪）量和最大降雨（雪）量等，尤其要分析全年不能和不宜施工的天数。

② 水文资料。包括地下水位、潮汐、风浪等。

③ 地震、洪水及其他灾害情况等。

④ 地质情况。包括地质构造及特征，承载能力，地基中是否有大孔土、膨胀土，冬季冻土层厚度等。

（2）施工条件调查

① 工程现场的用地范围、地形、地貌、地物、标高，地上或地下障碍物，现场的"三通一平"情况。

② 工程现场周围的道路、进出场条件，有无特殊交通限制。

③ 工程现场施工临时设施、大型施工机具、材料堆放场地安排的可能性，是否需要二次搬运。

④ 工程现场邻近建筑物与招标工程的间距、结构形式、基础埋深、新旧程度、高度。

⑤ 市政给水及污水、雨水排放线路位置、标高、管径、压力，废水、污水处理方式，市政消防供水管道管径、压力、位置等。

⑥ 当地供电方式、方位、距离、电压等。

⑦ 当地煤气供应能力，管线位置、标高等。

⑧ 工程现场通信线路的连接和铺设。

⑨ 当地政府有关部门对施工现场管理的一般要求等。

（3）其他条件调查

① 建筑构件和半成品的加工、制作和供应条件，商品混凝土的供应能力和价格。

② 是否可以在工程现场安排工人住宿。

③ 是否可以在工程现场或附近搭建食堂，通过什么方式解决施工人员的餐饮问题，费用如何。

④ 工程现场附近治安情况。

⑤ 工程现场附近的生产厂家、商店、各种公司和居民的一般情况。

⑥ 工程现场附近各种社会服务设施和条件。

4.4.2.4　参加踏勘现场和投标预备会

投标人拿到招标文件后，应进行全面细致的调查研究。若有疑问或不清楚的问题需要招标人予以澄清和解答的，一般应在收到招标文件后的 3 天内以书面形式向招标人提出。

投标人在去现场踏勘之前，应先仔细研究招标文件有关概念的含义和各项要求，特别是招标文件中的工作范围、专用条款以及设计图纸和说明等，然后有针对性地拟订出踏勘提纲，确定重点需要澄清和解答的问题，做到心中有数。

【案例 2】　某工程项目施工采用了包工包全部材料的固定价格合同。工程招标文件参考资料中提供的用砂地点距工地 4km。但是开工后，检查发现该砂质量不符合要求，承包商只得从另一距工地 20km 的供砂地点采购。由于供砂距离的增大，必然引起费用的增加，承包商经过仔细计算后，向业主的监理工程师提交了将原用砂单价每吨提高 5 元人民币的索赔要求。

问题：业主是否会同意承包商的索赔要求？

【分析】　业主不会同意承包商索赔要求，因为：承包商应对自己就招标文件的解释负责并考虑相关风险；承包商应对自己报价的正确性与完备性负责；材料供应的情况变化是一个有经验的承包商能够合理预见到的。

4.4.2.5　编制和递交投标文件

投标的基本前提是响应招标文件的实质性要求。

（1）投标文件的组成

工程施工投标文件一般由下列内容组成：

① 投标函及投标函附录。

② 法定代表人身份证明或附有法定代表人身份证明的授权委托书。

③ 联合体协议书。

④ 投标保证金。

⑤ 已标价工程量清单。

⑥ 施工组织设计。

⑦ 项目管理机构。

⑧ 拟分包项目情况表。

⑨ 资格审查资料。

⑩ 投标人须知前附表规定的其他材料。

（2）投标文件编制应遵循的规定

投标文件由投标人或工程造价咨询人编制，要注意以下几点：投标人自主报价，必须按招标工程量清单填报，不得低于成本，不得高于招标控制价。

① 投标文件应按"投标文件格式"进行编写，如有必要，可以增加附页，作为投标文件的组成部分。

② 投标文件应当对招标文件有关工期、投标有效期、质量要求、技术标准和要求、招标范围等实质性内容作出响应。

③ 投标文件应由投标人的法定代表人或其委托代理人签字或盖单位公章。委托代理人签字的，投标文件应附法定代表人签署的授权委托书。投标文件应尽量避免涂改、行间插字或删除。如果出现上述情况，改动之处应加盖单位章或由投标人的法定代表人或其授权的代理人签字确认。

④ 投标文件正本一份，副本份数按招标文件有关规定。正本和副本的封面上应清楚地标记"正本"或"副本"的字样。投标文件的正本与副本应分别装订成册，并编制目录。当副本和正本不一致时，以正本为准。

（3）投标报价的编制

投标报价是投标人希望达成工程承包交易的期望价格，是投标人参与工程项目投标时报出的工程造价。投标报价的编制是指投标人对拟承建工程项目所要发生的各种费用的计算过程。

① 编制原则

a. 投标报价由投标人自主确定，必须执行《建设工程工程量清单计价规范》（GB 50500—2013）的强制性规定。自行或委托造价咨询人编制。

b. 不低于成本原则。投标报价不得低于成本；明显低于其他报价或标底，可能低于个别成本，应当要求该投标人做出书面说明并提供证明材料。不能提供的，否决其投标。

c. 风险分担原则。投标报价以招标文件中设定的发承包双方责任划分，作为考虑投标报价费用项目和费用计算的基础。

d. 发挥自身优势原则。以施工方案、技术措施作为投标报价计算的基本条件，以企业定额作为计算人、材、机消耗量的基本依据。

e. 科学严谨原则。报价计算方法要科学严谨，简明适用。

② 编制依据　见表4.4。

表4.4　招标工程量清单、招标控制价、投标报价的编制依据的比较

名称	招标工程量清单	招标控制价	投标报价
编制依据	清单计价规范；国家或省级、行业主管部门颁发的计价办法		
	设计文件；项目有关的标准、规范、技术资料		
	计价定额		企业定额
	建设工程设计文件及相关资料		
	与建设项目相关的标准、规范等技术资料		
	拟定的招标文件	拟定的招标文件及招标工程量清单	招标文件、工程量清单及其补充通知、答疑纪要
	施工现场情况、地勘水文资料、工程特点及常规施工方案		施工现场情况、工程特点及投标时拟定的施工组织设计或施工方案
	—	工程造价管理机构发布的工程造价信息；工程造价信息没有发布的，按照市场价	市场价格信息或工程造价管理机构发布的工程造价信息
	其他相关资料		

③ 编制方法和内容

a. 分部分项工程和措施项目计价表的编制

• 确定综合单价　综合单价包括完成一个规定清单项目所需的人工费、材料和工程设备费、施工机具使用费、企业管理费、利润，并考虑风险费用的分摊。

$$综合单价＝人工费＋材料和工程设备费＋施工机具使用费$$
$$＋企业管理费＋利润（考虑投标人风险费用）$$

招标文件中在其他项目清单中提供了暂估单价的材料和工程设备，应按其暂估的单价计入清单项目的综合单价中。

• 考虑合理的风险　当出现的风险内容及其范围在招标文件规定的范围内时，综合单价不得变动，合同价款不作调整。

• 在投标报价确定分部分项工程综合单价时，计算基础主要包括消耗量指标和生产要素单价。计算时应采用企业定额，在没有企业定额或企业定额缺项时，可参照与本企业实际水平相近的国家、地区、行业定额，并通过调整来确定清单项目的人、材、机单位用量。各种人工、材料、施工机具台班的单价，则应根据询价结果和市场行情综合确定。

b. 总价措施项目清单与计价表的编制

• 内容应依据招标人提供的措施项目清单和投标人投标时拟定的施工组织设计或施工方案确定。

• 投标人自主确定，其中安全文明施工费不得作为竞争性费用。

c. 其他项目清单与计价表的编制

• 暂列金额　按招标人提供的金额填写，不得变动。

• 暂估价　材料、工程设备暂估价必须按照招标人提供的单价计入清单项目综合单价报价中，专业工程暂估价必须按照招标人提供的金额填写。

• 计日工　招标人提供的其他项目清单中的暂估数量，单价由投标人自主报价。

• 总承包服务费　按照招标文件列出分包专业工程内容和供应材料、设备情况，由投标人自主报价。

d. 规费、税金项目计价表的编制　规费和税金应按国家或省级、行业建设主管部门规定计算，不得作为竞争性费用。

e. 投标报价的汇总　总价与各部分合计金额应一致，不能进行投标总价的优惠，投标人对投标报价的任何优惠均应反映在相应清单项目的综合单价中。

【例题 6】　根据《建设工程工程量清单计价规范》（GB 50500—2013），关于企业投标报价编制原则的说法，正确的有（ACDE）。

A. 投标报价由投标人自主确定

B. 为了鼓励竞争，投标报价可以略低于成本

C. 投标人必须按照招标工程量清单填报价格

D. 投标人的投标报价高于招标控制价的应予否决

E. 投标人应以施工方案、技术措施等作为投标报价计算的基本条件

解析：本题考查的是投标报价的编制方法。选项 B 错误，投标报价不得低于工程成本。

【例题 7】　投标人在投标报价时，应优先被采用为综合单价编制依据的是（A）。

A. 企业定额　B. 地区定额　C. 行业定额　D. 国家定额

解析：在投标报价确定分部分项工程综合单价时，应根据本企业的实际消耗量水平，并结合拟定的施工方案确定完成清单项目需要消耗的各种人工、材料、施工机具台班的数量。

（4）递送投标文件

递送投标文件，也称递标，是指投标人在招标文件要求提交投标文件的截止时间前，将所有准备好的投标文件密封送达投标地点。在招标文件要求提交投标文件的截止时间后送达的投标文件，招标人应当拒收。

投标文件的修改或撤回必须在投标文件递交截止时间之前进行。《招标投标法》规定："投标人在招标文件要求提交投标文件的截止时间前，可以补充、修改或者撤回已提交的投标文件，并书面通知招标人。"投标截止时间之后至投标有效期满之前，投标人对投标文件的任何补充、修改，招标人不予接受，撤回投标文件的还将被没收投标保证金。

【例题 8】　投标人在（B）可以补充、修改或者撤回已提交的投标文件，并书面通知招

标人。

　　A. 招标文件要求提交投标文件截止时间后

　　B. 招标文件要求提交投标文件截止时间前

　　C. 提交投标文件截止时间后到招标文件规定的投标有效期终止之前

　　D. 招标文件规定的投标有效期终止之前

4.4.2.6　出席开标会议

　　投标人参加开标会议，对于被错误地认定为无效的投标文件或唱标出现的错误，应当场提出异议。在评标期间，评标组织要求澄清投标文件中不清楚问题的，投标人应积极予以说明、解释、澄清。说明、澄清和确认的问题，经投标人签字后，作为投标书的组成部分。在澄清会谈中，投标人不得更改报价、工期等实质性内容，开标后和定标前提出的任何修改声明或附加优惠条件，一律不得作为评标的依据。

4.4.2.7　接受中标通知书，签订合同

　　投标人被确定为中标人后，应接受招标人发出的中标通知书。中标人收到中标通知书后，招标人和中标人应当自中标通知书发出之日起 30 天内签订合同。同时，按照招标文件的要求，提交履约保证金或履约保函，招标人同时退还中标人的投标保证金。

　　中标人如拒绝在规定的时间内提交履约担保和签订合同，招标人报请招标投标管理机构批准同意后取消其中标资格，并按规定不退还其投标保证金，重新确定中标人。

　　合同副本分送有关主管部门备案。

　　【案例3】　某事业单位（以下称招标人）建设某工程项目，该项目受自然地域环境限制，拟采用公开招标的方式进行招标。该项目初步设计及概算应当履行的审批手续已经批准；资金来源尚未落实；有招标所需的设计图纸及技术资料。考虑到参加投标的施工企业来自各地，招标人委托咨询单位编制了两个标底，分别用于对本市和外省市施工企业的评标。

　　招标公告发布后，有 10 家施工企业作出响应。在资格预审阶段，招标人对投标人的组织与机构和企业概况、近 2 年完成工程情况、目前正在履行的合同情况、资源方面的情况等进行了审查。其中一家本地公司提交的资质等材料齐全，有项目负责人签字、单位盖章。招标人认定其具备投标资格。

　　投标过程中，因了解到招标人对本市和外省市的投标人区别对待，8 家投标人退出了投标。招标人经研究决定，招标继续进行。

　　剩余的投标人在招标文件要求提交投标文件的截止日前，对投标文件进行了补充、修改。招标人拒绝接受补充、修改的部分。

　　问题：该工程项目施工招投标程序在哪些方面有不妥之处？应如何处理？

　　【分析】　该工程项目施工招投标程序存在的不妥之处如下。

　　① 招标人采用的招标方式不妥。受自然地域环境限制的工程项目，宜采用邀请招标的方式进行招标。

　　② 该工程项目尚不具备招标条件。依法必须招标的工程建设项目，应当具备下列条件才能进行施工招标：

　　a. 招标人已经依法成立；

　　b. 初步设计及概算应当履行审批手续的，已经批准；

　　c. 招标范围、招标方式和招标组织形式等应当履行核准手续的，已经核准；

d. 有相应资金或资金来源已经落实；

e. 有招标所需的设计图纸及技术资料。

③ 招标人编制两个标底不妥。标底由招标人自行编制或委托中介机构编制。一个工程只能编制一个标底。

④ 资格预审的内容存在不妥。招标人应对投标单位近 3 年完成工程情况进行审查。

⑤ 招标人对上述提及的本地公司具备投标资格的认定不妥。投标人提交的资质等资料应由法定代表人签章。

⑥ 招标人决定招标继续进行不妥。提交投标文件的投标人少于 3 个的，招标人应当依法重新招标。重新招标后投标人仍少于 3 个的，属于必须审批的工程建设项目，报经原审批部门批准后可以不再进行招标；其他工程建设项目，招标人可自行决定不再进行招标。

⑦ 招标人对投标人补充、修改投标文件拒绝接受不妥。投标人在招标文件要求提交投标文件的截止日前，可以对投标文件进行补充、修改。该补充、修改的内容为投标文件的组成部分。

4.4.3 有关投标的其他规定

（1）投标人资格

投标人是响应招标、参加投标竞争的法人或者其他组织。投标人应当具备承担招标项目的能力，要成为合格投标人，还必须满足两项资格条件：一是国家有关规定对不同行业及不同主体的投标人资格条件；二是招标人根据项目本身要求，在招标文件或资格预审文件中规定的投标人资格条件。《建筑法》规定从事建筑活动的建筑施工企业、勘察单位、设计单位和工程监理单位，应当具备下列条件：有符合国家规定的注册资本；有与其从事的建筑活动相适应的具有法定执业资格的专业技术人员；有从事相关建筑活动所应有的技术装备；法律、行政法规规定的其他条件。从事建筑活动的建筑施工企业、勘察单位、设计单位和工程监理单位，按照其拥有的注册资本、专业技术人员、技术装备和已完成的建筑工程业绩等资质条件，划分为不同的资质等级，经资质审查合格，取得相应等级的资质证书后，方可在其资质等级许可的范围内从事建筑活动。

（2）联合体投标

《招标投标法》第三十一条规定：两个以上法人或者其他组织可以组成一个联合体，以一个投标人的身份共同投标。

联合体各方均应具备承担招标项目的相应能力；国家有关规定或者招标文件对投标人资格条件有规定的，联合体各方均应当具备规定的相应资格条件。由同一专业的单位组成的联合体，按照资质等级较低的单位确定资质等级。

联合体各方应当签订共同投标协议，明确约定各方拟承担的工作和责任，并将共同投标协议连同投标文件一并提交招标人。联合体中标的，联合体各方应当共同与招标人签订合同，就中标项目向招标人承担连带责任。

招标人不得强制投标人组成联合体共同投标，不得限制投标人之间的竞争。

联合体各成员单位的责任承担：

① 内部责任。组成联合体的成员单位投标之前必须签订共同投标协议，明确约定各方拟承担的工作和责任，并将共同投标协议连同投标文件一并提交招标人。联合体投标未附联合体各方共同投标协议的，由评标委员会初审后按无效投标处理。

② 外部责任。共同承包的各方对承包合同的履行承担连带责任。负有连带义务的每个债务人，都负有清偿全部债务的义务，履行了义务的人，有权要求其他负有连带义务的人偿付他应当承担的份额。

【案例4】 建筑公司甲与建筑公司乙组成了一个联合体去投标，他们在共同投标协议中约定，如果在施工的过程中出现质量问题而遭遇建设单位的索赔，各自承担索赔额的50%。后来在施工的过程中由于建筑公司甲的施工技术问题出现了质量问题并因此遭到了建设单位的索赔，索赔额是10万元。但是，建设单位却仅仅要求建筑公司乙赔付这笔索赔款。建筑公司乙拒绝了建设单位的请求，理由有两点：

① 质量事故的出现是建筑公司甲的技术原因，应该由建筑公司甲承担责任。

② 共同投标协议中约定了各自承担50%的责任，即使不由建筑公司甲独自承担，起码建筑公司甲也应该承担50%的比例，不应该由自己全部承担。

问题：建筑公司乙的理由成立吗？

【分析】 理由不成立。联合体中共同承包的各方对承包合同的履行承担连带责任。也就是说，建设单位可以要求建筑公司甲承担赔偿责任，也可以要求建筑公司乙承担赔偿责任。已经承担责任的一方，可以就超出自己应该承担的部分向对方追偿，但是不可以拒绝先行赔付。

【例题9】 在某工程项目的招标中，甲公司以总承包的方式承揽了某大型工程的设计和施工任务。根据总承包合同的约定，甲公司将其中的一项单位工程分包给了乙公司。甲乙双方在分包合同中约定的利润及责任分担比例为：甲为20%，乙为80%。最后，由于乙公司工程质量有问题给建设单位造成了50万元的损失。根据我国有关法律的规定，下列关于建设单位要求赔偿损失的说法正确的是（BCD）。

A. 建设单位只能向甲公司要求赔偿全部损失

B. 建设单位可以只要求乙公司赔偿全部损失

C. 建设单位可以要求甲乙各赔偿25万元的损失

D. 建设单位可以要求甲公司承担40万元、乙公司承担10万元的损失

E. 建设单位只能要求甲公司承担10万元、乙公司承担40万元的损失

解析：A项，连带责任可以向任何一方要求赔偿，不正确；B项，可以只向连带责任一方要求全部赔偿，一方向建设单位承担的责任超过其应承担份额的，有权向另一方追偿，正确；C项，甲、乙双方在分包合同中约定的责任分担比例为20%、80%，只约束总分包双方，建设单位可要求双方承担任何比例，一方向建设单位承担的责任超过其应承担份额的，有权向另一方追偿，正确；D项，同C项，正确；E项，甲、乙双方在分包合同中约定的责任分担比例为20%、80%，只约束总分包双方，可要求双方承担任何比例，不正确。

【例题10】 甲公司与乙公司组成联合体投标，共同投标协议中约定：如果因工程质量问题遭遇业主索赔，各自对索赔金额承担50%。在施工过程中因质量问题遭遇业主索赔10万元，则下面说法不正确的是（D）。

A. 如果业主要求甲公司全部支付10万元，甲公司不能以与乙公司有协议为理由拒绝支付

B. 如果业主要求乙公司全部支付10万元，乙公司不能以与甲公司有协议为理由拒绝支付

C. 如果甲公司支付了10万元，则业主不能再要求乙公司赔偿

D. 甲公司与乙公司必须各支付 5 万元

（3）投标保证金

招标人可以在招标文件中要求投标人提交投标保证金。投标人不按招标文件要求提交投标保证金的，该投标文件将被拒绝，作废标处理。

① 投标保证金的形式与金额。投标保证金除现金外，也可以是银行出具的银行保函、保兑支票、银行汇票或现金支票。投标保证金一般不得超过投标总价的 2%，投标保证金有效期与投标有效期一致。投标人应当按照招标文件要求的方式和金额，将投标保证金随投标文件提交给招标人。

② 投标保证金的退还。招标人最迟应当在与中标人签订合同后五日内，向中标人和未中标的投标人退还投标保证金及银行同期存款利息。

③ 投标保证金被没收。有下列情形之一的，投标保证金将被没收：

a. 在提交投标文件截止时间后到招标文件规定的投标有效期终止之前，投标人撤回投标文件的。

b. 中标通知书发出后，中标人放弃中标项目的，无正当理由不与招标人签订合同的，在签订合同时向招标人提出附加条件或者更改合同实质性内容的。

c. 拒不提交所要求的履约保证金的，招标人可取消其中标资格，并没收其投标保证金。

一旦招标人发出中标通知书，作出承诺，则合同成立，中标的投标人必须接受并受到约束，否则，投标人就要承担合同订立过程中的缔约过失责任，承担投标保证金被没收的法律后果。

【例题 11】　工程投标时，投标保证金对投标人具有约束力的期限是（D）。

A. 申请资格预审日起，到开标日止

B. 购买招标文件日起，至开标日止

C. 投标截止日起，至招标人确定中标人止

D. 投标截止日起，至招标人与中标人签订合同日止

解析： 投标保证金有效期应当与投标有效期一致。投标有效期是对招标人和投标人均有约束力的时间期限，从投标截止日期开始起算。招标人应在投标有效期内完成评标、定标、签订合同的全部工作。

【例题 12】　建设工程施工招标投标过程中，可以没收投标保证金的情形有（BCD）。

A. 投标截止日期前，投标人撤回投标文件的

B. 投标人在投标有效期内撤回投标文件的

C. 收到中标通知书后，中标人无正当理由拒绝签订合同的

D. 收到中标通知书后，中标人未按招标文件规定提交履约担保的

E. 未中标投标人在中标公示期满对评标结果有异议的

解析： 没收投标保证金的情况有：投标人在投标有效期内撤回或修改其投标文件，中标人在收到中标通知书后，无正当理由拒绝签订合同或未按招标文件规定提交履约担保。

（4）投标有效期

投标有效期从提交投标文件截止日起计算，一般到发出中标通知书或签订承包合同为止。在此期间完成评标、招标人定标、发出中标通知书，以及签订合同等工作，一般项目投标有效期为 60～90 天，大型项目 120 天左右。在投标有效期截止前，投标人必须对自己提交的投标文件承担相应法律责任。在原投标有效期结束之前，招标人可以通知所有投标人延

长投标有效期。拒绝延长投标有效期的投标人有权收回投标保证金，同意延长投标有效期的投标人应当相应延长其投标担保的有效期，但不得修改投标文件的实质性内容。因延长投标有效期造成投标人损失的，招标人应当给予补偿，但因不可抗力需要延长投标有效期的除外。

【例题 13】　投标有效期应从（A）之日起计算。

A. 招标文件规定的提交投标文件截止　　　B. 提交投标文件

C. 提交投标保证金　　　　　　　　　　D. 确定中标结果

4.4.4　施工投标决策及投标技巧

（1）投标决策

投标人通过投标取得项目，是市场经济条件下的必然。但是，对于投标人来说，并不是每标必投，因为投标人要想在投标中获胜，即中标得到承包工程，然后又要从承包工程中盈利，就需要研究投标决策的问题。投标决策可以分为两阶段进行，即投标决策的前期阶段和投标决策的后期阶段。

投标决策的前期阶段必须在购买投标人资格预审资料时完成。决策的主要依据是招标公告、公司对招标工程和业主情况的调研及了解程度。如果是国际工程，还包括对所在国和工程所在地的调研和了解程度。前期阶段必须对投标与否做出论证。通常情况下，下列招标项目应放弃投标：

① 本施工企业主营和兼营能力之外的项目；

② 工程规模、技术要求超过本施工企业技术等级的项目；

③ 本施工企业生产任务饱满，而招标工程的盈利水平较低或风险较大的项目；

④ 本施工企业技术等级、信誉、施工水平明显不如竞争对手的项目。

如果决定投标，即进入投标决策的后期，它是指从申报资格预审到投标报价前完成的决策研究阶段。该阶段主要研究投什么性质的标，以及在投标中采取的策略问题。

按性质分，投标有风险标和保险标；按效益分，投标有盈利标和保本标。

① 风险标：明知工程承包难度大、风险大，且技术、设备、资金上都有未解决的问题，但由于工程盈利丰厚，或为了开拓新技术领域而决定参加投标，同时设法解决存在的问题，即是风险标。投标后，如果问题解决得好，可取得较好的经济效益，可锻炼出一支好的施工队伍；解决得不好，企业的信誉就会受到损害，严重者可能导致企业亏损甚至破产。因此，投风险标必须审慎从事。

② 保险标：对可以预见的情况从技术、设备、资金等重大问题都有了解决的对策之后再投标，称为保险标。企业经济实力较弱，经不起失误带来的损失，则往往投保险标。

③ 盈利标：如果招标工程既是本企业的强项，又是竞争对手的弱项，或建设单位意向明确，或本企业任务饱满、利润丰厚，才考虑让企业超负荷运转，此种情况下的投标，称投盈利标。

④ 保本标：当企业无后继工程或已经出现部分窝工，必须争取中标。但对于招标的工程项目，本企业又无优势可言，竞争对手又多，此时，就是投保本标，至多投薄利标。

投标或弃标，取决于投标单位的技术、经济、管理实力以及企业信誉。

（2）投标报价技巧

① 不平衡报价。不平衡报价是指在总价基本确定的前提下，如何调整各个子项的报

价，以期既不影响总报价，又可以在中标后尽早收回垫支于工程中的资金并获取较好的经济效益，但要避免时高时低现象以免失去中标机会。通常采用的不平衡报价有下列几种情况。

a. 对能早期结账收回工程款的项目（如土方、基础等）的单价可报较高价，以便资金周转；对后期项目（如装饰、电气设备安装等）的单价报价可适当降低些。

b. 对今后工程量可能增加的项目，其单价报价可提高；而工程量可能减少的项目，其单价报价可降低。

c. 对图纸内容不明确或有错误，但估计修改后工程量要增加的，其单价可提高；而工程内容不明确的，其单价可降低。

d. 没有工程量只填报单价的项目（如软基工程中的开挖淤泥等），其单价宜高。

e. 对于暂定的、实施可能性大的项目，可定高价；估计不一定实施的工程，可报低价。

f. 零星用工（计日工）一般可稍高于工程单价表中的工资单价。这是因为零星用工不属于承包有效合同的总价范围，发生时实报实销，也可多获利。

② 多方案报价法。对于招标文件如果发现工程范围不很明确、条款不清楚或很不公正、技术规范要求过于苛刻时，按多方案报价法处理，即按原招标文件要求报一个价，然后按某条款（或某规范规定），对报价作某些变动，报一个较低的价，这样，可以降低总价，吸引业主。

③ 增加建议方案。有的招标文件中规定可以提建议方案，即可以修改原设计方案。投标人这时应提出更合理的方案以吸引业主，促成自己的方案中标，这种新的建议方案应可以降低总造价或提前竣工，或使工程使用更合理，但是对原招标方案也要报价，以供业主比较。增加建议方案时，不要写得太具体，保留方案的技术关键，建议方案一定要比较成熟，最好有实践经验。

④ 突然袭击法。报价是一项保密工作。但是，对手往往通过各种渠道、手段来刺探情报。因此，在报价时可以采用迷惑对方的手法，即先按一般情况报价或表现出自己对该工程兴趣不大，到快投标截止时突然变动价格。

⑤ 先亏后盈法。有的投标方为了打进某一地区，依靠某国家、某财团和自身的雄厚资本实力，采取一种不惜代价，只求中标的低价报价方案。应用这种手法的投标人必须有较好的资信条件，并且提出的实施方案也要先进可行，同时，要加强对公司情况的宣传，否则即使报价低，采购方也不一定选中。如果遇到其他承包商也采取这种方法，则不一定与这类承包商硬拼，而努力争取第二、第三标，再依靠自己的经验和信誉争取中标。

【案例 5】　某承包商购买招标文件后经研究发现，业主所提供施工图纸的基础桩采用的是现浇混凝土灌注桩，造价很高，且桩身设计过长要穿过卵石层，施工难度很大，而且工期也难以保证。于是在原设计方案报价的基础上，建议业主将基础桩改为 CFG 桩。这样桩长减少，能节约工期，降低造价，并对两方案进行技术经济比较，证明总造价能降低 100 万元。承包商在计算出投标总价后，对分项工程报价进行了调整。将最先施工的基础工程报价上调 7%，将最后施工的机电安装工程报价下调约 5%，投标总价仍然维持不变。承包商考虑到参与投标的工作人员较多，容易泄密，于是在投标截止日期前一天下午将密封后的投标文件报送业主，开标前半小时突然递交一份补充文件，在原有报价的基础上降价 40 万元。

问题：该承包商运用了哪些投标技巧？其运用是否得当？请逐一加以说明。

【分析】

① 增加建议方案法运用得当。因为在原方案（即现浇混凝土基础桩）报价的基础上，承包商又提交新的建议方案（即 CFG 桩），并能降低造价、缩短工期、减小施工难度，对业主也是非常有利的。

② 不平衡报价法运用得当。将先完成的土方工程报价调高，将后完成的机电工程报价降低，且调整的幅度合理（通常不宜超过 10％）。这样在不影响投标报价竞争力的基础上，提高了资金的时间价值，对承包商有利。

③ 突然降价法运用得当。原投标文件的递交时间比规定的投标截止时间仅提前半天，这既是符合常理的，又为竞争对手调整、确定最终报价留有一定的时间，起到迷惑竞争对手的作用。若时间提前太多，会引起竞争对手的怀疑。在开标前半小时突然递交一份补充文件，而这时竞争对手已不可能再调整报价了。

4.4.5 禁止投标人实施不正当竞争行为的规定

在建设工程招标投标活动中，投标人的不正当竞争行为包括投标人相互串通投标、投标人与招标人串通投标、投标人以行贿手段谋取中标、投标人以低于成本的报价竞标、投标人以他人名义投标或者以其他方式弄虚作假骗取中标。

（1）投标人相互串通投标

有下列情形之一的，属于投标人相互串通投标：

① 投标人之间协商投标报价等投标文件的实质性内容。

② 投标人之间约定中标人。

③ 投标人之间约定部分投标人放弃投标或者中标。

④ 属于同一集团、协会、商会等组织成员的投标人按照该组织要求协同投标。

⑤ 投标人之间为谋取中标或者排斥特定投标人而采取的其他联合行动。

有下列情形之一的，视为投标人相互串通投标：

① 不同投标人的投标文件由同一单位或者个人编制。

② 不同投标人委托同一单位或者个人办理投标事宜。

③ 不同投标人的投标文件载明的项目管理成员为同一人。

④ 不同投标人的投标文件异常一致或者投标报价呈规律性差异。

⑤ 不同投标人的投标文件相互混装。

⑥ 不同投标人的投标保证金从同一单位或者个人的账户转出。

（2）投标人与招标人串通投标

有下列情形之一的，属于招标人与投标人串通投标：

① 招标人在开标前开启投标文件并将有关信息泄露给其他投标人。

② 招标人直接或者间接向投标人泄露标底、评标委员会成员等信息。

③ 招标人明示或者暗示投标人压低或者抬高投标报价。

④ 招标人授意投标人撤换、修改投标文件。

⑤ 招标人明示或者暗示投标人为特定投标人中标提供方便。

⑥ 招标人与投标人为谋求特定投标人中标而采取其他串通行为。

（3）投标人以行贿手段谋取中标

在账外暗中给予对方单位或个人回扣的，以行贿论处。对方单位或个人在账外暗中收受回扣的，以受贿论处。

（4）投标人以低于成本的报价竞标

这里的"成本"是指投标人的个别成本，是以投标人的企业定额计算的成本，而不是社会平均成本，也不是行业平均成本。评标过程中，如果评标委员会发现投标人的报价明显低于其他投标报价或者在设有标底时明显低于标底，使得可能低于其个别成本的，应当启动澄清程序，要求该投标人作出书面说明并提供相关证明材料。投标人不能合理说明或者不能提供相关证明材料的，评标委员会应当认定该投标人以低于成本的报价竞标，否决其投标。

（5）投标人以他人名义投标或以其他方式弄虚作假骗取中标

投标人有下列情形之一的，属于以其他方式弄虚作假：

① 使用伪造、变造的许可证件；

② 提供虚假的财务状况或者业绩；

③ 提供虚假的项目负责人或者主要技术人员简历、劳动关系证明；

④ 提供虚假的信用状况；

⑤ 其他弄虚作假的行为。

【例题 14】　有（C）情形的，不能视为投标人相互串通投标。

A. 不同投标人委托同一单位或者个人办理投标事宜

B. 不同投标人的投标文件载明的项目管理成员为同一人

C. 不同投标人的投标函格式一样的

D. 不同投标人的投标文件异常一致或者投标报价呈规律性差异

【例题 15】　有（A）情形的，不属于招标人与投标人串通投标。

A. 招标人在开标前将评标办法泄露给其他投标人

B. 招标人直接或者间接向投标人泄露标底、评标委员会成员等信息

C. 招标人明示或者暗示投标人压低或者抬高投标报价

D. 招标人明示或者暗示投标人为特定投标人中标提供方便

4.5　开标、评标和定标

4.5.1　开标的程序和内容

开标会议一般由招标人或招标代理机构主持。开标应当在招标文件确定的提交投标文件截止时间的同一时间公开进行；开标地点应当为招标文件中预先确定的地点。由投标人或者其推选的代表进行密封情况检查。如果招标人委托了公证机构对开标情况进行公证，也可以由公证机构检查并公证。招标人或者其委托的招标代理机构的工作人员，应当对所有在提交投标文件截止时间之前收到的合格的投标文件，在开标现场当众拆封并唱标，即宣读投标人名称、投标价格和投标文件的其他主要内容。

招标人或者其委托的招标代理机构应当场制作开标记录，记载开标时间、地点、参与人、唱标内容等情况，并由参加开标的投标人代表签字确认，开标记录应作为评标报告的组

成部分存档备查。

开标会议应邀请所有投标人的法定代表人或其授权代表参加，并通知有关监督机构代表到场监督。投标人可自行决定是否参加开标会。

参加开标会议是投标人的权利，投标人可通过参加开标会对开标进行监督。根据《招标投标法实施条例》的规定，如果投标人对开标有异议，应当现场提出。

4.5.2 评标

评标是招标工作的最重要阶段，按《招标投标法》和招标文件规定的评标组织、评标方法、评标内容和评标标准，对每个投标人的投标文件进行检查、澄清和比较。

（1）评标组织

评标委员会由招标人的代表和有关技术、经济等方面的专家组成，成员人数为5人以上的单数，其中招标人、招标代理机构以外的技术、经济等方面专家不得少于成员总数的三分之二，评标专家应符合下列条件：

① 从事相关专业领域工作满8年，并具有高级职称或者同等专业水平；

② 熟悉有关招标投标的法律法规，并具有与招标项目相关的实践经验；

③ 能够认真、公正、诚实、廉洁地履行职责。

评标委员会成员有下列情形之一的，不得担任评标委员会成员：

① 投标人或者投标主要负责人的近亲属。

② 项目主管部门或者行政监督部门的人员。

③ 与投标人有经济利益关系，可能影响对投标公正评审的。

④ 曾因在招标、评标以及其他与招标投标有关活动中从事违法行为而受过行政或刑事处罚的。

评标专家应由招标人在相关专家库名单中确定，一般招标项目可以采取随机抽取方式，特殊招标项目可以由招标人直接确定。评标委员会的专家名单在中标结果确定前应当保密。

【例题16】 某建设项目招标，评标委员会由二名招标人代表和三名技术、经济等方面的专家组成，这一组成不符合《招标投标法》的规定，则下列关于评标委员会重新组成的做法中，正确的有（BD）。

A. 减少一名招标人代表，专家不再增加

B. 减少一名招标人代表，再从专家库中抽取一名专家

C. 不减少招标人代表，再从专家库中抽取一名专家

D. 不减少招标人代表，再从专家库中抽取二名专家

E. 不减少招标人代表，再从专家库中抽取三名专家

【例题17】 评标委员会名单组成如下：招标人代表2名，建设行政监督部门代表2名，技术、经济方面专家4人，招标人直接指定的技术专家1人。下列关于评标委员会人员组成的说法中正确的是（AC）。

A. 不应该包括建设行政监督部门代表　　B. 不应包括招标人代表

C. 技术、经济专家所占比例偏低　　D. 招标人代表比例偏低

E. 招标人可以直接指定专家

（2）评标程序

① 初步评审。工程施工招标项目初步评审分为形式评审、资格评审和响应性评审。形

式评审、资格评审和响应性评审分别是对投标文件的外在形式、投标资格、投标文件是否响应招标文件实质性要求进行评审，审查内容见表4.5。

表 4.5　工程施工招标项目初步评审

项目	评审因素	评审标准
形式评审	投标人名称	与营业执照、资质证书、安全生产许可证一致
	投标函签字盖章	有法定代表人或其委托代理人签字或加盖单位章
	投标文件格式	符合"投标文件格式"的要求
	联合体投标人	提交联合体协议书，并明确联合体牵头人（如有）
	报价唯一	只能有一个有效报价
	……	……
资格评审	营业执照	具备有效的营业执照
	安全生产许可证	具备有效的安全生产许可证
	资质等级	符合"投标人须知"规定
	财务状况	符合"投标人须知"规定
	类似项目业绩	符合"投标人须知"规定
	信誉	符合"投标人须知"规定
	项目经理	符合"投标人须知"规定
	投标人名称或组织机构	应与资格预审时一致
	联合体投标人	应附联合体共同投标协议
响应性评审	投标报价	符合"投标人须知"规定
	投标内容	符合"投标人须知"规定
	工期	符合"投标人须知"规定
	工程质量	符合"投标人须知"规定
	投标有效期	符合"投标人须知"规定
	投标保证金	符合"投标人须知"规定
	权利义务	符合"合同条款及格式"规定
	已标价工程量清单	符合"工程量清单"给出的范围及数量
	技术标准和要求	符合"技术标准和要求"规定
……	……	……
施工组织设计和项目管理机构评审	施工方案与技术措施	……
	质量管理体系与措施	……
	安全管理体系与措施	……
	环境保护管理体系与措施	……
	工程进度计划与措施	……
	资源配备计划	……
	技术负责人	……
	其他主要人员	……
	施工设备	……
	试验、检测仪器设备	……
	……	……

工程施工招标项目初步评审过程中，任何一项评审不合格的应予以否决。

② 详细评审。详细评审是评标委员会根据招标文件确定的评标方法、因素和标准，对通过初步评审的投标文件作进一步的评审、比较。评标委员会应根据招标文件确定的评标标准和方法，对其技术标和商务标作进一步评审、比较。

a. 技术标评估。技术评估的目的是确认和比较投标人完成工程的技术能力，以及他们的施工方案的可靠性。技术评估的主要内容如下：

• 施工方案的可行性。对各类分部分项工程的施工方法、施工人员和施工机械设备的配备、施工现场的布置和临时设施的安排、施工顺序及其相互衔接等方面的评审，特别是对该项目的关键工序的施工方法进行可行性论证，应审查其技术的最难点或先进性和可靠性。

• 施工进度计划的可靠性。审查施工进度计划是否满足对竣工时间的要求，是否科学合理、切实可行，还要审查保证施工进度计划的措施，例如，施工机具、劳务的安排是否合理和可行等。

• 施工质量保证措施。审查投标文件中提出的质量控制和管理措施，包括质量管理人员的配备、质量检验仪器的配置和质量管理制度。

• 工程材料和机械设备的技术性能。审查投标文件中关于主要材料和设备的样本、型号、规格和制造厂家名称、地址等，判断其技术性能是否达到设计标准。

• 分包商的技术能力和施工经验。如果投标人拟在中标后将中标项目的部分工作分包给他人完成，应当在投标文件中载明。应审查确定拟分包的工作必须是非主体、非关键性工作；审查分包人应当具备的资格条件，完成相应工作的能力和经验。

• 技术建议。如果招标文件中规定可以提交技术建议，应对投标文件中的建议方案的技术可靠性与优缺点进行评估，并与原招标方案进行对比分析。

b. 商务标评估。商务评估的目的是从工程成本、财务和经验分析等方面评审投标报价的准确性、合理性、经济效益和风险等，比较授标给不同的投标人产生的不同后果。商务评估的主要内容如下：

• 审查全部报价数据计算的正确性。通过对投标报价数据全面审核，看是否有计算上或累计上的算术错误。如果有，则按"投标人须知"中的规定改正和处理。

• 分析报价构成的合理性。通过分析工程报价中直接费、间接费、利润和其他费用的比例关系，主体工程各专业工程价格的比例关系等，判断报价是否合理，注意审查工程量清单中的单价有无脱离实际的"不平衡报价"，计日工劳务和机械台班报价是否合理等。

c. 对建议方案的商务评估（如果有的话）。

（3）评标方法

① 经评审的最低投标价法。经评审的最低投标价法是指评标委员会对满足招标文件实质性要求的投标文件，根据详细评审标准规定的量化因素及量化标准进行价格折算，按照经评审的投标价由低到高的顺序推荐中标候选人，或根据招标人授权直接确定中标人，但投标报价低于其成本的除外。评标委员会拟定"价格比较一览表"，经评审的投标价相等时，投标报价低的优先；投标报价也相等的，由招标人自行确定。

该方法主要适用于具有通用技术、性能标准或者招标人对其技术、性能没有特殊要求的招标项目。

【例题18】 我国某世界银行贷款项目采用经评审的最低投标价法评标，招标文件规定借款国国内投标人有7.5%的评标优惠，若投标工期提前，则按每月25万美元进行报价修正。现国内甲投标人报价5000万美元，承诺较投标要求工期提前2个月，则甲投标人评价标为（D）万美元。

A. 5000　　　　　B. 4625　　　　　C. 4600　　　　　D. 4575

解析：$5000 \times (1 - 7.5\%) - 2 \times 25 = 4575$（万元）。

【例题 19】　采用经评审的最低投标价法评标时，下列说法中正确的是（D）。

A. 经评审的最低投标价法通常采用百分制

B. 具有通用技术的招标项目不宜采用经评审的最低投标价法

C. 当出现经评审的投标价相等且报价也相等时，中标人由招标监管机构确定

D. 采用经评审的最低投标价法工作结束时，应拟定"价格比较一览表"提交招标人

解析：选项 A 错误，综合评估法通常采用百分制；选项 B 错误，具有通用技术的招标项目采用经评审的最低投标价法；选项 C 错误，经评审的投标价相等时，投标报价低的优先，投标报价也相等的，优先条件由招标人事先在招标文件中确定。

② 综合评估法。不宜采用经评审的最低投标价法的招标项目，一般应当采取综合评估法进行评审。综合评估法适用于对项目的技术、性能有特殊要求的招标项目，将技术和经济因素综合在一起决定投标文件的质量优劣。

综合评估法是指将各个评审因素以打分的方法进行量化，并在招标文件中明确规定需量化的因素及其权重，然后由评标委员会计算出每一投标的综合评估价或综合评估分，并按得分由高到低顺序推荐中标候选人。将最大限度地满足招标文件中规定的各项综合评价标准的投标人，推荐为中标候选人。

综合评估法评标分值构成分为四个方面，即施工组织设计、项目管理机构、投标报价、其他评分因素。综合评分相等时，以投标报价低的优先；投标报价也相等的，由招标人自行确定。完成评标后，评标委员会应当拟定一份"综合评估比较表"，连同书面评标报告提交招标人。

"综合评估比较表"应当载明投标单位的投标报价、所做的任何修正、对商务偏差的调整、对技术偏差的调整、对各评审因素的评估以及对每一投标的最终评审结果。

a. 投标报价。投标报价评审包括评标价计算和价格得分计算。评标价计算的办法和要求与经评审的最低投标价法相同。工程投标价格得分计算通常采用基准价得分法。常见的评标基准价的计算方式为：有效的投标报价去掉一个最高值和一个最低值后的算术平均值（在投标人数量较少时，也可以不去掉最高值和最低值），或该平均值再乘以一个合理下降系数，作为评标基准价。然后按规定的办法计算各投标人评标价的评分。

b. 施工组织设计。施工组织设计的各项评审因素通常为主观评审，由评标委员会成员独立评审判分。

c. 项目管理机构。由评标委员会成员按照评标办法的规定独立评审判分。

d. 其他评标因素。包括投标人的财务能力、业绩与信誉等。财务能力的评标因素包括投标人注册资本、总资产、净资产收益率、资产负债率等财务指标和银行授信额度等。业绩与信誉的评标因素包括投标人在规定时间内已有类似项目业绩的数量、规模和成效、政府或行业组织建立的诚信评价系统对投标人的诚信进行评价等。

【例题 20】　某招标工程采用综合评估法评标，报价越低的报价得分越高。评分因素、权重及各投标人得分情况见下表。则推荐的第一中标候选人应为（A）。

评分因素	权重/%	投标人得分		
		甲	乙	丙
施工组织设计	30	90	100	80
项目管理机构	20	80	90	100
投标报价	50	100	90	80

A. 甲　　　　　　B. 乙　　　　　　C. 丙　　　　　　D. 甲或乙

解析：投标人甲得分＝90×30％＋80×20％＋100×50％＝93；投标人乙得分＝100×30％＋90×20％＋90×50％＝93；投标人丙得分＝80×30％＋100×20％＋80×50％＝84。但由于投标人甲的报价得分高，报价低，故第一中标候选人应为甲。

【案例6】　某工程施工项目采用资格预审方式招标，并采用综合评估法进行评标，其中投标报价权重为60分，技术评审权重为40分。共有5个投标人进行投标，所有5个投标人均通过了初步评审，评标委员会按照招标文件规定的评标办法对施工组织设计、项目管理机构、设备配置、财务能力、业绩与信誉这几项进行详细评审打分。

其中，施工组织设计：10分；项目管理机构：10分；设备配置：5分；财务能力：5分；业绩与信誉：10分。

关于投标报价的评审，除开标现场被宣布为废标的投标报价之外，所有投标人的投标价去掉一个最高值和一个最低值的算术平均值即为评标基准价（如果参与投标价平均值计算的有效投标人少于5个时，则计算投标价平均值时不去掉最高值和最低值）。

评标委员会首先按下述原则计算各投标文件的投标价得分：当投标人的投标价等于评标基准价时得60分，每高于1个百分点扣2分，每低于1个百分点扣1分。

用公式表示如下：偏差率＝（投标人报价－评标基准价）/评标基准价×100％

评标办法规定的评标因素、权重和评标标准如下：

评标因素	权重/%	评标标准
投标价格	60	
施工组织设计	10	施工总平面布置基本合理,组织机构图较清晰,施工方案基本合理,施工方法基本可行,有安全措施及雨季施工措施,并具有一定的操作性和针对性,施工重点、难点分析较突出、较清晰,得基本分6分; 施工总平面布置合理,组织机构图清晰,施工方案合理,施工方法可行,安全措施及雨季施工措施齐全,并具有较强的操作性和针对性,施工重点、难点分析突出、清晰,得7～8分; 施工总平面布置合理且周密细致,组织机构图很清晰,施工方案具体、详细、科学,施工方法先进,施工工序安排合理,安全措施及雨季施工措施齐全,操作性和针对性强,施工重点、难点分析突出、清晰,对项目有很好的针对性和指导作用,得9～10分
项目管理机构	10	项目管理机构设置基本合理,项目经理、技术负责人、其他主要技术人员的任职资格与业绩满足招标文件的最低要求,得6分; 项目管理机构设置合理,项目经理、技术负责人、其他主要技术人员的任职资格与业绩高于招标文件的最低要求,评标委员会酌情考虑加1～4分
设备配置	5	设备满足招标文件最低要求,得3分; 设备超出招标文件最低要求,评标委员会酌情考虑加1～2分
财务能力	5	财务能力满足招标文件最低要求,得3分; 财务能力超出招标文件最低要求,评标委员会酌情考虑加1～2分
业绩与信誉	10	业绩与信誉满足招标文件最低要求,得6分; 业绩与信誉超出招标文件最低要求,评标委员会酌情考虑加1～4分

投标报价得分如下：

投标人	投标报价/万元	投标报价平均值/万元	投标报价得分
投标人 A	1000		60－0＝60
投标人 B	950		60－5×1＝55
投标人 C	980	1000	60－2×1＝58
投标人 D	1050		60－5×2＝50
投标人 E	1020		60－2×2＝56

技术评审得分如下：

序号	评标因素	满分	投标人 A		投标人 B		投标人 C		投标人 D		投标人 E	
			评分	加权	评分	加权	评分	加权	评分	加权	评分	加权
1	施工组织设计	10	80	8	90	9	80	8	70	7	80	8
2	项目管理机构	10	70	7	90	9	60	6	80	8	80	8
3	设备配置	5	80	4	80	4	60	3	60	3	80	4
4	财务能力	5	60	3	80	4	80	4	100	5	60	3
5	业绩与信誉	10	70	7	100	10	90	9	80	6	80	8
	合计			29		36		30		29		31

综合评分排序如下：

投标人	报价得分	技术评审得分	总分	排序
投标人 A	60	29	89	2
投标人 B	55	36	91	1
投标人 C	58	30	88	3
投标人 D	50	29	79	5
投标人 E	56	31	87	4

根据综合评分排序，评标委员会依次推荐投标人 B、A、C 为中标候选人。

【案例 7】　国有资金投资依法必须公开招标的某建设项目，采用工程量清单计价方式进行施工招标，招标控制价为 3568 万元，其中暂列金额 280 万元，招标文件中规定：

①　投标有效期 90 天，投标保证金有效期与其一致。

②　投标报价不得低于企业平均成本。

③　合同履行期间，综合单价在任何市场波动和政策变化下均不得调整。

投标过程中，投标人 E 在开标前 1 小时口头告知招标人，其撤回了已提交的投标文件，要求招标人 3 日内退还其投标保证金。除 E 外还有 A、B、C、D 四个投标人参加了投标，其总报价（万元）分别为：3489、3470、3358、3209。评标过程中，评标委员会发现投标人 B 的暂列金额按 260 万元计取，且对招标清单中的材料暂估单价均下调 5％后计入报价。其他投标人的投标文件均符合要求。

招标文件中规定的评分标准如下：商务标中的总报价评分占 60 分，有效报价的算术平均数为评标基准价，报价等于评标基准价者得满分（60 分），在此基础上，报价比评标基准价每下降 1％扣 1 分，每上升 1％扣 2 分。

问题：

①　请逐一分析招标文件中规定的①～③项内容是否妥当，并对不妥之处分别说明理由。

②　请指出投标人 E 行为的不妥之处，并说明理由。

③　针对投标人 B 的报价，评标委员会应如何处理？并说明理由。

④　计算各有效报价投标人的总报价得分。（计算结果保留两位小数）

【分析】

问题①：招标文件中规定①妥当。

②　不妥。根据相关法律法规，投标人的投标报价不得低于工程成本，并不是不得低于企业平均成本。

③　不妥。根据相关法律法规，对于主要由市场价格波动导致的价格风险，发承包双方

应当在招标文件中或在合同中对此类风险的范围和幅度予以明确约定，进行合理分摊。法律、法规、规章或有关政策性变化，承包人不应承担此类风险，综合单价应按照有关调整规定执行。

问题②：投标人 E 行为的不妥之处有下列几种。

"投标人 E 在开标前 1 小时口头告知招标人"不妥。根据相关法律法规，投标人撤回已提交的投标文件，应当在投标截止时间前书面通知招标人。

"要求招标人 3 日内退还其投标保证金"不妥。根据相关法律法规，招标人已收取投标保证金的，应当自收到投标人书面撤回通知之日起 5 日内退还。

问题③：针对投标人 B 的报价，评标委员会应予以否决。根据相关法律法规，暂列金额应按照招标人提供的其他项目清单中列出的金额填写，不得变动。暂估价中的材料暂估价必须按照招标人提供的暂估单价计入清单项目的综合单价，不得变动和更改。

问题④：有效投标人共 3 家单位，分别为 A（3489 万元）、C（3358 万元）、D（3209 万元）。

有效报价算数平均数＝(3489＋3358＋3209)/3＝3352（万元）

A 投标人总报价得分：(3489－3352)/3352＝4.09％，得分 60－4.09×2＝51.82（分）；

C 投标人总报价得分：(3358－3352)/3352＝0.18％，得分 60－0.18×2＝59.64（分）；

D 投标人总报价得分：(3209－3352)/3352＝－4.27％，得分 60－4.27×1＝55.73（分）。

（4）投标文件的澄清、说明和补正

澄清、说明和补正是指评标委员会在评审投标文件过程中，遇到投标文件中有含义不明确的内容、明显文字或者计算错误时，要求投标人作出书面澄清、说明或补正，但投标人不得借此改变投标文件的实质性内容。投标文件的实质性内容包括投标报价、质量标准、履行期限等主要内容。投标人不得主动提出澄清、说明或补正的要求。

若评标委员会发现投标人的投标价或主要单项工程报价明显低于同标段其他投标人报价或者在设有参考标底时明显低于参考标底价时，应要求该投标人作出书面说明并提供相关证明材料。如果投标人不能提供相关证明材料证明该报价能够按招标文件规定的质量标准和工期完成招标项目，评标委员会应当认定该投标人以低于成本价竞标，作废标处理。如果投标人提供了有说服力的证明材料，评标委员会也没有充分的证据证明投标人低于成本价竞标，评标委员会应当接受该投标人的投标报价。

投标人在评标过程中根据评标委员会要求提供的澄清文件对投标人具有约束力。如果中标，澄清文件可以作为签订合同的依据，或者澄清文件可作为合同的组成部分。投标人只能根据评标委员会的书面通知给予澄清或者说明，评标委员会没有要求而投标人主动提供的澄清文件应当不予接受。

【例题 21】 关于评标中对投标文件质疑的说法，正确的是（D）。

A. 投标人可以主动要求进行说明

B. 投标人的说明可以改变投标文件的实质性内容

C. 评标委员会可以口头通知投标人进行说明

D. 投标人的说明应当采用书面形式

解析：选项 A 错误，评标委员会不得暗示或者诱导投标人做出澄清、说明，也不接受投标人主动提出的澄清、说明；选项 B 错误，投标人书面回答的澄清、说明不得超出投标文件的范围或者改变投标文件的实质性内容；选项 C 错误，评审中对投标书存在的响应性细微偏差或不确定性问题，应以书面形式通知该投标人。

（5）投标偏差和废标

评标委员会应当根据招标文件审查并逐项列出投标文件的全部投标偏差。投标偏差分为重大偏差和细微偏差。

① 重大偏差。下列情况属于重大偏差，其投标文件按废标处理。

a. 没有按照招标文件要求提供投标担保或所提供的担保有瑕疵；

b. 投标文件没有投标人授权代表签字和加盖公章；

c. 投标文件载明的招标项目完成期限超过招标文件规定的期限；

d. 明显不符合技术规格、技术标准的要求；

e. 投标文件载明的货物包装方式、检验标准和方法等不符合招标文件的要求；

f. 投标文件附有招标人不能接受的条件；

g. 不符合招标文件中规定的其他实质性要求。

② 细微偏差。细微偏差是指投标文件在实质上响应招标文件要求，但在个别地方存在漏项或者提供了不完整的技术信息和数据等情况，并且补正这些遗漏或者不完整的内容不会对其他投标人造成不公平的结果。细微偏差不影响投标文件的有效性。评标委员会应当书面要求存在细微偏差的投标人在评标结束前予以补正。拒不补正的，在详细评审时可以对细微偏差作不利于该投标人的量化，量化标准应当在招标文件中明确规定。

投标人资格条件不符合国家有关规定和招标文件要求的，或者拒不按照要求对投标文件进行澄清、说明或者补正的，评标委员会可以否决其投标。

③ 否决投标文件。《招标投标法实施条例》规定有下列情形之一的，评标委员会应当否决其投标。

a. 投标文件未经投标单位盖章和单位负责人签字；

b. 投标联合体没有提交共同投标协议；

c. 投标人不符合国家或者招标文件规定的资格条件；

d. 同一投标人提交两个以上不同的投标文件或者投标报价，但招标文件要求提交备选投标的除外；

e. 投标报价低于成本或者高于招标文件设定的最高投标限价；

f. 投标文件没有对招标文件的实质性要求和条件作出响应；

g. 投标人有串通投标、弄虚作假、行贿等违法行为。

如果否决不合格投标或者界定为废标后，因有效投标人不足 3 个使得投标明显缺乏竞争的，评标委员会可以否决全部投标。投标人少于 3 个或者所有投标被否决的，招标人应当依法重新招标。

【例题 22】　下列投标文件对招标文件响应的偏差中，属于细微偏差的是（B）。

A. 资格证明文件不全

B. 总价金额和单价与工程量乘积之和的金额不一致

C. 业绩不满足招标文件要求

D. 投标文件无法定代表人签字，或签字人无法定代表人有效授权委托书

【例题 23】　对招标文件的响应存在细微偏差的投标书，（B）。

A. 不予淘汰，在订立合同前予以澄清、补正即可

B. 不予淘汰，在评标结束前予以澄清、补正即可

C. 不予淘汰，允许投标人重新投标

D. 初评阶段予以淘汰

（6）评标报告

评标应当按照招标文件确定的评标标准和方法，对投标人的报价、工期、质量、主要材料用量、施工方案或组织设计、以往业绩和履行合同的情况、社会信誉、优惠条件等方面进行综合评价和比较，公正合理地择优选定中标候选人。评标完成后，评标委员会应当向招标人提交书面评标报告和中标候选人名单。中标候选人应当不超过3个，并标明排序。

评标报告应当由评标委员会全体成员签字。对评标结果有不同意见的评标委员会成员应当以书面形式说明其不同意见和理由，评标报告应当注明该不同意见。评标委员会成员拒绝在评标报告上签字又不书面说明其不同意见和理由的，视为同意评标结果。

4.5.3 中标和签约

（1）确定中标人的原则、步骤

① 确定中标人的原则。中标人的投标，应符合下列条件之一：

a. 采用综合评估法的，最大限度满足招标文件规定的各项综合评价标准；

b. 采用经评审的最低投标价法的，能满足实质性要求，并且经评审的投标价格最低。但中标人的投标价格应不低于其成本价。

使用国有资金投资或者国家融资的项目以及其他依法必须招标的施工项目，招标人应当确定排名第一的中标候选人为中标人。排名第一的中标候选人放弃中标、因不可抗力不能履行合同、不按照招标文件要求提交履约保证金，或者被查实存在影响中标结果的违法行为等情形，不符合中标条件的，招标人可以按照评标委员会提出的中标候选人名单排序依次确定其他中标候选人为中标人，也可以重新招标。

② 确定中标人的步骤。招标人应当根据招标文件明确的媒体和发布时间确定并公示中标候选人，接受社会的监督。中标候选人公示时间应不少于3日。

中标候选人公示期间内，投标人和其他利害相关人如对中标候选人或评标有异议，可以向招标人或招标代理机构提出。招标人应当自收到异议之日起3日内作出答复。

确定中标人一般在评标结果已经公示，没有质疑、投诉或质疑、投诉均已处理完毕时；确定中标人前后，招标人不得与投标人就投标价格、投标方案等实质性内容进行谈判；如果招标人授权评标委员会直接确定中标人的，应在评标报告形成后确定中标人。

（2）发出中标通知书

中标人确定后，招标人应当向中标人发出中标通知书，并将结果通知所有未中标的投标人。

（3）签订合同协议

《招标投标法》第四十六条规定："招标人和中标人应当自中标通知书发出之日起三十日内，按照招标文件和中标人的投标文件订立书面合同。招标人和中标人不得再行订立背离合同实质性内容的其他协议。"这一规定包括两层含义：一是招标人和中标人订立的合同的主要条款，包括合同标的、建设范围、项目价款、质量目标、履行期限等实质性内容，应当与招标文件和投标文件一致；二是招标人和中标人按照招标文件和中标人的投标文件签订合同后，不得再行订立背离合同实质性内容的其他协议。

招标文件要求中标人提交履约保证金或者其他形式履约担保的，中标人应当提交；拒绝提交的，视为放弃中标项目。招标人要求中标人提供履约保证金或其他形式履约担保的，招标人应当同时向中标人提供工程款支付担保。履约保证金不得超过中标合同金额的10%。

招标人最迟应当在书面合同签订后5日内向中标人和未中标的投标人退还投标保证金及银行同期存款利息。

合同协议书与下列文件一起构成合同文件：

①中标通知书；②投标函及投标函附录；③专用合同条款；④通用合同条款；⑤技术标准和要求；⑥设计图纸；⑦已标价工程量清单；⑧其他合同文件。

不明确或不一致之处，以上述约定优先次序为准。

《招标投标法》规定："依法必须进行招标的项目，招标人应当自订立书面合同之日起十五日内，向有关行政监督部门提交招标投标和合同订立情况的书面报告及合同副本。"书面报告应包括下列内容：

① 原审批部门的招标方案核准意见；

② 招标方式、招标组织形式和发布招标公告的媒介；

③ 实行资格预审的，附资格预审文件和资格预审结果；

④ 招标文件中的投标人须知、技术规格、评标标准和办法、合同主要条款等内容；

⑤ 评标报告；

⑥ 中标结果。

【例题24】 依法必须招标的工程，关于投标保证金，下列表述正确的有（ABD）。

A. 中标人无正当理由拒签合同的，投标保证金不予退还

B. 投标人在投标截止前书面撤回投标文件，投标保证金不予没收

C. 招标人与中标人签订合同的，应在合同签订后向中标人退还投标保证金

D. 招标人与中标人签订合同的，应向未中标人退还投标保证金及利息

E. 未中标人的投标保证金，应在中标通知书发出同时退还

解析： 招标人最迟应当在与中标人签订合同后5天内，向中标人和未中标的投标人退还投标保证金及银行同期存款利息。因此，选项C和选项E错误。

【例题25】 关于建设工程施工评标的说法，正确的有（ABE）。

A. 评标过程可分为初步评审和详细评审两个阶段

B. 初步评审检查投标书是否对招标文件做出实质性响应

C. 评标委员会不得主动提出对投标文件的澄清和补正要求

D. 初步评审有不符合评审标准的，在进行详细评审后再处理

E. 招标文件没有规定的评标标准和方法不得作为评标依据

解析： 初步评审有一项不符合评审标准，作废标处理，不再进行详细评审。评标委员会不接受投标人主动提出的澄清、说明或补正。招标文件没有规定的评标标准和方法不得作为评标的依据。

【例题26】 采用经评审的最低投标价法进行评标时，关于评标价和投标价的说法正确的是（B）。

A. 按评标价确定中标人，按评标价订立合同

B. 按评标价确定中标人，按投标价订立合同

C. 按投标价确定中标人，按投标价订立合同

D. 按投标价确定中标人，按评标价订立合同

解析： 投标价即投标人投标时报出的工程合同价，评标价是按照招标文件中规定的权数或量化方法，将这些因素折算为一定的货币额，并加入到投标报价中，最终得出的价格，评标价既不是投标价也不是中标价，只是用价格指标作为评审标书优劣的衡量方法，评标价最低的投标书为最优，以投标价作为中标的合同价。

【例题 27】 某工程施工项目招标，采用经评审的最低投标价法评标，工期 10 个月以内每提前 1 个月可给建设单位带来收益 30 万元。某投标人报价 1800 万元，工期 9 个月，仅考虑工期因素，该投标人的合同价格和评标价格分别是（B）。

    A. 1800 万元，1800 万元   B. 1800 万元，1770 万元

    C. 1830 万元，1800 万元   D. 1830 万元，1770 万元

解析： 采用经评审的最低投标价法进行评标。合同价格是投标人报价 1800 万元，评标价格＝1800－30＝1770（万元）。

表 4.6～表 4.8 为招投标各阶段工作内容。表 4.9 为《招标投标法实施条例》招标程序法定时间和异议投诉法定时间规定。

表 4.6　施工招标准备阶段工作内容

阶段	主要工作步骤	主要工作内容	
		招标人	投标人
招标准备	申请批准、核准招标	将施工招标范围、方式、组织形式报项目审批、核准部门	进行市场调研，组成投标小组，收集招标信息，准备投标资料
	组建招标机构	自行建立或委托招标代理机构	
	策划招标方案	划分施工标段，选择合同计价方式及合同类型	
	招标公告或投标邀请	①发布招标公告或发出投标邀请函 ②准备资格预审	
	编制标底或招标控制价	编制标底或招标控制价，报有关部门审批	
	准备招标文件	准备资格预审文件和招标文件	

表 4.7　施工招标过程阶段工作内容

阶段	主要工作步骤	主要工作内容	
		招标人	投标人
招标过程	发售资格预审文件	发售资格预审文件	索购资格预审文件，填报资格预审材料
	进行资格预审	①分析资格预审材料 ②提出合格投标单位名单 ③发出资格预审结果通知	接收资格预审通知
	发售招标文件	发售招标文件	购买招标文件，分析招标文件
	组织踏勘现场，召开标前会议	组织现场踏勘和标前会议，进行招标文件的澄清和补遗	参加现场踏勘和标前会议，提出质疑
	招标文件澄清和补遗	①组织标前会议 ②澄清和补遗招标文件	①参加标前会议 ②接收澄清和补遗
	提交和接收投标文件	接收投标文件（包括投标保函）	①编制投标文件 ②递交投标文件及投标保函

表 4.8　施工招标决标成交阶段工作内容

阶段	主要工作步骤	主要工作内容	
		招标人	投标人
决标成交	开标	组织开标会议	参加开标会议
	评标	①初步评审投标文件 ②详细评审投标文件 ③必要时组织投标单位答辩 ④编写评标报告	①按要求进行答辩 ②按要求提供证明材料
	授标	①发出中标通知书 ②组织合同谈判	①接收中标通知书 ②参加合同谈判 ③提交履约保函
	签订合同	签订合同	签订合同

表 4.9　《招标投标法》与《招标投标法实施条例》有关法定时间规定

序号	程序内容	法定时间
1	资格预审文件的发售期	资格预审文件的发售期不得少于 5 日
2	招标人应当合理确定提交资格预审申请文件的时间	依法必须进行招标的项目提交资格预审申请文件的时间,自资格预审文件停止发售之日起不得少于 5 日
3	招标人对已发出的资格预审文件进行必要的澄清或者修改,澄清或者修改的内容可能影响资格预审申请文件编制的	应当在提交资格预审申请文件截止时间至少 3 日前,以书面形式通知所有获取资格预审文件的潜在投标人;不足 3 日的,招标人应当顺延提交资格预审申请文件的截止时间
4	潜在投标人或者其他利害关系人对资格预审文件有异议的	应当在提交资格预审申请文件截止时间 2 日前提出。招标人应当自收到异议之日起 3 日内作出答复;作出答复前,应当暂停招标投标活动
5	招标文件的发售期	招标文件的发售期不得少于 5 日
6	招标人应当确定投标人编制投标文件的合理时间	依法必须进行招标的项目从招标文件发出之日起至投标人提交投标文件截止之日止,最短不得少于 20 天
7	对已发出的招标文件进行必要的澄清或者修改,澄清或者修改的内容可能影响投标文件编制的	招标人应当在投标截止时间至少 15 日前,以书面形式通知所有获取招标文件的潜在投标人;不足 15 日的,招标人应当顺延投标文件的截止时间
8	潜在投标人或者其他利害关系人对招标文件有异议的	应当在投标截止时间 10 日前提出。招标人应当自收到异议之日起 3 日内作出答复;作出答复前,应当暂停招标投标活动
9	投标人撤回已提交的投标文件	应当在投标截止时间前书面通知招标人。招标人已收取投标保证金的,应当自收到投标人书面撤回通知之日起 5 日内退还
10	投标人对开标有异议的	应当在开标现场提出,招标人应当当场作出答复,并制作记录
11	公示中标候选人	依法必须进行招标的项目,招标人应当自收到评标报告之日起 3 日内公示中标候选人,公示期不得少于 3 日
12	投标人或者其他利害关系人对依法必须进行招标的项目的评标结果有异议的	应当在中标候选人公示期间提出。招标人应当自收到异议之日起 3 日内作出答复;作出答复前,应当暂停招标投标活动
13	按照招标文件和中标人的投标文件订立书面合同	招标人和中标人应当自中标通知书发出之日起 30 日内订立书面合同,招标人和中标人不得再行订立背离合同实质性内容的其他协议
14	依法必须招标的项目的招标人向有关行政监督部门提交招标投标情况书面报告	应当自确定中标人之日起 15 日内
15	招标人向中标人和未中标的投标人退还投标保证金及银行同期存款利息	最迟应当在书面合同签订后 5 日内

续表

序号	程序内容	法定时间
16	关于对招标投标活动的投诉时效	投标人或者其他利害关系人认为招标投标活动不符合法律、行政法规规定的,可以自知道或者应当知道之日起 10 日内向有关行政监督部门投诉
17	关于对招标投标活动的投诉处理的时间要求	行政监督部门应当自收到投诉之日起 3 个工作日内决定是否受理投诉,并自受理投诉之日起 30 个工作日内作出书面处理决定;需要检验、检测、鉴定、专家评审的,所需时间不计算在内

【案例8】 某群体工程施工招标资格审查标准。

某大学扩建项目,其建安工程投资额 30000 万元人民币。项目地处某城市郊区,系在原农用耕地上修建,共包括 8 个单体建筑工程,分别为办公楼、1~3 号教学楼、学生食堂、学生公寓、图书馆、10kV 变电所和大门及门卫室等,总建筑面积 126436㎡,占地面积 86000㎡,其中教学楼和学生公寓为地上六层框架结构,学生食堂、图书馆为地上三层框架结构,变电所及门卫室为单层混合结构。招标人拟将整个扩建工程作为一个标段发包,组织资格审查,但不接受联合体投标。

问题:

① 施工招标资格审查有哪几方面内容?这些审查内容怎样分解为审查因素?

② 针对本项目实际情况,选择资格审查方法和审查办法,并设置资格审查因素和审查标准。

③ 怎样处理资格预审过程中几个申请人得分相同时的排序?

【分析】

① 施工招标资格审查应主要审查以下五个方面内容:具有独立订立施工承包合同的权利;具有履行施工承包合同的能力,包括专业、技术资格和能力,资金、设备和其他物质设施状况,管理能力,经验、信誉和相应的从业人员;没有处于被责令停业,投标资格被取消,财产被接管、冻结,破产状态;在最近三年内没有骗取中标和严重违约及重大工程质量问题;法律、行政法规规定的其他资格条件。这五个方面,对应以下资格审查因素:

a. 具有独立订立施工承包合同的权利分解为:有效营业执照;签订合同的资格证明文件,如施工安全生产许可证、合同签署人的资格等。

b. 具有履行施工承包合同的能力,包括专业、技术资格和能力,资金、设备和其他物质设施状况,管理能力。经验、信誉和相应的从业人员分解为:资质等级;财务状况;项目经理资格;企业及项目经理类似项目业绩;企业信誉;项目经理部人员职业/执业资格;主要施工机械配备。

c. 没有处于被责令停业,投标资格被取消,财产被接管、冻结,破产状态。分解为:投标资格有效,即招标投标违纪公示中,投标资格没有被取消或暂停;企业经营持续有效,即没有处于被责令停业,财产被接管、冻结,破产状态。

d. 在最近三年内没有骗取中标和严重违约及重大工程质量问题。分解为:近三年投标行为合法,即近三年内没有骗取中标行为;近三年合同履约行为合法,即没有严重违约事件发生;近三年工程质量合格,没有因重大工程质量问题受到质量监督部门通报或公示。

② 该项目特点是单个建筑工程多、场地宽阔,潜在投标人普遍掌握其施工技术,故为了降低招标成本,招标人应采用有限数量制办法组织资格预审,择优确定投标人名单。

资格审查标准分为初步审查标准、详细审查标准和评分标准三部分内容。

a. 初步审查标准。见表4.10。

表4.10 初步审查标准

审查因素	审查标准
申请人、法定代表人名称	与营业执照、资质证书、安全生产许可证一致
申请函	有法定代表人或其委托代理人签字或加盖单位章,委托代理人签字的,其法定代表人授权委托书须由法定代表人签署
申请文件格式	符合资格预审文件对资格申请文件格式的要求
申请唯一性	只能提交一次有效申请,不接受联合体申请,法定代表人为同一个人的两个及两个以上法人,母公司、全资子公司及其控股公司,都不得同时提出资格预审申请
其他	法律法规规定的其他资格条件

b. 详细审查标准。见表4.11。

表4.11 详细审查标准

审查因素		审查标准
营业执照		具备有效的营业执照
安全生产许可证		具备有效的安全生产许可证
资质等级		具备房屋建筑工程施工总承包一级及以上资质,且企业注册资本金不少于6000万元人民币
财务状况		财务状况良好,上一年度年资产负债率小于95%
类似项目业绩		近三年完成过同等规模的群体工程一个以上
信誉		近三年获得过工商管理部门"重合同守信用"荣誉称号,建设行政管理部门颁发的文明工地证书,金融机构颁发的A级以上信誉证书
项目管理机构	项目经理	具有建筑工程专业一级建造师执业资格,近三年组织过同等建设规模项目的施工,且承诺仅在本项目上担任项目经理
	技术负责人	具有建筑工程相关专业高级职称资格,近三年组织过同等建设规模的项目施工的技术管理
	其他人员	岗位人员配备齐全,具备相应岗位从业人员职业/执业资格
主要施工机械		满足工程建设需要
投标资格		有效,投标资格没有被取消或暂停
企业经营权		有效,没有处于被责令停业,财产被接管、冻结,破产状态
投标行为		合法,近三年内没有骗取中标行为
合同履约行为		合法,近三年没有严重违约事件发生
工程质量		近三年工程质量合格,没有因重大工程质量问题受到质量监督部门通报或公示
其他		法律法规规定的其他条件

c. 评分标准。见表4.12。

表4.12 评分标准

评分因素	评分标准
财务状况	①相对比较近三年平均净资产额并从高到低排名,1~5名得5分,6~10名得4分,11~15名得3分,16~20名得2分,21~25名得1分,其余得0分 ②资产负债率在75%~85%之间的,15分;85%<资产负债率<95%的,8分;资产负债率<75%的,10分
类似项目业绩	近3年承担过3个及以上同等建设规模项目的,15分;2个的,8分;其余0分
信誉	①近三年获得过工商管理部门"重合同守信用"荣誉称号3个的,10分;2个的,5分;其余0分 ②近三年获得建设行政管理部门颁发的文明工地证书5个及以上的,5分;2个以上的,2分;其余0分 ③近三年获得金融机构颁发的AAA级证书的,5分;AA级证书的,3分;其余0分

续表

评分因素	评分标准
认证体系	①通过了 ISO 9001 质量管理体系认证的,5分 ②通过了 ISO 14001 环境管理体系认证的,3分 ③通过了 ISO 45001 职业健康安全管理体系认证的,2分
项目经理	①项目经理承担过 3 个及以上同等建设规模项目经理的,15分;2个的,10分;1个的,5分;其余 0 分 ②组织施工的项目获得过 2 个以上文明工地荣誉称号的,10分;1个的,5分;其余 0 分
其他主要人员	岗位专业负责人均具备中级以上技术职称的,10分,每缺一个扣 2 分,扣完为止

③ 对于资格预审过程中几个申请人得分相同的情形,招标人可以增加一些排序因素,以确定申请人得分相同时的排序方法,例如,可以在资格预审文件中规定依次采用以下原则决定排序:

a. 如仍相同,按照项目经理得分多少确定排名先后;

b. 如仍相同,以技术负责人得分多少确定排名先后;

c. 如仍相同,以近三年完成的建筑面积多少确定排名先后;

d. 如仍相同,以企业注册资本金大小确定排名先后;

e. 如仍相同,由评审委员会经过讨论确定排名先后。

因为 B 公司综合得分最高,故应选择 B 公司为中标单位。

【案例 9】 某国有资金投资的大型建设项目,建设单位采用工程量清单公开招标方式进行施工招标。建设单位委托具有相应资质的招标代理机构编制了招标文件,招标文件包括如下规定。

① 招标人设有最高投标限价和最低投标限价,高于最高投标限价或低于最低投标限价的投标人报价均按废标处理。

② 投标人应对工程量清单进行复核,招标人不对工程量清单的准确性和完整性负责。

投标和评标过程中发生了如下事件。

事件 1:投标人 A 对工程量清单中某分项工程工程量的准确性有异议,并于投标截止时间 15 日前向招标人书面提出了澄清申请。

事件 2:投标人 B 在投标截止时间前 10 分钟以书面形式通知招标人撤回已递交的投标文件,并要求招标人 5 日内退还已递交的投标保证金。

事件 3:在评标过程中,投标人 D 主动对自己的投标文件向评标委员会提出了书面澄清、说明。

事件 4:在评标过程中,评标委员会发现投标人 E 和投标人 F 的投标文件中载明的项目管理成员中有一人为同一人。

问题:

① 招标文件中,除了投标人须知、图纸、技术标准和要求、投标文件格式外,还包括哪些内容?

② 分析招标代理机构编制的招标文件中①~②项规定是否妥当,并说明理由。

③ 针对事件 1 和事件 2,招标人应如何处理?

④ 针对事件 3 和事件 4,评标委员会应如何处理?

【分析】

① 还应包括:合同条款及格式、工程量清单、评标标准和办法、规定的其他资料。

②"招标人设有最高投标限价，高于最高投标限价的投标人报价均按废标处理"妥当。理由：招标人可以设定最高投标限价。国有资金投资建设项目必须编制招标控制价，即最高投标限价，高于最高投标限价的投标人报价按废标处理。"招标人设有最低投标限价"不妥。理由：招标人不得规定最低投标限价。

"投标人应对工程量清单进行复核"妥当。理由：投标人复核招标人提供的工程量清单的准确性和完整性是投标人科学投标的基础。

"招标人不对工程量清单的准确性和完整性负责"不妥。理由：招标工程量清单必须作为招标文件的组成部分，其准确性和完整性由招标人负责。

③ 招标人应当自收到异议之日起 3 日内对有异议的清单进行复核，并作出书面答复，同时将书面答复送达所有投标人。作出答复前，应当暂停招标投标活动。

招标人应允许其撤回投标文件，已收取投标保证金的，应当自收到投标人书面撤回通知之日起 5 日内退还。

④ 评标委员会不接受投标人主动提出的澄清、说明和补正，仍应按照原投标文件进行评标。

不同投标人的投标文件载明的项目管理成员为同一人，应视为投标人相互串通投标，按废标处理。

【案例 10】　某国有资金投资的建设项目，采用公开招标方式进行施工招标，业主委托具有相应招标代理和造价咨询资质的中介机构编制了招标文件和招标控制价。该项目招标文件包括如下规定：

① 招标人不组织项目现场踏勘活动。

② 投标人对招标文件有异议的，应当在投标截止时间 10 日前提出，否则招标人拒绝回复。

③ 投标人报价时必须采用当地建设行政管理部门造价管理机构发布的计价定额中分部分项工程人工、材料、机械台班消耗量标准。

④ 投标人报价低于招标控制价幅度超过 30％的，投标人在评标时须向评标委员会说明报价较低的理由，并提供证据；投标人不能说明理由，提供证据的，将认定为废标。

在项目的投标及评标过程中发生了以下事件：

事件 1：投标人 A 为外地企业，对项目所在区域不熟悉，向招标人提出申请，希望招标人安排一名工作人员陪同勘察现场，招标人同意安排一位普通工作人员陪同投标人勘察现场。

事件 2：清标发现，投标人 A 和投标人 B 的总价和所有分部分项工程综合单价相差相同的比例。

事件 3：通过市场调查发现，工程量清单中某材料暂估单价与市场调查价格有较大偏差，为规避风险，投标人 C 在投标报价计算相关分部分项工程项目综合单价时采用了该材料市场调查的实际价格。

事件 4：评标委员会某成员认为投标人 D 与招标人曾经在多个项目中合作过，从有利于招标人的角度，建议优先选择投标人 D 为中标候选人。

问题：

① 请逐一分析项目招标文件包括的①～④项规定是否妥当，并分别说明理由。

② 事件 1 中，招标人的做法是否妥当？并说明理由。

③ 针对事件 2，评标委员会应该如何处理？并说明理由。

④ 事件 3 投标人的做法是否妥当？

⑤ 事件 4 中，该评标委员会成员的做法是否妥当？并说明理由。

【分析】

问题①：

① 妥当。根据相关法律法规，招标人根据招标项目的具体情况，可以组织潜在投标人踏勘项目现场，所以，招标人可以不组织项目现场踏勘。

② 妥当。根据相关法律法规，潜在投标人或者其他利害关系人对资格预审文件有异议的，应当在提交资格预审申请文件截止时间 2 日前提出；对招标文件有异议的，应当在投标截止时间 10 日前提出。招标人应当自收到异议之日起 3 日内作出答复；作出答复前，应当暂停招标投标活动。

③ 不妥。根据相关法律法规，投标报价由投标人自主确定。

④ 不妥。根据相关法律法规，招标人不得规定最低投标限价。在评标过程中，评标委员会发现投标人的报价明显低于其他投标报价或者在设有标底时明显低于标底，使得其投标报价可能低于其个别成本的，应当要求该投标人作出书面说明并提供相关证明材料。投标人不能合理说明或者不能提供相关证明材料的，由评标委员会认定该投标人以低于成本的报价竞标，应当否决该投标人的投标。不得规定以投标报价超出标底上下浮动范围作为否决投标的条件。

问题②：事件 1 中，招标人的做法不妥。根据相关法律法规，招标人不得单独或分别组织投标人踏勘项目现场。

问题③：评标委员会应该认定投标人 A 和 B 的投标行为无效。根据相关法律法规，不同投标人的投标文件异常一致或者投标报价呈规律性差异，视为投标人相互串通投标，可以认定该行为无效。

问题④：投标人 C 的做法不妥。根据相关法律法规，暂估价不得变动和更改。暂估价中的材料暂估价必须按照招标人提供的暂估单价计入清单项目的综合单价。

问题⑤：该评标委员会成员的做法不妥。根据相关法律法规，评标委员会成员应当按照招标文件规定的评标标准和方法，客观、公正地对投标文件提出评审意见。招标文件没有规定的评标标准和方法不得作为评标的依据。

4.6　电子招标投标

随着电子商务和信息化的迅速发展，电子招标投标已成为招标投标行业发展的趋势。为了规范电子招标投标活动，促进电子招标投标健康发展，国家发改委、工业和信息化部等八部委联合制定了《电子招标投标办法》及相关附件，确立了电子招标投标的程序性法律规范框架。该办法分为总则，电子招标投标交易平台，电子招标，电子投标，电子开标、评标和中标，信息共享与公共服务，监督管理，法律责任，附则，自 2013 年 5 月 1 日起施行。

电子招标投标活动是指以数据电文形式，依托电子招标投标系统完成的全部或者部分招标投标交易、公共服务和行政监督活动。数据电文形式与纸质形式的招标投标活动具有同等法律效力。电子招标投标系统根据功能的不同，分为交易平台、公共服务平台和行政监督平台。

4.6.1　电子招标

招标人或者其委托的招标代理机构应当在其使用的电子招标投标交易平台注册登记，选择使用除招标人或招标代理机构之外第三方运营的电子招标投标交易平台的，还应当与电子招标投标交易平台运营机构签订使用合同，明确服务内容、服务质量、服务费用等权利和义务，并对服务过程中相关信息的产权归属、保密责任、存档等依法作出约定。

① 电子招标投标交易平台运营机构不得以技术和数据接口配套为由，要求潜在投标人购买指定的工具软件。

② 招标人或者其委托的招标代理机构应当在资格预审公告、招标公告或者投标邀请书中载明潜在投标人访问电子招标投标交易平台的网络地址和方法。依法必须进行公开招标项目的上述相关公告应当在电子招标投标交易平台和国家指定的招标公告媒介同步发布。

招标人或者其委托的招标代理机构应当及时将数据电文形式的资格预审文件、招标文件加载至电子招标投标交易平台，供潜在投标人下载或者查阅。

数据电文形式的资格预审公告、招标公告、资格预审文件、招标文件等应当标准化、格式化，并符合有关法律法规以及国家有关部门颁发的标准文本的要求。

③ 在投标截止时间前，电子招标投标交易平台运营机构不得向招标人或者其委托的招标代理机构以外的任何单位和个人泄露下载资格预审文件、招标文件的潜在投标人名称、数量以及可能影响公平竞争的其他信息。

④ 招标人对资格预审文件、招标文件进行澄清或者修改的，应当通过电子招标投标交易平台以醒目的方式公告澄清或者修改的内容，并以有效方式通知所有已下载资格预审文件或者招标文件的潜在投标人。

4.6.2　电子投标

① 投标人应当在资格预审公告、招标公告或者投标邀请书载明的电子招标投标交易平台注册登记，如实递交有关信息，并经电子招标投标交易平台运营机构验证。

电子投标的路径是电子招标投标交易平台。投标人编制投标文件可以在线进行，也可以离线进行。在线编制投标文件的主要问题是不利于投标文件的信息保密。交易平台应当提供离线编制功能，允许投标人离线编制投标文件，并且具备分段或者整体加密、解密功能。

② 投标人应当按照招标文件和电子招标投标交易平台的要求编制并加密投标文件。

招标文件一般对投标文件的组成、格式和表单等进行规定。电子招标投标情形下，尤其需要对各投标人的投标文件进行格式化处理，以便交易平台自动生成开标记录表，也便于评标环节自动生成各类表单，也方便评标委员会评审时的比对阅读，从而提高开标、评标的工作效率。

投标人应当根据招标文件和交易平台的要求编制投标文件，不能擅自制作投标文件，否则交易平台在对主要数据项内容和格式进行校验时将不予通过，从而导致投标失败。

投标人未按规定加密的投标文件，电子招标投标交易平台应当拒收并提示。数据电文形式的投标文件的加密相当于纸质投标文件的密封。电子招标投标交易平台的设计者和开发者可根据实际情况采取不同的加密方法。

③ 投标人应当在投标截止时间前完成投标文件的传输递交，并可以补充、修改或者撤回投标文件。投标截止时间前未完成投标文件传输的，视为撤回投标文件。投标截止时间后

送达的投标文件，电子招标投标交易平台应当拒收。

投标人在递交投标文件时要充分考虑到传输所需的时间和网络传输中可能出现的各种延迟或中断。

④ 电子招标投标交易平台收到投标人送达的投标文件，应当即时向投标人发出确认回执通知，并妥善保存投标文件。在投标截止时间前，除投标人补充、修改或者撤回投标文件外，任何单位和个人不得解密、提取投标文件。

4.6.3 电子开标、评标和中标

① 电子开标应当按照招标文件确定的时间，在电子招标投标交易平台上公开进行，所有投标人均应当准时在线参加开标。

开标时，电子招标投标交易平台自动提取所有投标文件，提示招标人和投标人按招标文件规定方式按时在线解密。解密全部完成后，应当向所有投标人公布投标人名称、投标价格和招标文件规定的其他内容。

② 因投标人原因造成投标文件未解密的，视为撤销其投标文件；因投标人之外的原因造成投标文件未解密的，视为撤回其投标文件，投标人有权要求责任方赔偿因此遭受的直接损失。部分投标文件未解密的，其他投标文件的开标可以继续进行。

招标人可以在招标文件中明确投标文件解密失败的补救方案，投标文件应按照招标文件的要求作出响应。

③ 电子招标投标交易平台应当生成开标记录并向社会公众公布，但依法应当保密的除外。电子评标应当在有效监控和保密的环境下在线进行。

④ 评标中需要投标人对投标文件澄清或者说明的，招标人和投标人应当通过电子招标投标交易平台交换数据电文。

⑤ 评标委员会完成评标后，应当通过电子招标投标交易平台向招标人提交数据电文形式的评标报告。

依法必须进行招标的项目，中标候选人和中标结果应当在电子招标投标交易平台进行公示和公布。

⑥ 招标人确定中标人后，应当通过电子招标投标交易平台以数据电文形式向中标人发出中标通知书，并向未中标人发出中标结果通知书。

招标人应当通过电子招标投标交易平台，以数据电文形式与中标人签订合同。

⑦ 投标人或者其他利害关系人依法对资格预审文件、招标文件、开标和评标结果提出异议，以及招标人答复，均应当通过电子招标投标交易平台进行。

⑧ 电子招标投标某些环节需要同时使用纸质文件的，应当在招标文件中明确约定；当纸质文件与数据电文不一致时，除招标文件特别约定外，以数据电文为准。

4.7 某工程施工招标文件实例

封面（略）

目录

第一部分 招标公告

第二部分　投标须知及前附表

第三部分　合同及主要条款

第四部分　工程内容、建设标准及技术要求

第五部分　图纸

第六部分　投标文件参考格式

第七部分　投标文件电子版

第八部分　工程量清单

第一部分　招标公告

××××× 招标有限责任公司受招标人的委托，对××××× 项目施工项目进行公开招标，现将有关事宜公布如下。

一、项目概况

（1）招标人：×××××　有限公司

（2）计划文件：×××××（2017）×号

（3）工程建设地点：

（4）资金来源：自筹资金

（5）建设规模：

（6）概算投资：

（7）招标范围：

（8）工期：　　　　天

二、投标人资格要求

投标人必须符合下列要求：

（1）投标单位资质：投标人必须具备房屋建筑工程施工总承包一级及以上资质；

（2）项目经理要求：拟派项目经理具有房建专业一级注册建造师证书，安全生产考核合格证有效；

（3）其他要求：投标单位和项目经理必须在××市建设工程交易中心诚信档案备案且均无不良记录。

三、报名携带资料

报名须携带下列资料：①企业法人授权委托书原件和被授权人有效身份证件；②营业执照；③组织机构代码证；④税务登记证（②③④可以提供三证合一的营业执照）；⑤企业资质证书；⑥注册建造师证；⑦安全生产考核合格证；⑧安全生产许可证；⑨外地企业入××省/入××市备案登记证；⑩企业及拟投入本项目的项目经理在"××市建设工程交易中心"诚信档案备案截图；⑪企业 2015 年 1 月 1 日以来类似工程业绩（以施工合同或中标通知书为准）。

报名时应提供以上资料原件及复印件一套，复印件装订成册并每页加盖公章，原件查阅后退回。

四、报名时间和地点

招标代理机构：××××× 招标有限责任公司

报名时间：2018 年 4 月 19 日至 2018 年 4 月 23 日，每日 9：30—12：00，14：00—17：00（节假日除外）

报名地点：××市建设工程交易中心四楼

联系人：

电话：

传真：

邮政编码：

E-mail：

第二部分　投标须知及前附表

一、投标须知前附表

序号	内　容	说明与要求
1	工程名称	×××××项目
2	建设地点	××市××××路
3	建设规模	工业厂房(1～6号楼)、职工宿舍楼及地下库建设工程,总建筑面积11640m²
4	承包方式	中标价包工、包料、包工期、包质量、包安全文明施工、包承包范围内工程验收,包质保期服务,即固定综合单价承包
5	质量标准	承包人出具的合格等级各项资料,符合国家GB 50300—2013《建筑工程施工质量验收统一标准》及其配套的规范要求,并达到合格标准
6	工期要求	××日历天,实际开工时间以招标人批准之日为准
7	资金来源	自筹资金
8	投标人资质等级要求	①具有企业独立法人资格,必须具备房屋建筑工程施工总承包一级及以上资质 ②项目经理要求:拟派项目经理具有房建专业一级注册建造师证书,安全生产考核合格证有效,无在建工程 ③其他要求:投标单位和项目经理必须在××市建设工程交易中心诚信档案备案且均无不良记录
9	资审方式	资格后审
10	工程计价方式	固定综合单价法。按《××××年××省建设工程工程量清单计价规则》计价
11	投标有效期	90日历天(从投标截止之日算起)
12	投标保证金	投标保证金的形式:银行转账 投标保证金的数额:××万元 户　名: 开户银行: 账　号: 转账事由:×××××项目投标保证金
13	踏勘现场	踏勘现场时间:各投标单位自行踏勘 地点: 招标人不集中组织踏勘现场,由投标人自行组织踏勘现场
14	答疑	方式:书面答疑 投标人质疑期限:在投标截止日期前10日 招标人澄清、修改或答疑期限:在投标截止日期前15日
15	投标文件的组成	投标文件由资格审查文件、商务标、技术标三部分组成
16	投标文件份数	资格审查文件、商务标、技术标;电子投标文件一套,纸质版投标文件各一正一副,商务标电子光盘两套
17	投标文件提交方式	电子投标文件:××市建设工程信息网上提交 纸质版投标文件及电子光盘版:开标现场提交
18	投标文件递交地点及时间	地点:××市建设工程交易中心 地址: 投标开始时间:2018年5月15日9:00 投标截止时间:2018年5月20日9:30 投标截止时间:以××市建设工程信息网公示的开标时间为准,在开标前1小时外网停止上传
19	开　标	开标时间:2018年5月20日9:30 地点:××市建设工程交易中心 地址:

续表

序号	内　　容	说明与要求
20	评标方法	综合评分法
21	履约保证金	中标人提供的履约保证金为中标价款的10%
22	招标最高限价	开标前三天在××市建设工程信息网上公示
23	评标委员会人数	评标委员会构成:7名 评标专家确定方式:从××市建设工程交易中心专家库中随机抽取产生

二、投标须知

（一）总则

1　工程说明

1.1　本招标工程项目说明详见本须知前附表第1～4项。

工程概况:

1.2　本工程项目发包人即招标人为×××××有限公司,委托××××招标有限责任公司进行招标代理活动;按照《中华人民共和国招标投标法》《中华人民共和国建筑法》等有关法律、行政法规和部门规章,通过公开招标方式选定本工程施工承包人。中标价包工、包料、包工期、包质量、包安全文明施工、包质保期服务,即固定综合单价承包。

2　质量等级及工期

2.1　本工程质量等级为符合国家 GB 50300—2013《建筑工程施工质量验收统一标准》及其配套的规范的要求,并达到合格标准。

2.2　本招标工程项目的工期要求详见本须知前附表第6项。

3　资金来源

本招标工程项目资金来源详见投标须知前附表第7项。

4　投标人资质等级要求

4.1　投标人资质等级要求详见本须知前附表第8项。

4.2　本工程不接受联合体投标。

5　踏勘现场

5.1　招标人不组织投标人对现场进行踏勘,由投标人自行踏勘现场,以便投标人获取有关编制投标文件和签署合同所涉及现场的资料。投标人承担踏勘现场所发生的自身费用。

5.2　招标人向投标人提供的有关现场的数据和资料,是招标人现有的能被投标人利用的资料,招标人对投标人做出的任何推论、理解和结论均不负责任。

5.3　经招标人允许,投标人可为踏勘目的进入招标人的项目现场,但投标人不得因此使招标人承担有关的责任和蒙受损失。投标人应承担踏勘现场的责任和风险。

6　投标费用

投标人应承担其参加本招标工作自身所发生的费用。

（二）招标文件

7　招标文件的组成

7.1　招标文件包括下列内容:

第一部分　招标公告

第二部分　投标须知及前附表

第三部分　合同及主要条款

第四部分　工程内容、建设标准及技术要求

第五部分　图纸

第六部分　投标文件参考格式

第七部分　投标文件电子版

第八部分　工程量清单

7.2　除7.1内容外，招标人有权在提交投标文件截止时间15天前，以书面形式发出的对招标文件的澄清、确认或修改内容，均为招标文件的组成部分，对招标人和投标人起约束作用。

7.3　投标人获取招标文件后，应仔细检查招标文件的所有内容（包括电子光盘的工程量清单内容），如有残缺、漏项等问题应在获得招标文件10日内向招标人书面提出。投标人同时应认真审阅招标文件中所有的事项、格式、条款和规范要求等，若投标人的投标文件没有按招标文件要求提交全部资料，或投标文件没有对招标文件做出实质性响应，其风险由投标人自行承担，并根据本招标文件有关条款规定，该投标将被拒绝。

7.4　发标时，随招标文件一并发给投标人"招标文件电子光盘"一套，盘中已刻录了招标文件中的第八部分的全部内容，其中招标人提供的清单数量及指定材料价已在相应表格中锁定。各投标人应无条件地使用招标文件电子版中设定的格式。凡擅自改变其顺序、编号、计量单位、工程量、指定价及电子文件编制模式等招标人既定内容的，将视为没有实质性响应招标文件。

8　招标答疑

8.1　本项目不召开现场答疑会，采用书面答疑方式。

8.2　投标人对招标文件、工程量清单、施工图纸以及施工现场条件的所有疑问的内容，以书面方式在投标截止时间10天前通过信函、送交或传真的方式提交招标代理机构。

8.3　招标人和代理机构对投标人所提问题做出统一解答和必要澄清后，在投标截止时间7天前以书面的招标答疑纪要形式发送给所有投标人。

投标人若对招标文件及图纸有疑问，应按本招标须知前附表14项规定要求告知招标代理机构；招标代理机构将按本招标须知前附表14项规定告知所有投标人。

9　招标文件的澄清和修改

9.1　招标文件发出后，在递交投标文件截止时间15日前，招标人可对招标文件进行必要的澄清或修改。

9.2　招标文件的澄清、修改及有关补充通知在××市建设工程信息网站发布。招标文件的澄清、修改及有关补充通知一经在××市建设工程信息网站发布，视作已发放给所有投标人。

9.3　招标文件的修改补充作为招标文件的组成部分，具有约束作用。

9.4　招标文件的澄清或修改均以××市建设工程信息网站发布的内容为准。当招标文件的澄清、修改、补充等关于同一内容的表述不一致时，以××市建设工程信息网站最后发布的内容为准。

9.5　为使投标人在编制投标文件时有充分的时间考虑招标文件的澄清或修改等内容，招标人将酌情延长递交投标文件的截止时间，具体时间将在招标文件的澄清或修改中予以明确。若澄清或修改中没有明确延长时间，即表示投标时间不延长。

（三）投标文件的编制

10　投标文件的语言及度量衡单位

10.1　除专用术语外，与招标投标有关的语言均使用中文。必要时专用术语应附有中文注释。

10.2　除工程技术规范另有规定外，投标文件使用的度量衡单位，均采用中华人民共和国法定计量单位。

11　投标文件的组成

11.1　投标文件由资格审查文件、商务标、技术标 3 部分组成。

11.2　资格审查文件主要包括的内容：

(1) 法定代表人授权书及被授权人有效身份证件；

(2) 企业营业执照；

(3) 税务登记证；

(4) 组织机构代码证；

(5) 企业资质证书；

(6) 安全生产许可证；

(7) 外地企业入×证；

(8) 企业及项目经理备案资料信息截图；

(9) 项目经理建造师证、安全生产考核合格证；

(10) 2015 年 1 月 1 日以来企业类似工程施工合同业绩证明材料。

说明：上述资格审查文件原件应单独封装在一个标袋内（标袋封面须标注"资格审查文件原件""投标人公司名称"及"投标日期"等相关信息并加盖投标人公章），随投标文件一同提交，待评标委员会审查核对后在开标会议结束前予以退还。

11.3　商务标主要包括的内容：

11.3.1　法定代表人身份证明书。

11.3.2　法定代表人授权委托书。

11.3.3　投标文件签署授权委托书。

11.3.4　投标函。

11.3.5　投标函附录。

11.3.6　投标保证金缴存凭证（复印件）。

11.3.7　对招标文件及合同条款的承诺。

11.3.8　商务报价。

11.3.8.1　工程量清单计价表（封面）。

11.3.8.2　投标报价说明。

11.3.8.3　报价表统一格式。

(1) 投标总价；

(2) 工程项目总造价表；

(3) 投标报价汇总表；

(4) 单位工程造价汇总表；

(5) 分部分项工程清单计价表；

(6) 措施项目清单计价表；

(7) 其他项目清单计价表；

（8）计日工计价表；

（9）总承包服务费计价表；

（10）规费、税金项目清单计价表；

（11）分部分项工程量清单综合单价分析表（只提供电子版，由中标单位后期提供）；

（12）措施项目费（综合单价）分析表（只提供电子版，由中标单位后期提供）；

（13）主要材料价格表。

以上（2）～（13）项表格格式以广联达软件生成格式为准。

11.3.9　工程量清单的组成、编制、计价、格式、项目编码、项目名称、工程内容、计量单位和工程量计算规则按照招标人给出的工程量清单及《建设工程工程量清单计价规范》（GB 50500—2013）及××省相关定额及清单规范执行。

11.4　技术标主要包括下列内容：

（1）项目经理和项目部组成；

（2）施工方案；

（3）确保工期的技术组织措施；

（4）确保工程质量的技术措施；

（5）确保安全生产的技术组织措施；

（6）施工部署及施工总平面布置图；

（7）确保文明施工的技术组织措施及环境保护措施；

（8）主要机具、设备和劳动力配备情况；

（9）进度计划和工期目标；

（10）质保期服务措施。

11.5　投标人应使用符合《××市工程造价文件数据交换标准（电子评标部分）交易中心实施细则》的计价软件制作工程量清单报价表和单价分析表（如本招标文件要求单价分析表）。

11.6　投标人应使用××市建设工程交易中心的投标文件管理软件进行投标文件的合成、电子签名工作。电子投标文件介质使用只读光盘 CD-R 光盘，所有电子投标文件不能采用压缩处理。

11.7　投标人应使用依法设立的电子认证服务提供者签发的电子签名认证证书对电子投标文件进行电子签名。该电子签名与手写签名或者盖章具有同等的法律效力。

11.8　除工程量清单报价表相关的内容外，投标文件的其他内容均以电子文件编制，其格式要求详见第六部分投标文件参考格式。

11.9　投标文件应按上述编排的要求编制。如不按上述编排要求编制的，所引起系统无法检索、读取相关信息时，其结果将由投标人自行承担。

12　投标文件格式

12.1　投标人提交的投标文件应当使用招标文件所提供的投标文件全部格式（表格可以按同样格式扩展）。

12.2　投标人在提交投标文件时，应同时提供其投标文件电子版，投标文件电子版是投标文件重要组成部分。投标文件商务标电子版贰份装入商务投标文件正本袋内，随投标文件一同递交（注：电子文件须标注公司名称）。

13　投标报价

13.1　本工程的投标报价采用须知前附表第 10 项所规定的方式。

13.2　投标报价为投标人在投标文件中提出的各项支付金额的总和，包括已报价的工程各项费用，但不限于已报价的工程各项费用：凡因投标人的疏忽或失误未报、漏报，事实上将发生的工程费用和潜在风险金，招标人都认为已包含在投标报价内。

13.3　投标人的投标报价，应是完成本须知第 2 项和合同条款上所列招标工程范围及工期、质量要求的全部，不得以任何理由予以重复，作为投标人计算单价或总价的依据。投标报价为投标人充分考虑招标文件的各项条款和所掌握的市场情况及本工程的实际，根据自身情况自主报价。

13.4　除非招标人对招标文件予以修改，投标人应按招标人提供的工程量清单中列出的工程项目和工程量填报单价和合价。每一项目只允许有一个报价，任何有选择的报价将不予接受，并按废标处理。投标人未填单价或合价的工程项目，在实施后，招标人将不予以支付，并视为该项费用已包括在其他有价款的单价或合价内。

13.5　凡本招标文件要求（或允许）及投标人认为需要进行报价的各项费用项目（不论是否要求计入报价），若投标时未报或未在投标文件中予以说明，招标人将认为这些费用投标人已计取，并包含在投标报价中。

13.6　本招标工程的施工地点为本须知前附表第 2 项所述，除非合同中另有规定，投标人在报价中所报的单价和合价，以及投标报价汇总表中的价格均包括完成该工程项目的成本、利润、税金、技术措施费、大型机械进出场费、保险费、安全措施费和投标单位必需的其他费用及合同明示或暗示的所有风险、责任和义务等全部费用。投标人应充分考虑相关风险，如各种政策性调整和施工条件的变化，停水、停电、设备、材料、二次倒运、材料价差及材料代用的量差及价差等其他各种因素造成的工程费用的增加。

为保证工程顺利进行和项目目标实现，当招标人认为需要调整工序或加大资源投入而赶工时，不再另行支付赶工费用。

中标单位应对自主填报的综合单价承担风险责任。

13.7　工程配合费。

13.8　劳保统筹及定额测定费计税后扣除。

13.9　有关材料、设备要求。

本工程有关材料要求投标人不得擅自改动，应据此列入投标报价；否则将视为不能实质性响应招标文件要求，可能产生的后果自负。

（1）承包人须按要求选择材料和产品并自主报价；采购前，事先征得发包人认质（认质时，承包人必须提供拟购商品生产厂家的生产许可证、一年内同类产品质量检测证明书、生产企业 ISO 9001 质量管理体系证书、营业执照等文件的复印件，并加盖厂家法人印章）同意后，由承包人签订供货合同；采购提货时，承包人与发包人共同派员前往，以保证供货商与确认的一致。

（2）对发包人招标时给定暂定价的材料、设备，承包人采购时，由发包人认质、认价，结算时按甲方认价置换暂定价。

13.10　投标人可先到工地现场踏勘以充分了解工地位置、情况、道路、交通、空间、装卸限制及任何其他足以影响承包价的情况，任何因忽视或误解工地现场情况而导致的索赔或工期延长申请将不被批准。凡因投标人对招标文件阅读疏忽或误解，或因对施工现场、施工环境、市场行情等了解不清而造成的后果和风险，均由投标人负责。

13.11 任何有选择的投标报价将不予接受。

14 投标货币

本工程投标报价采用的币种为人民币。

15 投标有效期

15.1 投标有效期见本须知前附表第11项所规定的期限，在此期限内，凡符合本招标文件要求的投标文件均保持有效。

15.2 在特殊情况下，招标人在原定投标有效期内，可以根据需要以书面形式向投标人提出延长投标有效期的要求，对此要求投标人须以书面形式予以答复。投标人可以拒绝招标人这种要求，而不被没收投标保证金。同意延长投标有效期的投标人既不能要求也不允许修改其投标文件，但需要相应地延长投标担保的有效期，在延长的投标有效期内本须知第16条关于投标担保的退还与没收的规定仍然适用。

16 投标保证

16.1 投标人应按投标须知前附表第12项所述金额和时间递交投标保证金。××市建设工程交易中心具体实施保证金的收取和退还工作。

16.2 投标人向交易中心交纳投标保证金后，交易中心将出具收讫证明。投标人凭收讫证明进入××市建设工程交易中心可参加工程的投标工作。

16.3 ××市建设工程交易中心代收投标保证金的，其缴纳情况以××市建设工程交易中心数据库记录的信息为准。

16.4 "网银"缴费的操作详见招标公告附件《网上银行缴费操作指南》或请自行咨询××市建设工程交易中心。

16.5 投标人未能按要求递交投标保证金的，招标人将视为不响应投标而拒绝其投标文件。

16.6 由交易中心代收投标保证金，招标人在与中标人签订合同后5日后办理未中标人的投标保证金退还手续。

16.7 如有下列情况之一的，将没收投标保证金：

16.7.1 投标人在投标有效期内撤回投标书；

16.7.2 中标人未能在规定期限内按要求递交履约担保；

16.7.3 中标人未能在规定期限内签署合同协议。

17 投标文件的份数和签署

17.1 投标文件的份数。

17.2 投标文件的签署。

17.2.1 投标文件纸质版的签署。

17.2.1.1 投标人应填写全称，同时加盖投标单位印章。

17.2.1.2 投标文件必须由法定代表人或其授权代表签字或盖章。

17.2.1.3 投标文件正、副本须用A4幅面打印或用不褪色的蓝（黑）墨水填写，并清楚标明"正本""副本"字样，并各自装订成册。如果正本与副本不符，以正本为准。

17.2.1.4 除投标人对错误处须修改外，全套投标文件应无涂改或行间插字和增删。如有修改，修改处应由投标人加盖投标人的印章或由投标文件签字人签字或盖章。

17.2.1.5 因字迹潦草或表达不清所引起的后果由投标人负责。

17.2.2 投标文件电子光盘版的签署。

17.2.2.1　投标文件电子光盘须标注"［工程名称］项目投标文件"字样、投标人公司名称。

17.2.2.2　投标人提交的电子光盘投标文件若未标注 17.2.2.1 中的相关信息，因此导致的投标文件电子版丢失或信息误认等不利后果由投标人自行承担。

17.2.3　投标文件电子文件的签署。

投标文件封面须按规定加盖投标单位电子公章。

（四）投标文件的提交

18　投标文件的装订、密封和标记

18.1　投标文件的装订要求。

投标文件纸质版应采用胶装方式装订，装订应牢固、不易拆散和换页，不得采用活页装订。

投标文件的电子光盘应采用 CD-R 光盘刻制，并保证所刻录信息真实、可读。

18.2　投标文件的密封要求。

18.2.1　投标人应将投标文件资格审查文件、商务标、技术标各用两个标袋予以封装，分别内装投标文件纸质版（正本和副本）。电子光盘版封装在商务标纸质版文件正本袋内。

18.2.2　投标文件封面须按规定加盖投标单位公章和法定代表人或委托代理人印鉴。标书装袋后应在标袋封口处用密封条妥善密封，并加盖骑缝章（单位公章和法定代表人或委托代理人印鉴）。密封必须完整，未密封完整的投标文件将不予签收。

18.3　投标文件的标记要求。

18.3.1　投标文件纸质版外包封上标记要求如下：

18.3.1.1　招标人的名称和地址。

18.3.1.2　"［工程名称］项目投标文件"字样、投标人名称及加盖投标人公章。

18.3.2　电子文件标记要求："［工程名称］项目投标文件"字样、投标人名称及加盖投标人电子公章。

18.4　接收投标文件时，如果包封上没有按上述规定密封或加写标志，招标人予以拒绝，并退还给投标人。

19　投标文件的递交、接收和封存

19.1　投标人代表应按投标须知前附表规定的时间和地点向招标人递交投标文件。

19.2　投标文件的递交方式。

电子投标文件：××市建设工程信息网上提交。

纸质版投标文件及电子光盘：开标现场提交。

19.3　投标人应凭以下资料递交投标文件（纸质版投标文件及电子光盘）：法定代表人授权委托书及本人身份证原件（法定代表人参加时不需要提供）。

19.4　若出现以下情况，招标人将拒绝接收投标文件：

19.4.1　在投标截止时间后逾期或未在指定地点递交投标文件的；

19.4.2　投标文件未按招标文件要求密封和标记的；

19.4.3　投标人代表未准时出席开标会或未按要求签到的；

19.4.4　在投标截止时，投标人代表未凭法定代表人授权委托书原件（非法定代表人参加时提供）、本人身份证原件递交投标文件的。

19.5　投标截止前，招标人拒绝接收符合条件的投标文件，投标人可向招标监督机构投诉。

19.6 如投标文件不能在接收标书当天开启，须按机密件集中封存在××市建设工程交易中心封标室里，开标前再从中心封标室解封、取出。

19.7 全体投标人应见证标书密封情况及标书的解封、取出过程，如投标人不参加见证封标及标书的解封、取出过程，视同认可投标文件的密封情况和解封、取出过程与结果。

20 投标文件提交的截止时间

20.1 投标文件的截止时间见本须知前附表第18项规定。

20.2 招标人可按本须知第9条规定以修改补充通知的方式，酌情延长提交投标文件的截止时间。在此情况下，投标人的所有权利和义务以及投标人受制约的截止时间，均以延长后新的投标截止时间为准。

21 迟交的投标文件

招标人在本须知前附表第18条规定的投标截止时间以后收到的投标文件及相关资料，将拒绝并退回给投标人。

22 投标文件的补充、修改与撤回

22.1 投标人在提交投标文件以后，在规定的投标截止时间之前，可以以书面形式补充、修改或撤回已提交的投标文件，并以书面形式通知招标人。补充、修改的内容为投标文件的组成部分。

22.2 投标人对投标文件的补充、修改，应按本须知第18条有关规定密封、标记和提交，并在投标文件密封袋上清楚标明"补充、修改"字样。

22.3 在投标截止时间之后，投标人不得补充、修改投标文件。

22.4 在投标截止时间至投标有效期满之前，投标人不得撤回其投标文件，否则其投标保证金将被没收。

（五）开标

23 开标

23.1 招标人按本须知前附表第18项所规定的时间和地点公开开标，并邀请所有投标人参加。投标人须持下列资料的原件接受核查：

23.1.1 投标人法定代表人授权书及被授权人身份证（法定代表人直接投标时只需提供身份证）。

23.1.2 拟任本工程的项目经理本人须出示建造师证书、身份证、项目经理委托书出席开标会；

23.1.3 投标单位的企业法人营业执照副本、企业资质证书副本、安全生产许可证书、投标保证金缴纳证明。

23.2 按规定提交合格的撤回通知的投标文件不予开封，并退回给投标人；按本须知第24条规定确定为无效的投标文件，不予送交评审。

23.3 开标程序：

23.3.1 开标由×××××招标有限责任公司主持。

23.3.2 开标时由招标人、监标人和监督单位共同审验核查本招标文件所规定投标人开标时须持的原件。

23.3.3 由投标人代表或委托代理人检查投标文件的密封情况，并对密封情况签字确认。

23.3.4 经确认无误后，先开启技术标交评标委员会评审，待技术标评审结果公布后再开启商务标。由开标有关工作人员当众拆封，宣读投标人名称、投标报价和投标文件的其他主要内容，投标人应对唱标结果签字确认。

23.4 招标人在招标文件要求提交投标文件的截止时间前收到的投标文件，开标时都应当众予以拆封、宣读。

23.5 在开标阶段，如投标人无法成功递交有效的电子投标文件而造成无法满足资格审查及评标需要的，其投标文件的投标报价不参与计算评标参考价，也不再对其资格及评标审查作排序，并由评标委员会审查作资格审查不合格处理。

23.6 招标人应对开标过程进行记录，并存档备查。

24 投标文件的有效性

24.1 开标时，投标文件出现下列情形之一的，应当作为无效投标文件，不得进入评标：

24.1.1 投标文件未按照本须知第18、19条的要求装订、密封的。

24.1.2 本须知第11条规定的投标文件有关内容未按本须知第18条规定加盖投标人印章或未经法定代表人或其委托代理人签字或盖章，由委托代理人签字或盖章，但未随投标文件一起提交有效的"授权委托书"原件的；或商务标未在指定位置加盖造价师或中级造价员印章的。

24.1.3 投标文件的关键内容字迹模糊、无法辨认的。

24.1.4 未提交招标文件要求提供的投标相应电子文件（仅指招标文件要求的涉及工程量清单计价的电子文件，下同）的；或因投标人原因造成电子投标文件（同上）无法读取的；或电子投标文件（同上）与相关的文字投标文件不一致的。

24.1.5 投标人未按照招标文件的要求提供投标保证金的。

24.1.6 投标人未承诺投标报价不低于企业自身成本价的。

24.1.7 投标人实质性地不响应本招标文件中的施工合同及专用条款的。

24.1.8 投标人在投标文件中提出与招标文件相抵触的要求或对招标文件有重大保留的，包括重新划定风险范围，改变各方的权利和义务，提出不同的质量标准、验收方法、计量方法和纠纷处理办法。

24.1.9 投标人未按本招标文件规定的全部内容携带齐全部有效原件的。

24.1.10 投标人擅自改变工程量清单数据及材料暂定价的。

24.2 招标人将有效投标文件，送评标委员会进行评审。

（六）评标

25 评标委员会与评标

25.1 评标委员会由招标人依法组建，在××市招标办专家库中随机抽取负责本次工程的评标活动。

25.2 开标结束后，开始评标，评标采用保密方式进行。

26 评标过程的保密

26.1 开标后，直至宣布中标人为止，凡属于对投标文件的审查、澄清、评价和比较有关的资料以及中标候选人的推荐情况，与评标有关的其他任何情况均属严格保密范围。

26.2 在投标文件的评审和比较、中标候选人推荐以及授予合同的过程中，投标人向招标人和评标委员会施加影响的任何行为，都将会导致其投标被拒绝。

26.3 中标人确定后，招标人不对未中标人就评标过程以及未能中标原因作出任何解释，亦不退回投标文件。未中标人不得向评标委员会组成人员或其他有关人员索问评标过程的情况和材料。

27 投标文件的澄清

为有助于投标文件的审查、评价和比较，评标委员会可以书面形式要求投标人对投标文件含义不明确的内容作必要的澄清或说明，投标人应采用书面形式进行澄清或说明，并经法定代表人或委托代理人签字盖章，但不得超出投标文件的范围或改变投标文件的实质性内容。根据本须知第 29 条规定，凡属于评标委员会在评标中发现的计算错误并进行核实的修改不在此列。

28 投标文件的初步评审

28.1 开标后，经招标人审查符合本须知第 24 条有关规定的投标文件，才能提交评标委员会进行评审。

28.2 评标时，评标委员会将首先评定每份投标文件是否在实质上响应了招标文件的要求。所谓实质上响应，是指投标文件应与招标文件的所有实质性条款、条件和要求相符，无显著差异或保留，或者对合同中约定的招标人的权利和投标人的义务方面造成重大的限制，纠正这些显著差异或保留其重大的限制将会对其他实质上响应招标文件要求的投标文件的投标人的竞争地位产生不公正的影响。

28.3 如果投标文件实质上不响应招标文件的各项要求，或投标文件的编制、内容及责任与招标文件的要求有重大偏差，经评标委员会 2/3 以上成员确认后，评标委员会将拒绝投标，并且不允许投标人通过修改或撤销其不符合要求的差异或保留，使之成为具有响应性的投标。

29 投标文件计算错误的修正

29.1 评标委员会将对确定为实质上响应招标文件要求的投标文件进行校核，看其是否有计算或表达上的错误，修正错误的原则如下：

29.1.1 当单价与数量的乘积与合价不一致时，以单价为准，除非评标委员会认为单价有明显的小数点错误，此时应以标出的合价为准，并修改单价；大写与小写不一致时，以大写为准。

29.1.2 不可竞争的规费、税费等必须按规定标准填报，否则以实质上不响应招标文件按无效标处理。

29.2 按上述修正错误的原则及方法调整或修正投标文件的投标报价，投标人同意后，调整后的投标报价对投标人起约束作用。如果投标人不接受修正后的报价，则其投标将被拒绝并且其投标担保金也将被没收；评标工作继续进行。

30 投标文件的评审、比较和否决

30.1 评标委员会将按照本须知第 28 条规定，仅对在实质上响应招标文件要求的投标文件进行评估和比较。

30.2 在评审过程中，评标委员会可以以书面形式要求投标人就投标文件中含义不明确的内容进行书面说明并提供相关材料。

30.3 评标委员会依据规定的评标标准和方法，对投标文件进行评审和比较，向招标人提出书面评标报告，并推荐合格的中标候选人。招标人根据评标委员会提出的书面评标报告和推荐的中标候选人确定中标人。

30.4　评标方法和标准

30.4.1　本次招标采用综合评分法。在满足招标文件的实质性要求（工期、质量、安全和合理低价）条件下，评标委员会选择综合得分由高到低排序前三名的投标人作为中标候选人，并向招标人推荐。

30.4.2　评标原则

（1）公平、公正、科学择优。

（2）投标质量符合国家各项施工验收规范标准，投标工期低于或等于招标文件要求，施工方案合理可行。

（3）投标报价为合理低价，且不低于成本价；本工程不保证最低报价投标人中标。

（4）禁止不正当竞争。

30.4.3　评分内容及步骤。

30.4.3.1　评审内容

（1）综合评分法的评审内容为资格审查文件（投标人资格能力审查）、技术标、商务标的评审。

（2）评标顺序。

① 资格审查文件评审：由评标委员会对投标人资格审查文件进行符合性评审；

② 公布资格审查文件评审结果；

③ 技术标评审：由评标委员会对投标人的技术标进行评审打分；

④ 公布技术标评审结果；

⑤ 商务标评审：对投标人的商务标进行评审打分；

⑥ 确定中标候选人：汇总资审合格的投标人的技术标及商务标的各项得分由高到低进行排序，推荐前三名的投标人作为中标候选人。

30.4.3.2　评审步骤

① 评审资格审查文件（采用符合性审查，结论为合格或不合格）。

② 评审技术标。

③ 开标时间三天前公布本工程上限控制价。投标人的投标总价大于或等于上限控制价时，则视为无效标，不再参与评标；当2/3以上投标人的投标报价均超出上限控制价时，重新组织招标。凡投标总价小于上限控制价的投标人进入评标阶段。当进入评标阶段的投标人数量少于三家时，重新组织招标。

④ 公布投标单位总报价、措施费、工期、质量等级和承诺。

⑤ 按照招标文件规定的办法复核投标文件并清标；若投标人的投标报价、分部分项工程量清单综合单价、措施项目费等有算术性计算错误时应予以纠正，并公布纠正结果。若投标人拒绝或不同意纠正结果的，不再参与商务标评标。

⑥ 确定入评单位。

（1）资格审查评审表（符合性审查）。

序号	审查内容	审查标准
1	授权委托书	为企业法人出具，信息真实合法有效，未超出有效期，人证相符
2	营业执照	经营有效期内，信息显示无异常，经有效年检，经营范围包括本项目工程，合法
3	组织机构代码证	与营业执照显示信息一致，在有效期内，真实，合法，经有效年检，信息显示无异常

续表

序号	审查内容	审查标准
4	税务登记证	真实,合法,信息显示无异常
5	企业资质证书	房屋建筑工程施工总承包一级及以上资质证书,合法有效
6	安全生产许可证	在有效期内,真实,合法,年检有效
7	企业入×备案证	登记信息显示无异常,合法有效
8	企业信息备案情况	××建设工程信息网上企业的登记备案信息合法、真实、有效、可查
9	投标保证金	人民币××万元,提交时间准时无逾期,金额准确,以缴存凭证为准
10	项目经理	注册建造师:房建专业一级注册建造师证书
		安全生产考核合格证(B证):在有效期内,真实,合法,人证相符
		无在建工程(以××建设工程信息网的登记备案信息为准)
11	企业业绩	2015年1月1日以来类似施工合同业绩(以施工合同或中标通知书为准)
说明:有一项不符合要求的,则视为投标人资格后审评审不合格,其技术标、商务标将不再开启			

注:1. 资格审查标审查合格后,投标人的资格发生变化而不满足投标人合格条件,在发出中标通知书前,资格问题仍未解决的,招标人将取消其中标资格。

2. 资格审查标审查合格的有效投标人少于三名的,重新招标。

(2)投标文件评审项评分标准:总分100分。

其中

技术标:20分;

投标总报价:30分;

投标措施项目费总价:15分;

投标分部分项工程量清单综合单价:35分。

30.4.4 技术标评审办法:总分15~20分。

① 项目经理和项目部组成:1.5~2.0分;

② 施工方案:1.5~2.0分;

③ 确保工期的技术组织措施:1.5~2.0分;

④ 确保工程质量的技术措施:1.5~2.0分;

⑤ 确保安全生产的技术组织措施:1.5~2.0分;

⑥ 施工部署及施工总平面布置图:1.5~2.0分;

⑦ 确保文明施工的技术组织措施及环境保护措施:1.5~2.0分;

⑧ 主要机具、设备和劳动力配备情况:1.5~2.0分;

⑨ 进度计划和工期目标(投标人提供施工计划网络图和横道图):1.5~2.0分;

⑩ 采用新技术、新工艺对提高工程质量、缩短工期、降低造价的可行性:1.5~2.0分。

30.4.5 确定入评单位。

(1)入评单位条件。

① 投标工期小于或等于招标要求工期;

② 投标工程质量符合招标质量要求;

③ 投标人完全响应招标文件和合同条款的全部内容。

(2)入评单位确定。全部符合入评单位条件的投标人才能成为入评单位;未成为入评单位的投标人,不得进入商务标评审。

30.4.6　商务标评审（满分 80 分）。

（1）投标总报价评审：30 分。

以入评单位投标人的投标总报价的算术平均值的 97% 作为评审项基准价。当投标人数量大于或等于 5 个时，去掉一个最高值和一个最低值，投标总报价算术平均值的 97% 作为评审项基准价；投标人少于 5 个时，投标总报价的算术平均值的 97% 作为评审项基准价。总报价等于基准价的投标人得满分 30 分；与该基准价比较，每增加 1% 扣 1.0 分，每减少 1% 扣 0.5 分，扣完为止。

（2）投标措施项目费总价评审：15 分。

以入评单位投标人的措施项目费总报价的算术平均值的 97% 作为评审项基准价。各项措施项目费报价等于评审项基准价的投标人得满分 15 分；其余措施项目费投标报价与该基准价比较，每增加 1% 扣 0.5 分，每减少 1% 扣 0.25 分，扣完为止。

（3）投标分部分项工程量清单综合单价评审：35 分。

分部分项工程量综合单价的评审按照招标人招标最高限价中的综合单价由高到低的前 70 项中（其中土建 50 项，安装 20 项）由计算机随机抽取 35 项进行综合单价评审（其中土建 25 项，安装 10 项）。每个单项满分为 1 分（分部分项清单不足 35 项的，则全部抽取，每个单项满分为 $35/n$ 分）。以入评单位所有投标人的该项综合单价的算术平均值的 97% 为该项综合单价的基准价。该项综合单价报价等于该项基准价的投标人此单项得满分；其余该项综合单价的报价与该项基准价比较，每增加 1% 扣 0.1 分，每减少 1% 扣 0.05 分，单项分值扣完为止。

（4）汇总上述投标人各项综合有效得分，由高到低排序，前三名为中标候选人。招标人依法从中确定中标人。

（5）中标人的最终投标总价为中标价，中标价即合同价。

30.4.7　评标过程中，中间值按插入法计算，数字计算精确至小数点后两位，第三位"四舍五入"。

30.4.8　若出现综合得分并列第一时，比较投标报价，此项得分高者为第一名。若投标报价得分相同时，依次比较综合单价、措施项目费用、施工组织设计等分项得分。

30.4.9　评标过程中，若出现本评标办法以外的特殊情况时，将暂停评标，有关情况待评标委员会确定后，再进行评定。

30.4.10　投标人出现某评分分项未报、漏报或 0 报价时，该分项得 0 分，并不参与评标基准价的计算。

30.4.11　未尽事宜以现行招标有关规定为准。

（七）合同的授予

31　合同授予标准

本招标工程的施工合同将授予按本须知第 30.4 款所确定的中标人。

32　招标人拒绝投标的权利

招标人在发出中标通知书前，有权依据评标委员会的评标报告拒绝不合格的投标。

33　中标通知书

33.1　中标结果公示三天后，对招标人确定的中标候选人无异议时，则该中标候选人即为中标人；招标人将向中标人发出中标通知书。

33.2　排名第一的中标候选人放弃中标、因不可抗力提出不能履行合同，或者招标文件规定应当提交履约保证金而在规定的期限内未能提交的，招标人确定排名第二的中标候选人为中标人，排名第二的中标候选人因前款规定的同样原因不能签订合同的，招标人确定排名第三的中标候选人为中标人。

34　合同协议书的签订

34.1　招标人与中标人将于中标通知书发出之日起15日内，按照招标文件和中标人的投标文件订立书面工程施工合同。

34.2　中标人如不按本投标须知第34.1款的规定与招标人订立合同，则招标人将废除授标，投标担保不予退还，给招标人造成的损失超过投标担保数额的，中标人还应当对超过部分予以赔偿，同时依法承担相应法律责任。

34.3　中标人应当按照合同约定履行义务，完成中标项目施工，不得将中标的主体工程施工转让（转包）给他人。当发现中标人转包项目（本招标文件约定的专业分包例外）或更换项目经理时，则甲方有权单方中止与中标人签订的施工合同，由此造成的损失及后果，均由该中标人全部承担责任。

34.4　本次承包范围内的工程，中标人若不具备专业资质，必须转包给具备相应资质的专业施工单位进行施工。

34.5　中标人必须全力配合消防工程验收工作，并确保顺利通过行政主管部门的验收。

35　履约担保

35.1　合同协议书签署前3天内，中标人应当按本须知前附表第21项规定的金额以银行支票或现金的方式向招标人提交履约保证金。

35.2　若中标人如不按本投标须知第35.1款的规定执行，招标人将有充分的理由解除合同，并没收其投标保证金，给招标人造成的损失超过投标担保数额的，还应当对超过部分予以赔偿。

三、招标投标文件电子版

（一）招标文件电子版

招标文件第八部分的全部内容已录入在光盘中，作为招标文件电子版发给各投标人。

（二）投标文件电子版

投标文件电子版应包括以下内容：

（1）招标文件电子版中"投标报价表"的全部内容；

（2）利用广联达清单计价软件（GBQ4.0 5616版本）编制的电子投标文件及对应的项目管理文件（含组价的全部内容）；

（3）投标文件电子版是投标文件的组成部分，投标人应无条件使用招标代理机构所发的电子版格式，投标人不报送或不按统一规定填报电子投标文件，造成评标软件不能直接判别时，将按废标对待。

第三部分　合同及主要条款

第一节　协　议　书

发包人（全称）：＿＿＿＿＿＿＿＿＿＿＿＿＿＿＿＿＿＿

承包人（全称）：＿＿＿＿＿＿＿＿＿＿＿＿＿＿＿＿＿＿

依照有关法律、行政法规，遵循平等、自愿、公平和诚实信用的原则，双方就本建设工程施工协商一致，订立本合同。

一、工程概况

工程名称：＿＿＿＿＿＿＿＿＿＿＿＿＿＿＿＿＿

工程地点：＿＿＿＿＿＿＿＿＿＿＿＿＿＿＿＿＿

结构形式：＿＿＿＿＿＿＿＿＿；层数：＿＿＿＿＿；建筑面积：＿＿＿＿＿＿

群体工程应附承包人承揽工程项目一览表（附件 1）

工程立项文号：＿＿＿＿＿＿＿＿＿＿＿＿＿＿

资金来源：＿＿＿＿＿＿＿＿＿＿＿＿＿＿

二、工程承包范围

承包范围：＿＿＿＿＿＿＿＿＿＿＿＿＿＿＿＿＿＿＿＿＿＿＿＿＿＿＿＿＿＿＿

不包括的工程范围：＿＿＿＿＿＿＿＿＿＿＿＿＿＿＿＿＿＿＿＿＿＿＿＿＿

三、合同工期

总日历天数＿＿＿＿＿＿天

开工日期：＿＿＿＿＿＿＿＿＿＿

竣工日期：＿＿＿＿＿＿＿＿＿＿

四、质量标准

工程质量标准：＿＿＿＿＿＿＿＿＿＿

五、合同价款

（1）合同总价（大写）：＿＿＿＿＿＿＿＿＿＿＿（人民币）元。

（小写）￥：＿＿＿＿＿＿＿＿＿元（其中：工程预留金＿＿＿＿＿＿＿＿元，零星工作费＿＿＿＿＿＿＿＿元，安全防护、文明施工措施费＿＿＿＿＿＿＿＿元，工程分包和材料购置费＿＿＿＿＿＿＿＿元，总承包服务费＿＿＿＿＿＿＿＿元）。

（2）综合单价：详见承包人的报价书。

六、组成合同的文件

组成本合同的文件包括：

（1）本合同协议书；

（2）本合同专用条款；

（3）本合同通用条款；

（4）中标通知书；

（5）投标文件、工程报价单或预算书及其附件；

（6）招标文件、答疑纪要及工程量清单；

（7）图纸；

（8）标准、规范及有关技术文件。

双方为履行本合同的有关洽商、变更等书面协议、文件，视为本合同的组成部分。

七、本协议书中有关词语含义与本合同第二部分合同通用条款中赋予的定义相同。

八、承包人按照合同约定进行施工、竣工并在质量保修期内承担工程质量保修责任。

九、发包人按照合同约定的期限和方式支付合同价款及其他应当支付的款项。

十、合同生效

合同订立时间：＿＿＿＿＿年＿＿＿＿＿月＿＿＿＿＿日

合同订立地点：＿＿＿＿＿＿＿＿＿＿＿＿＿＿＿＿＿

本合同双方约定＿＿＿＿＿＿＿＿＿＿＿＿＿＿＿＿后生效。

十一、合同份数

本合同一式＿＿＿份，均具有同等法律效力，发包人执＿＿＿＿份，承包人执＿＿＿＿份。

发包人：（公章）＿＿＿＿＿＿＿＿＿　　　承包人：（公章）＿＿＿＿＿＿＿＿＿

地址：＿＿＿＿＿＿＿＿＿＿＿＿＿＿　　　地址：＿＿＿＿＿＿＿＿＿＿＿＿＿＿

邮政编码：＿＿＿＿＿＿＿＿＿＿＿＿　　　邮政编码：＿＿＿＿＿＿＿＿＿＿＿＿

法定代表人或委托代理人：＿＿＿＿　　　法定代表人或委托代理人：＿＿＿＿

电话：＿＿＿＿＿＿＿＿＿＿＿＿＿＿　　　电话：＿＿＿＿＿＿＿＿＿＿＿＿＿＿

传真：＿＿＿＿＿＿＿＿＿＿＿＿＿＿　　　传真：＿＿＿＿＿＿＿＿＿＿＿＿＿＿

开户银行：＿＿＿＿＿＿＿＿＿＿＿＿　　　开户银行：＿＿＿＿＿＿＿＿＿＿＿＿

账号：＿＿＿＿＿＿＿＿＿＿＿＿＿＿　　　账号：＿＿＿＿＿＿＿＿＿＿＿＿＿＿

第二节　合同通用条款（略）

第三节　合同专用条款（略）

第四部分　工程内容、建设标准及技术要求（略）

第五部分　图纸（另册）

第六部分　投标文件参考格式

（1）投标人应按以下规定的格式及要求编制投标文件，如电子投标文件没有按招标文件规定的格式及要求编制，因其所引起系统无法检索、读取电子投标文件中的数据时，其结果将由投标人自行承担。本格式及要求规定适用于电子评标项目的投标文件的编制。

（2）投标书是投标文件的重要组成部分，其内容是投标人开标信息的主要来源。

（3）投标书内容按以下表述填写。

投标总工期："＿＿＿日历天"或"按招标文件的要求"；

工程质量标准："按《建设工程质量管理条例》规定"；

保修期限："按招标文件的要求"。

第七部分　投标文件电子版

请将投标文件电子版装入商务投标文件正本袋内，随商务标、技术标一同递交。

第八部分　工程量清单（略）

思考与练习

一、单选题

1. 建设工程施工招标文件，既是承包商编制投标文件的依据，也是与将来中标的承包商（　　）。

A. 作为竣工验收的依据　　　　　　　　B. 制订施工方案的依据

C. 制订索赔处理办法的基础　　　　　　D. 签订工程承包合同的基础

2. 在建设工程施工招标文件中，对投标文件的组成、投标报价、递交、修改、撤回等有关内容提出要求的部分是招标文件中的（　　）。

A. 投标文件格式　　　B. 技术条款　　　C. 合同主要条款　　　D. 投标须知

3. 在建设工程招标投标中，经资格后审不合格的投标人（　　）。

A. 不得参加投标　　　　　　　　　　　B. 需重新提交审查资料

C. 编制的投标书作废标处理　　　　　　　　D. 需酌情扣除评标得分

4. 关于建设工程施工招标投标的程序，在发布招标公告后接受投标书前，招标投标程序依次为（　　）。

A. 招标文件发放→投标人资格预审→勘察现场→投标答疑会

B. 勘察现场→投标答疑会→投标人资格预审→招标文件发放

C. 投标人资格预审→招标文件发放→勘察现场→投标答疑会

D. 投标答疑会→勘察现场→投标人资格预审→招标文件发放

5. 投标单位有以下行为时，（　　）招标单位可视其为严重违约行为而没收投标保证金。

A. 通过资格预审后不投标　　　　　　　　B. 不参加开标会议

C. 不参加现场勘察　　　　　　　　　　　D. 开标后要求撤回投标书

6. 下列建设项目中，可以不招标的是（　　）。

A. 个人捐赠的教育项目中合同估算价为 120 万元的监理合同

B. 使用财政预算资金的体育项目中合同估算价为 180 万元的材料采购合同

C. 外商投资的供水项目中合同估算价为 1000 万元的施工合同

D. 上市公司投资的商品房项目中估算价为 500 万元的材料采购合同

7. 根据《工程建设项目施工招标投标办法》，不属于施工招标文件内容的是（　　）。

A. 施工组织设计　　　B. 合同主要条款　　　C. 技术条款　　　　D. 投标人须知

8. 根据《招标投标法》，投标人补充、修改或者撤回已提交的投标文件，并书面通知招标人的时间期限应在（　　）。

A. 评标截止时间前　　　　　　　　　　　B. 评标开始前

C. 提交投标文件的截止时间前　　　　　　D. 投标有效期内

9. 根据招标投标相关法律规定，在投标有效期结束前，由于出现特殊情况，招标人要求投标人延长投标有效期时，（　　）。

A. 投标人不得拒绝延长，并不得收回其投标保证金

B. 投标人可以拒绝延长，并有权收回其投标保证金

C. 投标人不得拒绝延长，但可以收回其投标保证金

D. 投标人可以拒绝延长，但无权收回其投标保证金

10. 在某工程项目招投标过程中，某投标人要对其投标文件进行补充、修改或撤回。则根据《招标投标法》的规定，以下说法正确的是（　　）。

A. 对投标文件的补充、修改和撤回，应在投标有效期满前进行

B. 在投标有效期内进行的补充、修改作为投标文件组成部分

C. 在投标有效期内可以进行补充或修改，但要被没收投标保证金

D. 应在投标截止日期前进行

11. 下列属于评标委员会可以作出否决投标决定的情形是（　　）。

A. 投标文件存在细微偏差

B. 投标报价低于成本或者高于招标文件设定的最高投标限价

C. 投标报价超过标底上下浮动范围

D. 由于招标文件要求提交备选投标，同一投标人提交了两个以上不同的投标文件

12. 根据《招标投标法》及相关法律法规，下列招标、投标、评标行为中正确的是（　　）。

A. 投标人的报价明显低于成本的，评标委员会应当否决其投标

B. 投标人的报价高于招标文件设定的最高投标限价，评标委员会有权要求其调整

C. 招标文件采用的评标方法不适合的，开标后评标委员会有权作出调整

D. 招标人有权在评标委员会推荐的中标候选人之外确定中标人

13. 投标有效期应从（　　）之日起计算。

A. 招标文件规定的提交投标文件截止　　　　B. 提交投标文件

C. 提交投标保证金　　　　　　　　　　　　D. 确定中标结果

14. 下列情形中，投标人已提交的投标保证金不予返还的是（　　）。

A. 在提交投标文件截止日后撤回投标文件的

B. 提交投标文件后，在投标截止日前表示放弃投标的

C. 开标后被要求对其投标文件进行澄清的

D. 评标期间招标人通知延长投标有效期，投标人拒绝延长的

15. 在招标活动的基本原则中，招标人不得以任何方式限制或者排斥本地区、本系统以外的法人或者其他组织参加投标，体现了（　　）。

A. 公开原则　　　　B. 公平原则　　　　C. 公正原则　　　　D. 诚实信用原则

16. 甲公司与乙公司组成联合体投标，则下列说法正确的是（　　）。

A. 共同投标协议在中标后提交　　　　B. 甲公司与乙公司必须是同一专业

C. 甲公司与乙公司必须是同一资质等级　　D. 联合体是以一个投标人的身份投标

17. 评标报告应当由评标委员会全体成员签字。评标委员会成员拒绝在评标报告上签字又不书面说明其不同意见和理由的，视为（　　）。

A. 不同意评标结果　　B. 同意评标结果　　C. 退出本次评标　　D. 本次评标失败

18. 某工程项目的投标截止时间为6月12日，某投标人于6月8日提交了投标文件。6月10日，该投标人又提交了一份修改投标报价的函件。关于这份修改投标报价的函件，下列说法正确的是（　　）。

A. 该投标文件不能修改，该函件有效

B. 该投标文件可以修改，修改后的投标报价有效

C. 该投标文件的其他内容可以修改，但投标报价不能修改

D. 该投标文件不能修改，但在招标人同意接受的情况下有效

19. 通过招标投标订立的建设工程施工合同，合同价应为（　　）。

A. 评标价　　　　　B. 投标报价　　　　C. 招标控制价　　　　D. 标底价

20. 招标文件的内容应该包括（　　）。

A. 施工方案　　　B. 施工组织设计　　　C. 已标价工程量清单　　D. 投标文件格式

21. 投标文件对招标文件响应的重大偏差，不包括（　　）等。

A. 提供的投标担保有瑕疵　　　　　　　B. 个别地方存在漏项

C. 没有按招标文件要求提供投标担保　　　D. 投标文件没有投标人授权代表签字

二、多选题

1. 《招标投标法》规定，凡在我国境内进行的下列工程建设项目，必须进行招标的是（　　）。

A. 大型基础设施、公用事业等关系社会公共利益、公共安全的项目

B. 技术复杂、专业性强或其他特殊要求的项目

C. 使用国有资金投资或国家融资的项目

D. 使用国际组织或者外国政府贷款、扶助资金的项目

E. 采用特定专利或专有技术的项目

2. 属于建设工程施工招标文件的内容有 (   )。

A. 投标须知
B. 招标文件格式
C. 工程量清单
D. 设计图纸
E. 评标标准和方法

3. 下面关于项目招标的说法错误的是 (   )。

A. 施工单项合同估算价在 400 万元人民币以上的项目必须招标
B. 个人投资的项目不需要招标
C. 施工主要技术采用特定专利的项目可以招标
D. 涉及公众安全的项目必须招标
E. 符合工程招标范围，重要材料采购单项合同估算价在 200 万元人民币以上的项目必须招标

4. 下列施工项目中，属于经批准可以采用邀请招标方式发包的有 (   ) 工程项目。

A. 受自然地域环境限制的，仅有少量投标人满足条件的
B. 涉及国家安全、国家秘密的项目而不适宜公开招标的
C. 施工主要技术需要使用某项特定专利的
D. 技术复杂，仅有几家投标人满足条件的
E. 公开招标费用与项目的价值相比不值得的

5. 在提交投标文件截止时间后到招标文件规定的投标有效期终止之前，投标人不得 (   )。

A. 补充其投标文件
B. 修改其投标文件
C. 澄清其投标文件
D. 说明其投标文件
E. 撤回其投标文件

6. 根据《招标投标法》的规定，招标文件应当包括 (   )。

A. 招标项目的技术要求
B. 对投标人资格审查的标准
C. 投标报价要求
D. 拟签订合同的主要条款
E. 最高投标限价和最低投标限价

7. 关于建设工程施工招标程序，在接受投标书之后，需要完成的工作有 (   )。

A. 制订评标办法
B. 开标、评标、定标
C. 宣布中标单位
D. 协商合同主要条款
E. 签订合同

8. 下列投标人的行为中，违反我国有关招标投标的法律规定的是 (   )。

A. 甲公司借用其他企业的资质证书参加投标
B. 乙公司投标时提交了虚假的业绩证明
C. 丙公司和另一家施工企业组成了一个联合体，以一个投标人的身份参加投标
D. 丁公司为了谋取中标，向评标委员会成员行贿
E. 戊公司的投标报价低于其企业成本价，且未向评标委员会作出澄清或说明

9. 投标有效期内，投标人有 (   ) 等行为的，其投标保证金应当被没收。

A. 撤回投标文件
B. 补充投标文件
C. 放弃中标
D. 澄清投标文件
E. 说明投标文件

10. 评标委员会的组成人员包括 (   )。

A. 招标人代表   B. 监理单位代表

C. 公证机构代表   D. 技术方面的专家

E. 经济方面的专家

11. 施工招标时，下列情况中属于废标的是（　　）。

A. 投标书未密封   B. 投标书逾期送达

C. 未按招标文件要求提交投标保证金   D. 投标书未按规定格式填写

E. 投标单位递交标书后发觉有误，在截止日期前加补充函件的

12. 下列关于评标程序的说法正确的是（　　）。

A. 评标委员会经评审，认为所有投标都不符合招标文件要求的，可以否决所有投标

B. 招标人根据评标委员会提出的书面评标报告和推荐的中标候选人确定中标人

C. 评标委员会可以根据评标标准自行确定中标人

D. 依法必须进行招标项目的所有投标被否决的，招标人应当依法重新招标

E. 在确定中标人前，招标人可以就价格、方案等内容同投标人进行谈判

三、案例分析

【案例1】　某省国道主干线高速公路土建施工项目实行公开招标，根据项目的特点和要求，招标人提出了招标方案和工作计划。采用资格预审方式组织项目土建施工招标，招标过程中出现了下列事件。

事件1：7月1日（星期一）发布资格预审公告。公告载明资格预审文件自7月2日起发售，资格预审申请文件于7月22日下午4时之前递交至招标人处。某投标人因从外地赶来，7月8日（星期一）上午上班时间前来购买资审文件，被告知已经停售。

事件2：资格审查过程中，资格审查委员会发现某省路桥总公司提供的业绩证明材料部分是其下属第一工程有限公司的业绩证明材料，且其下属的第一工程有限公司具有独立法人资格和相关资质。考虑到属于一个大单位，资格审查委员会认可了其下属公司业绩为其业绩。

事件3：投标邀请书向所有通过资格预审的申请单位发出，投标人在规定的时间内购买了招标文件。按照招标文件要求，投标人须在投标截止时间5日前递交投标保证金。

事件4：评标委员会人数为5人，其中3人为工程技术专家，其余2人为招标人代表。

事件5：评标委员会在评标过程中，发现B单位投标报价远低于其他报价。评标委员会认定B单位报价过低，按照废标处理。

事件6：招标人根据评标委员会书面报告，确定各个标段排名第一的中标候选人为中标人，并按照要求发出中标通知书后，向有关部门提交招标投标情况的书面报告，同中标人签订合同并退还投标保证金。

事件7：招标人在签订合同前，认为中标人C的价格略高于自己期望的合同价格，因而又与投标人C就合同价格进行了多次谈判。考虑到招标人的要求，中标人C觉得小幅度降价可以满足自己利润的要求，同意降低合同价，并最终签订了书面合同。

问题：

① 上述事件中有哪些不妥当？请逐一说明。

② 事件6中，请详细说明招标人在发出中标通知书后应于何时做其后的这些工作。

【案例2】　某省重点工程项目计划于2018年12月28日开工，由于工程复杂，技术难度高，一般施工队伍难以胜任，建设单位自行决定采取邀请招标方式。于2018年9月8日向通过资格预审的A、B、C、D、E五家施工承包企业发出了投标邀请书。该五家企业均接受了邀请，并于规定时间9月20日—22日购买了招标文件。招标文件中规定，10月18日下午4时是投标截止

时间，11 月 10 日发出中标通知书。

在投标截止时间之前，A、B、D、E 四家企业提交了投标文件，但 C 企业于 10 月 18 日下午 5 时才送达，原因是中途堵车。10 月 21 日下午由当地招投标监督管理办公室主持进行了公开开标。

评标委员会共由 7 人组成，其中当地招投标监督管理办公室 1 人、公证处 1 人、招标人 1 人、技术经济方面专家 4 人。评标时发现 E 企业投标文件虽无法定代表人签字和委托人授权书，但投标文件均已由项目经理签字并加盖了单位公章。评标委员会于 10 月 28 日提出了书面评标报告。B、A 企业分列综合得分第一、第二名。由于 B 企业投标报价高于 A 企业，11 月 10 日招标人向 A 企业发出了中标通知书，并于 12 月 12 日签订了书面合同。

问题：

① 建设单位自行决定采取邀请招标方式的做法是否妥当？说明理由。

② C 企业和 E 企业投标文件是否有效？分别说明理由。

③ 请指出开标工作的不妥之处，说明理由。

④ 请指出评标委员会成员组成的不妥之处，说明理由。

⑤ 招标人确定 A 企业为中标人是否违规？说明理由。

第 5 章　建设工程勘察设计合同

5.1　勘察设计合同概述

建设工程勘察合同是指根据建设工程的要求，查明、分析、评价建设场地的地质地理环境特征和岩土工程条件，编制建设工程勘察文件的协议。

建设工程设计合同是指根据建设工程的要求，对建设工程所需的技术、经济、资源、环境等条件进行综合分析、论证，编制建设工程设计文件的协议。

为了保证工程项目的建设质量达到预期的投资目的，必须遵循项目建设的内在规律，即坚持先勘察、后设计、再施工的程序。

现行勘察设计合同示范文本是《建设工程勘察合同（示范文本）》（GF—2016—0203）、《建设工程设计合同示范文本（房屋建筑工程）》（GF—2015—0209）和《建设工程设计合同示范文本（专业建设工程）》（GF—2015—0210）。

5.2　勘察合同主要内容

5.2.1　发包人的权利和义务

（1）发包人的权利

① 发包人对勘察人的勘察工作有权依照合同约定实施监督，并对勘察成果予以验收。

② 发包人对勘察人无法胜任工程勘察工作的人员有权提出更换。

③ 发包人拥有勘察人为其项目编制的所有文件资料的使用权，包括投标文件、成果资料和数据等。

（2）发包人的义务

① 发包人应以书面形式向勘察人明确勘察任务及技术要求。

② 发包人应提供开展工程勘察工作所需要的图纸及技术资料，包括总平面图、地形图、已有水准点和坐标控制点等，若上述资料由勘察人负责搜集时，发包人应承担相关费用。

③ 发包人应提供工程勘察作业所需的批准及许可文件，包括立项批复、占用和挖掘道路许可等。

④ 发包人应为勘察人提供具备条件的作业场地及进场通道（包括土地征用、障碍物清除、场地平整、提供水电接口和青苗赔偿等）并承担相关费用。

⑤ 发包人应为勘察人提供作业场地内地下埋藏物（包括地下管线、地下构筑物等）的

资料、图纸，没有资料、图纸的地区，发包人应委托专业机构查清地下埋藏物。若因发包人未提供上述资料、图纸，或提供的资料、图纸不实，致使勘察人在工程勘察工作过程中发生人身伤害或造成经济损失时，由发包人承担赔偿责任。

⑥ 发包人应按照法律法规规定为勘察人安全生产提供条件并支付安全生产防护费用，发包人不得要求勘察人违反安全生产管理规定进行作业。

⑦ 若勘察现场需要看守，特别是在有毒、有害等危险现场作业时，发包人应派人负责安全保卫工作；按国家有关规定，对从事危险作业的现场人员进行保健防护，并承担费用。发包人对安全文明施工有特殊要求时，应在专用合同条款中另行约定。

⑧ 发包人应对勘察人满足质量标准的已完工作，按照合同约定及时支付相应的工程勘察合同价款及费用。

5.2.2　勘察人的权利和义务

（1）勘察人权利

① 勘察人在工程勘察期间，根据项目条件和技术标准、法律法规规定等方面的变化，有权向发包人提出增减合同工作量或修改技术方案的建议。

② 除建设工程主体部分的勘察外，根据合同约定或经发包人同意，勘察人可以将建设工程其他部分的勘察分包给其他具有相应资质等级的建设工程勘察单位。

③ 勘察人对其编制的所有文件资料，包括投标文件、成果资料、数据和专利技术等拥有知识产权。

（2）勘察人义务

① 勘察人应按勘察任务书和技术要求并依据有关技术标准进行工程勘察工作。

② 勘察人应建立质量保证体系，按合同约定的时间提交质量合格的成果资料，并对其质量负责。

③ 勘察人在提交成果资料后，应为发包人继续提供后期服务。

④ 勘察人在工程勘察期间遇到地下文物时，应及时向发包人和文物主管部门报告并妥善保护。

⑤ 勘察人开展工程勘察活动时应遵守有关职业健康及安全生产方面的各项法律法规的规定，采取安全防护措施，确保人员、设备和设施的安全。

⑥ 勘察人在燃气管道、热力管道、动力设备、输水管道、输电线路、临街交通要道及地下通道（地下隧道）附近等风险性较大的地点，以及在易燃易爆地段及放射、有毒环境中进行工程勘察作业时，应编制安全防护方案并制定应急预案。

⑦ 勘察人应在勘察方案中列明环境保护的具体措施，并在合同履行期间采取合理措施保护作业现场环境。

5.2.3　勘察费用的支付

① 定金或预付款。实行定金或预付款的，双方应在专用合同条款中约定发包人向勘察人支付定金或预付款数额，支付时间应不迟于约定的开工日期前 7 天。发包人不按约定支付，勘察人向发包人发出要求支付的通知，发包人收到通知后仍不能按要求支付，勘察人可在发出通知后推迟开工日期，并由发包人承担违约责任。定金或预付款在进度款中抵扣。

② 进度款支付。发包人应按照合同约定的进度款支付方式、支付条件和支付时间进行

支付。确定调整的合同价款及其他条款中约定的追加或减少的合同价款，应与进度款同期调整支付。

③ 发包人超过约定的支付时间不支付进度款，勘察人可向发包人发出要求付款的通知，发包人收到勘察人通知后仍不能按要求付款，可与勘察人协商签订延期付款协议，经勘察人同意后可延期支付。

④ 发包人不按合同约定支付进度款，双方又未达成延期付款协议，勘察人可停止工程勘察作业和后期服务，由发包人承担违约责任。

⑤ 除另有约定外，发包人应在勘察人提交成果资料后 28 天内，依相关规定进行最终合同价款确定，并予以全额支付。

5.2.4　违约责任

（1）发包人的违约责任

① 合同生效后，发包人无故要求终止或解除合同，勘察人未开始勘察工作的，不退还发包人已付的定金或发包人按照专用合同条款约定向勘察人支付违约金；勘察人已开始勘察工作的，若完成计划工作量不足 50％的，发包人应支付勘察人合同价款的 50％；完成计划工作量超过 50％的，发包人应支付勘察人合同价款的 100％。

② 发包人发生其他违约情形时，发包人应承担由此增加的费用和工期延误损失，并给予勘察人合理赔偿。双方可在专用合同条款内约定发包人赔偿勘察人损失的计算方法或者发包人应支付违约金的数额或计算方法。

（2）勘察人的违约责任

① 勘察人违约情形

a. 合同生效后，勘察人因自身原因要求终止或解除合同；

b. 因勘察人原因不能按照合同约定的日期或合同当事人同意顺延的工期提交成果资料；

c. 因勘察人原因造成成果资料质量达不到合同约定的质量标准；

d. 勘察人不履行合同义务或未按约定履行合同义务的其他情形。

② 勘察人违约责任

a. 合同生效后，勘察人因自身原因要求终止或解除合同，勘察人应双倍返还发包人已支付的定金或勘察人按照专用合同条款约定向发包人支付违约金。

b. 因勘察人原因造成工期延误的，应按约定向发包人支付违约金。

c. 因勘察人原因造成成果资料质量达不到合同约定的质量标准，勘察人应负责无偿给予补充完善使其达到质量合格。因勘察人原因导致工程质量安全事故或其他事故时，勘察人除负责采取补救措施外，应通过所投工程勘察责任保险向发包人承担赔偿责任或根据直接经济损失程度按专用合同条款约定向发包人支付赔偿金。

d. 勘察人发生其他违约情形时，勘察人应承担违约责任并赔偿因其违约给发包人造成的损失，双方可在专用合同条款内约定勘察人赔偿发包人损失的计算方法和赔偿金额。

5.2.5　勘察成果的验收

勘察人向发包人提交成果资料后，如需对勘察成果组织验收的，发包人应及时组织验收。除专用合同条款对期限另有约定外，发包人 14 天内无正当理由不予组织验收，视为验收通过。

【例题 1】　建设工程勘察合同履行期间，应发包人要求解除合同时，下列关于勘察费结算的说法中，正确的是（D）。

    A. 勘察工作尚未进行，应全额退还已经支付的定金

    B. 勘察工作已经进行了 25%，发包人应按实际完成的工作量支付勘察费

    C. 勘察工作已经进行了 40%，发包人应支付预算额 100% 的勘察费

    D. 勘察工作已经进行了 80%，发包人应支付预算额 100% 的勘察费

解析：由于工程停建而终止合同或发包人要求解除合同时，勘察人未进行勘察工作的，不退还发包人已付定金；已进行勘察工作的，完成的工作量在 50% 以内时，发包人应向勘察人支付合同价款的 50% 的勘察费；完成的工作量超过 50% 时，则应向勘察人支付合同价款的 100% 的勘察费。

【例题 2】　勘察合同履行中，为了保证勘察工作顺利开展，下列准备工作中属于勘察人工作的是（B）。

    A. 现场地上障碍物的拆除工作

    B. 依据有关技术标准进行勘察工作

    C. 完成通水、通电及道路平整作业

    D. 为勘察人安全生产提供条件

解析：选项 A、C、D 均属于发包人应为勘察人提供的现场工作条件。

【例题 3】　为了保障勘察人完成委托的勘察任务，发包人应提供必要的工作条件，下列工作中，不属于发包人义务的是（C）。

    A. 负责青苗树木的损坏赔偿

    B. 拆除地上障碍物

    C. 按合同约定时间提交质量合格的成果资料

    D. 土地征用

解析：发包人应为勘察人提供的现场工作条件包括土地征用、障碍物清除、场地平整、提供水电接口和青苗赔偿等。

【例题 4】　关于勘察成果的说法，错误的是（D）。

    A. 应根据勘察成果文件进行工程设计

    B. 应根据勘察成果文件组织施工

    C. 勘察成果应真实、准确

    D. 施工单位应根据现场工程地质情况修正勘察结果

解析：选项 D 错误，施工单位不可随意改动勘察成果，若对勘察成果有异议，应上报监理单位和建设单位。

5.3　设计合同主要内容

本节介绍《建设工程设计合同示范文本（房屋建筑工程）》（GF—2015—0209）的主要内容。

5.3.1　工程设计要求

①　发包人应当遵守法律和技术标准，不得以任何理由要求设计人违反法律和工程质量、安全标准进行工程设计，降低工程质量。

② 发包人应当严格遵守主要技术指标控制的前提条件，由于发包人的原因导致工程设计文件超出主要技术指标控制值的，发包人承担相应责任。

③ 设计人应当按法律和技术标准的强制性规定及发包人要求进行工程设计。设计人发现发包人提供的工程设计资料有问题的，设计人应当及时通知发包人并经发包人确认。

④ 因发包人采纳设计人的建议或遵守基准日期后新的强制性的规定或标准，导致增加设计费用和（或）设计周期延长的，由发包人承担。

⑤ 设计人应当根据建筑工程的使用功能和专业技术协调要求，合理确定基础类型、结构体系、结构布置、使用荷载及综合管线等。

⑥ 设计人应当严格执行其双方书面确认的主要技术指标控制值，由于设计人的原因导致工程设计文件超出在专用合同条款中约定的主要技术指标控制值比例的，设计人应当承担相应的违约责任。

⑦ 设计人在工程设计中选用的材料、设备，应当注明其规格、型号、性能等技术指标及适应性，满足质量、安全、节能、环保等要求。

5.3.2 发包人和设计人一般义务

① 发包人应遵守法律，并办理法律规定由其办理的许可、核准或备案，包括但不限于建设用地规划许可证、建设工程规划许可证、建设工程方案设计批准、施工图设计审查等许可、核准或备案。

发包人负责本项目各阶段设计文件向规划设计管理部门的送审报批工作，并负责将报批结果书面通知设计人。因发包人原因未能及时办理完毕前述许可、核准或备案手续，导致设计工作量增加和（或）设计周期延长时，由发包人承担由此增加的设计费用和（或）延长的设计周期。

② 发包人应当负责工程设计的所有外部关系（包括但不限于当地政府主管部门等）的协调，为设计人履行合同提供必要的外部条件。

③ 设计人应遵守法律和有关技术标准的强制性规定，完成合同约定范围内的房屋建筑工程方案设计、初步设计、施工图设计，提供符合技术标准及合同要求的工程设计文件，提供施工配合服务。

设计人应当按照专用合同条款约定配合发包人办理有关许可、核准或备案手续的，因设计人原因造成发包人未能及时办理许可、核准或备案手续，导致设计工作量增加和（或）设计周期延长时，由设计人自行承担由此增加的设计费用和（或）设计周期延长的责任。

④ 因设计人原因造成工程设计文件不合格的，发包人有权要求设计人采取补救措施，直至达到合同要求的质量标准，并按约定承担责任。

⑤ 因发包人原因造成工程设计文件不合格的，设计人应当采取补救措施，直至达到合同要求的质量标准，由此增加的设计费用和（或）设计周期的延长由发包人承担。

⑥ 设计人应当提供设计技术交底、解决施工中设计技术问题和竣工验收服务。如果发包人在专用合同条款约定的施工现场服务时限外仍要求设计人负责上述工作的，发包人应按所需工作量向设计人另行支付服务费用。

5.3.3 设计分包

设计人不得将其承包的全部工程设计转包给第三人，或将其承包的全部工程设计肢解后以分包的名义转包给第三人。设计人不得将工程主体结构、关键性工作及专用合同条款中禁止分包的工程设计分包给第三人，工程主体结构、关键性工作的范围由合同当事人按照法律规定在专用合同条款中予以明确。设计人不得进行违法分包。

设计人应按专用合同条款的约定或经过发包人书面同意后进行分包，确定分包人。按照合同约定或经过发包人书面同意后进行分包的，设计人应确保分包人具有相应的资质和能力。工程设计分包不减轻或免除设计人的责任和义务，设计人和分包人就分包工程设计向发包人承担连带责任。

5.3.4　发包人的责任

（1）提供工程设计资料

发包人应当在工程设计前或约定的时间向设计人提供工程设计所必需的工程设计资料，并对所提供资料的真实性、准确性和完整性负责。

按照法律规定确需在工程设计开始后方能提供的设计资料，发包人应及时地在相应工程设计文件提交给发包人前的合理期限内提供，合理期限应以不影响设计人的正常设计为限。

（2）逾期提供的责任

发包人提交上述文件和资料超过约定期限的，超过约定期限 15 天以内，设计人按合同约定的交付工程设计文件时间相应顺延；超过约定期限 15 天以外时，设计人有权重新确定提交工程设计文件的时间。工程设计资料逾期提供导致增加了设计工作量的，设计人可以要求发包人另行支付相应设计费用，并相应延长设计周期。

（3）发包人的保证措施

发包人应按照法律规定及合同约定完成与工程设计有关的各项工作。

5.3.5　设计费用的支付

定金的比例不应超过合同总价款的 20%。预付款的比例由发包人与设计人协商确定，一般不低于合同总价款的 20%。

发包人逾期支付定金或预付款超过约定的期限的，设计人有权向发包人发出要求支付定金或预付款的催告通知，发包人收到通知后 7 天内仍未支付的，设计人有权不开始设计工作或暂停设计工作。

发包人应当按照约定的付款条件及时向设计人支付进度款。

5.3.6　工程设计变更与索赔

① 发包人变更工程设计的内容、规模、功能、条件等，应当向设计人提供书面要求，设计人在不违反法律规定以及技术标准强制性规定的前提下应当按照发包人要求变更工程设计。

② 发包人变更工程设计的内容、规模、功能、条件或因提交的设计资料存在错误或作较大修改时，发包人应按设计人所耗工作量向设计人增付设计费，设计人可按约定，与发包人协商对合同价格和（或）完工时间做可共同接受的修改。

③ 如果由于发包人要求更改而造成的项目复杂性的变更或性质的变更使得设计人的设计工作减少，发包人可按约定，与设计人协商对合同价格和（或）完工时间做可共同接受的修改。

④ 基准日期后，与工程设计服务有关的法律、技术标准的强制性规定的颁布及修改，由此增加的设计费用和（或）延长的设计周期由发包人承担。

⑤ 如果发生设计人认为有理由提出增加合同价款或延长设计周期的要求事项，除另有约定外，设计人应于该事项发生后 5 天内书面通知发包人。除另有约定外，在该事项发生后 10 天内，设计人应向发包人提供证明设计人要求的书面声明，其中包括设计人关于因该事项引起的合同价款和设计周期的变化的详细计算。除另有约定外，发包人应在接到设计人书面声明后的 5 天内，予以书面答复。逾期未答复的，视为发包人同意设计人关于增加合同价款或延长设计周期的要求。

5.3.7　违约责任

（1）发包人违约责任

① 合同生效后，发包人因非设计人原因要求终止或解除合同，设计人未开始设计工作的，不退还发包人已付的定金或发包人按照专用合同条款的约定向设计人支付违约金；已开始设计工作的，发包人应按照设计人已完成的实际工作量计算设计费，完成工作量不足一半时，按该阶段设计费的一半支付设计费；超过一半时，按该阶段设计费的全部支付设计费。

② 发包人未按约定的金额和期限向设计人支付设计费的，应按约定向设计人支付违约金。逾期超过 15 天时，设计人有权书面通知发包人中止设计工作。自中止设计工作之日起 15 天内发包人支付相应费用的，设计人应及时根据发包人要求恢复设计工作；自中止设计工作之日起超过 15 天后发包人支付相应费用的，设计人有权确定重新恢复设计工作的时间，且设计周期相应延长。

③ 发包人的上级或设计审批部门对设计文件不进行审批或合同工程停建、缓建，发包人应在事件发生之日起 15 天内按约定向设计人结算并支付设计费。

④ 发包人擅自将设计人的设计文件用于本工程以外的工程或交第三方使用时，应承担相应法律责任，并应赔偿设计人因此遭受的损失。

（2）设计人违约责任

① 合同生效后，设计人因自身原因要求终止或解除合同，设计人应按发包人已支付的定金金额双倍返还给发包人或设计人按照专用合同条款约定向发包人支付违约金。

② 由于设计人原因，未按约定的时间交付工程设计文件的，应按约定向发包人支付违约金，前述违约金经双方确认后可在发包人应付设计费中扣减。

③ 设计人对工程设计文件出现的遗漏或错误负责修改或补充。由于设计人原因产生的设计问题造成工程质量事故或其他事故时，设计人除负责采取补救措施外，应当通过所投建设工程设计责任保险向发包人承担赔偿责任或者根据直接经济损失程度按约定向发包人支付赔偿金。

④ 由于设计人原因，工程设计文件超出发包人与设计人书面约定的主要技术指标控制值比例的，设计人应当按照约定承担违约责任。

⑤ 设计人未经发包人同意擅自对工程设计进行分包的，发包人有权要求设计人解除未经发包人同意的设计分包合同，设计人应当按照约定承担违约责任。

【例题 5】　关于建设工程设计合同履行的说法，正确的是（B）。

A. 保证设计质量是发包人的责任

B. 保护双方知识产权是双方的共同责任

C. 外部协调工作应由设计人自行完成

D. 设计人不承担参加工程验收的责任

解析：选项 A 错误，保证设计质量是设计人的责任；选项 C 错误，外部协调工作是发包人的责任；选项 D 错误，为了保证建设工程的质量，设计人应按合同约定参加工程验收工作。

【例题 6】　某工程项目的设计合同，设计人提交了初步设计文件并完成了部分施工图设计任务。由于环境影响评价未获得批准，该项目被迫暂停，此时设计合同履行的时间接近合同约定期限的一半，设计工作已完成全部任务的 60％。若合同终止，发包人应向设计人支付（D）。

A. 合同约定设计费的 60％　　　　　B. 双倍定金作为赔偿

C. 合同约定设计费的一半　　　　　D. 合同约定的全部设计费

解析：环境影响评价未获得批准导致项目暂停属于发包人的责任；若合同终止，发包人应承担因发包人原因要求解除合同的违约责任；设计人未进行设计工作的，不退还发包人已付定金；已进行设计工作的，完成的工作量在 50％ 以内时，发包人应向设计人支付预算额 50％ 的设计费；完成的工作量超过 50％ 时，则应向设计人支付预算额 100％ 的设计费。

【例题 7】　在建设工程施工合同执行过程中，因设计错误造成的损失由（A）承担。

A. 发包人　　　　B. 承包人　　　　C. 设计人　　　　D. 监理人

解析：在施工合同执行过程中，设计错误应由发包人承担，在设计合同执行过程中发包人应根据损失程度要求设计人根据直接经济损失程度按约定向发包人支付赔偿金。

【例题 8】　某工程设计合同，双方约定设计费为 10 万元，定金为 2 万元。当设计人完成设计工作 40％ 时，发包人由于该工程停建要求解除合同，此时发包人应进一步支付设计人（A）。

A. 3 万元　　　　B. 5 万元　　　　C. 7 万元　　　　D. 10 万元

解析：合同解除，设计费一共需支付 5 万元，其中 2 万元的定金已经支付，应进一步支付 3 万元。

思考与练习

一、单选题

1. 建设工程勘察合同履行期间，在发包人要求解除合同时，下列关于勘察费结算的说法中正确的是（　　）。

A. 不论工作进行到何种程度，发包人均应全额支付勘察费

B. 完成的工作量在 50％ 以内时，应支付合同价款的 50％ 的勘察费；完成的工作量超过 50％ 时，应全额支付勘察费

C. 完成的工作量在 50％ 以内时，定金不退；完成的工作量超过 50％ 时，根据工作量支付勘察费

D. 不论工作进行到何种程度，定金不退，并应根据工作量比例支付勘察费

2. 因发包人的原因要求解除设计合同，当设计工作不足一半时，应该（　　）。

A. 不退定金　　　B. 按设计费一半支付　　　C. 按全部设计费支付　　　D. 不支付设计费

3. 某工程设计合同约定的合同价为 100 万元。设计工作完成 40% 时，发包人因建设资金筹措困难决定取消该项目的建设，通知设计单位解除设计合同。按照《设计合同示范文本（房屋建筑工程）》的规定，发包人应支付给设计单位的设计费为（　　）万元。

A. 20　　　　　　　B. 40　　　　　　　C. 50　　　　　　　D. 100

4. 设计合同订立后，尚未开始设计工作，发包人因故解除合同，设计单位应（　　）。

A. 退还发包人已付的定金　　　　　　　B. 退还发包人已付的设计费

C. 不退还发包人已付的定金　　　　　　D. 不退还发包人已付的设计费

二、多选题

1. 设计合同中发包人的义务包括（　　）。

A. 为设计人员提供必要的外部条件　　　B. 负责工程设计的所有外部关系

C. 负责设计文件送审报批工作

D. 保证设计质量　　　　　　　　　　　E. 向施工单位进行设计技术交底

2. 根据《设计合同示范文本（房屋建筑工程）》的规定，发包人的义务包括（　　）。

A. 按时提供设计基础资料与文件　　　　B. 负责设计成果的报批手续

C. 解决施工中设计问题　　　　　　　　D. 保证设计质量

E. 为设计人提供施工现场工作条件

3. 按照《设计合同示范文本（房屋建筑工程）》的规定，在设计合同的履行中，发包人要求终止或解除合同，后果责任包括（　　）。

A. 设计人未开始设计工作的，退还发包人已付的定金

B. 设计人未开始设计工作的，不退还发包人已付定金

C. 设计工作不足一半时，按该阶段设计费的一半支付设计费

D. 设计工作超过一半时，按实际完成的工作量支付设计费

E. 设计工作超过一半时，按该阶段设计费的全部支付设计费

4. 下列对设计人员设计的规定，正确的是（　　）。

A. 由于设计人员错误造成损失，设计人应负责采取补救措施，直至达到合同要求的质量标准，并按约定承担责任

B. 设计人应遵守法律强制性规定

C. 设计人解除合同，应退还发包人已付定金

D. 根据直接经济损失程度按约定向发包人支付赔偿金

E. 对设计错误负责修改

5. 根据《设计合同示范文本（房屋建筑工程）》的规定，下列关于违约责任的表述中，正确的是（　　）。

A. 合同生效后，设计人要求终止或解除合同，设计人应双倍返还定金

B. 发包人应按合同规定的金额和时间向设计人支付设计费

C. 在合同履行期间，发包人要求终止合同，设计人未开始设计工作的，应退还发包人已付的定金

D. 设计人对设计错误负责修改或补充

E. 由于设计人员错误造成工程质量事故损失，设计人除负责采取补救措施外，还应根据直接经济损失程度按约定向发包人支付赔偿金

第6章　建设工程施工合同

6.1　建设工程施工合同概述

（1）建设工程施工合同的概念

建设工程施工合同即建筑安装工程承包合同，是发包人（建设单位）与承包人（施工单位）之间为完成商定的建设工程项目，明确双方权利和义务的协议。依据施工合同，承包人应完成一定的建筑、安装工程任务，发包人应提供必要的施工条件并支付工程价款。

建设工程施工合同是建设工程合同体系的主要合同，是建设工程质量控制、进度控制、投资控制的主要依据。通过合同关系，可以确定建设市场主体之间的相互权利义务关系，这对规范建筑市场有重要作用。

施工合同的当事人是发包人和承包人，双方是平等的民事主体，双方签订施工合同，必须具备相应资质条件和履行施工合同的能力。

发包人是在协议书中约定、具有工程发包主体资格和支付工程价款能力的当事人以及取得该当事人资格的合法继承人。发包人必须具备组织协调能力或委托给具备相应资质的监理人承担。

承包人是在协议书中约定、被发包人接受的具有工程施工承包主体资格的当事人以及取得该当事人资格的合法继承人。承包人必须具备有关部门核定的资质等级并持有营业执照等证明文件。

在施工合同实施过程中，监理人受发包人委托对工程进行管理。

（2）建设工程施工合同的特点

① 合同标的物的特殊性。施工合同的"标的物"是特定建筑产品，不同于其他一般商品。首先建筑产品的固定性和施工生产的流动性是区别于其他商品的根本特点。建筑产品是不动产，其基础部分与大地相连，不能移动，这就决定了每个施工合同相互之间具有不可替代性，而且施工队伍、施工机械必须围绕建筑产品不断移动。其次由于建筑产品各有其特定的功能要求，其实物形态千差万别，种类庞杂，其外观、结构、使用目的、使用人都各不相同，这就要求每一个建筑产品都需单独设计和施工，即使可重复利用的标准设计或重复使用图纸，也应采取必要的修改设计才能施工，造成建筑产品的单体性和生产的单件性。再次建筑产品体积庞大，消耗的人力、物力、财力多，一次性投资额大。所有这些特点，必然在施工合同中表现出来，使得施工合同在明确标的物时，需要将建筑产品的幢数、面积、层数或高度、结构特征、内外装饰标准和设备安装要求等规定清楚。

② 合同内容的多样性和复杂性。施工合同实施过程中涉及的主体有多种，且其履行期限长、标的额大，涉及的法律关系，除承包人与发包人的合同关系外，还涉及与劳务人员的

劳动关系、与保险公司的保险关系、与材料设备供应商的买卖关系、与运输企业的运输关系，还涉及监理单位、分包人、保证单位等。施工合同除了应当具备合同的一般内容外，还应对安全施工、专利技术使用、地下障碍和文物发现、工程分包、不可抗力、工程设计变更、材料设备供应、运输和验收等内容作出规定。所有这些，都决定了施工合同的内容具有多样性和复杂性的特点，要求合同条款必须具体、明确和完整。

③ 合同履行期限的长期性。建设工程结构复杂、体积大、材料类型多、工作量大，使得工程生产周期都较长。因为建设工程的施工应当在合同签订后才开始，且需加上合同签订后到正式开工前的施工准备时间和工程全部竣工验收后办理竣工结算及保修期间，在工程的施工过程中，还可能因为不可抗力、工程变更、材料供应不及时、一方违约等原因而导致工期延误，因而施工合同的履行期限具有长期性，变更较频繁，合同争议和纠纷也比较多。

④ 合同监督的严格性。由于施工合同的履行对国家经济发展、公民的工作与生活都有重大的影响，因此，国家对施工合同的监督是十分严格的。

（3）《建设工程施工合同（示范文本）》（GF—2017—0201）简介

为了指导建设工程施工合同当事人的签约行为，维护合同当事人的合法权益，依据相关法律法规，住房和城乡建设部、国家工商行政管理总局对《建设工程施工合同（示范文本）》（GF—2013—0201）进行了修订，制定了《建设工程施工合同（示范文本）》（GF—2017—0201）[以下简称《施工合同（示范文本）》]。

《施工合同（示范文本）》可以规范和指导合同当事人双方的行为，完善合同管理制度，解决施工合同中存在的合同文本不规范、条款不完备、合同纠纷多等问题，示范文本在法律性质上并不具备强制性，但由于其通用条款较为公平合理地设定了合同双方的权利义务，因此得到了较为广泛的应用。

《施工合同（示范文本）》由"协议书""通用条款""专用条款"三部分组成，并附有11个附件。

① 协议书。协议书是《施工合同（示范文本）》中的总纲性文件，是发包人与承包人依法就建设工程施工中最基本、最重要的事项协商一致而订立的合同。虽然其文字量并不大，但它规定了合同当事人双方最主要的权利义务，规定了组成合同的文件及合同当事人对履行合同义务的承诺，并且合同当事人在这份文件上签字盖章，因此具有很高的法律效力，在所有施工合同文件组成中具有最优的解释效力。合同协议书共计13条，主要包括以下内容：

a. 工程概况。工程名称、工程地点、工程内容、群体工程应附"承包人承揽工程项目一览表"（附件1）、工程立项批准文号、资金来源、工程承包范围。

b. 合同工期。计划开工日期、计划竣工日期、工期总日历天数。工期总日历天数与根据前述计划开竣工日期计算的工期天数不一致的，以工期总日历天数为准。

c. 质量标准。

d. 签约合同价与合同价格形式。

e. 承包人项目经理。

f. 合同文件构成。

g. 发包人和承包人承诺。发包人承诺按照法律规定履行项目审批手续、筹集建设工程资金并按照合同约定的期限和方式支付合同价款。承包人承诺按照法律规定及合同约定组织完成工程施工，确保工程质量和安全，不进行转包及违法分包，并在缺陷责任期及保修期内承担相应的工程维修责任。发包人和承包人通过招投标形式签订合同的，双方理解并承诺不再就同一工程另行签订与合同实质性内容相背离的协议。

h. 词语含义。协议书中词语含义与通用条款的定义相同。

i. 签订时间。

j. 签订地点。

k. 补充协议。合同未尽事宜，合同当事人另行签订补充协议，补充协议是合同的组成部分。

l. 合同生效。

m. 合同份数。

② 通用条款。通用条款是合同当事人就建设工程的实施及相关事项，对合同当事人的权利义务作出的原则性约定，对承发包双方的权利义务作出的规定，除双方协商一致对其中的某些条款作了修改、补充或取消，双方都必须履行。它是将建设工程施工合同中共性的一些内容抽象出来编写的一份完整的合同文件。通用条款具有很强的通用性，基本适用于各类建设工程。

通用合同条款共计 20 条，具体条款分别为：一般约定、发包人、承包人、监理人、工程质量、安全文明施工与环境保护、工期和进度、材料与设备、试验与检验、变更、价格调整、合同价格、计量与支付、验收和工程试车、竣工结算、缺陷责任与保修、违约、不可抗力、保险、索赔和争议解决。

③ 专用条款。考虑到建设工程的内容各不相同，工期、造价等也随之变动，承包人和发包人各自的能力、施工现场的环境和条件也各不相同，需要"专用条款"对"通用条款"进行必要的修改和补充，使两者成为双方当事人统一意愿的体现。"专用条款"也有 20 条，与"通用条款"条款序号一致，为承发包双方补充协议提供了一个可供参考的提纲或格式。合同当事人可以根据不同建设工程的特点及具体情况，通过双方的谈判、协商对相应的专用合同条款进行修改补充。

④ 附件。附件是对施工合同当事人的权利义务的进一步明确，使施工合同当事人的有关工作一目了然，便于执行和管理。共有 11 个附件。分别如下所述。

协议书附件

附件 1：承包人承揽工程项目一览表。

专用合同条款附件

附件 2：发包人供应材料设备一览表。

附件 3：工程质量保修书。

附件 4：主要建设工程文件目录。

附件 5：承包人用于本工程施工的机械设备表。

附件 6：承包人主要施工管理人员表。

附件 7：分包人主要施工管理人员表。

附件 8：履约担保格式。

附件 9：预付款担保格式。

附件 10：支付担保格式。

附件 11：暂估价一览表。

(4) 施工合同文件的构成及解释顺序

建设工程施工合同文件由两大部分组成，一部分是当事人双方签订合同时已经形成的文件，另一部分是双方在履行合同过程中形成的对双方具有约束力的修改或补充合同文件。

第一部分的文件包括：

① 施工合同协议书。

② 中标通知书（如果有）。

③ 投标函及其附录（如果有）。

④ 专用合同条款及其附件。

⑤ 通用合同条款。

⑥ 技术标准和要求。

⑦ 图纸。

⑧ 已标价工程量清单或预算书。

⑨ 其他合同文件。

第二部分文件主要包括在合同履行过程中，当事人双方有关工程的洽商、变更、补充和修改等书面协议或文件，视为施工合同协议书的组成部分。

上述合同文件应能够互相解释，互为说明。属于同一类内容的文件，应以最新签署的为准。如果出现含糊不清或不一致时，其解释的原则是排在前面的顺序就是合同的优先解释顺序。

【例题1】 下列施工合同文件中，解释顺序优先的是（ A ）。

A. 中标通知书　　　　B. 投标书　　　　C. 施工合同专用条款　　　　D. 技术标准

【例题2】 下列关于施工合同文件优先解释顺序的说法中，正确的是（ A ）。

A. 中标通知书、投标书及附件、图纸、已标价工程量清单

B. 中标通知书、投标书及附件、已标价工程量清单、图纸

C. 投标书及附件、中标通知书、图纸、已标价工程量清单

D. 投标书及附件、中标通知书、已标价工程量清单、图纸

【例题3】 《施工合同（示范文本）》规定的优先顺序正确的是（ B ）。

A. 协议书，中标通知书，本合同通用条款，本合同专用条款

B. 专用合同条款及其附件，通用合同条款，技术标准和要求，图纸

C. 工程量清单，图纸，标准、规范及有关技术文件，中标通知书

D. 已标价图纸，标准、规范及有关技术文件，已标价工程量清单，投标书及其附件

6.2　建设工程施工合同的一般约定

6.2.1　合同当事人及其他相关方

① 合同当事人：指发包人和承包人。

② 监理人：是受发包人委托按照法律规定进行工程监督管理的法人或其他组织。发包人可以委托监理人，全部或者部分负责合同的履行。国家推行工程监理制度。对于国家规定实行强制监理的工程施工，发包人必须委托监理；对于国家未规定实施强制监理的工程施工，发包人也可以委托监理。工程施工监理代表发包人对承包人在施工质量、建设工期和建设资金使用等方面实施监督。发包人应在实施监理前将委托的监理人名称、监理内容及监理权限以书面形式通知承包人。

工程实行监理的，发包人和承包人应在专用合同条款中明确监理人的监理内容及监理权

限等事项。监理人应当根据发包人授权及法律规定，代表发包人对工程施工相关事项进行检查、查验、审核、验收，并签发相关指示，但监理人无权修改合同，且无权减轻或免除合同约定的承包人的任何责任与义务。

发包人授予监理人对工程实施监理的权利由监理人派驻施工现场的监理人员行使，监理人员包括总监理工程师及监理工程师。监理人应将授权的总监理工程师和监理工程师的姓名及授权范围以书面形式提前通知承包人。更换总监理工程师的，监理人应提前 7 天书面通知承包人；更换其他监理人员，监理人应提前 48 小时书面通知承包人。

③ 设计人：是指在专用合同条款中指明的，受发包人委托负责工程设计并具备相应工程设计资质的法人或其他组织。

④ 分包人：是指按照法律规定和合同约定，分包部分工程或工作，并与承包人签订分包合同的具有相应资质的法人。

⑤ 发包人代表：是指由发包人任命并派驻施工现场在发包人授权范围内行使发包人权利的人。发包人应在专用合同条款中明确其派驻施工现场的发包人代表的姓名、职务、联系方式及授权范围等事项。发包人代表在发包人的授权范围内，负责处理合同履行过程中与发包人有关的具体事宜。发包人代表在授权范围内的行为由发包人承担法律责任。发包人更换发包人代表的，应提前 7 天书面通知承包人。发包人代表不能按照合同约定履行其职责及义务，并导致合同无法继续正常履行的，承包人可以要求发包人撤换发包人代表。

不属于法定必须监理的工程，监理人的职权可以由发包人代表或发包人指定的其他人员行使。

⑥ 项目经理：是指由承包人任命并派驻施工现场，在承包人授权范围内负责合同履行，且按照法律规定具有相应资格的项目负责人。

⑦ 总监理工程师：是指由监理人任命并派驻施工现场进行工程监理的总负责人。

6.2.2 图纸和承包商文件

建设工程施工应当按照图纸进行。在施工合同管理中的图纸是指由发包人提供或者由承包人提供经监理人批准、满足承包人施工需要的所有图纸（包括配套说明和有关资料）。按时、按质、按量提供施工所需图纸，也是保证工程施工质量的重要方面。

（1）图纸的提供和交底

发包人应按照约定的期限、数量和内容向承包人免费提供图纸，并组织承包人、监理人和设计人进行图纸会审和设计交底。发包人最迟不得晚于载明的开工日期前 14 天向承包人提供图纸。

因发包人未按合同约定提供图纸导致承包人费用增加和（或）工期延误的，按照因发包人原因导致工期延误约定办理。

（2）图纸的错误

承包人在收到发包人提供的图纸后，发现图纸存在差错、遗漏或缺陷的，应及时通知监理人。监理人接到该通知后，应附具相关意见并立即报送发包人，发包人应在收到监理人报送的通知后的合理时间内作出决定。合理时间是指发包人在收到监理人的报送通知后，尽其努力且不懈怠地完成图纸修改补充所需的时间。

（3）图纸的修改和补充

图纸需要修改和补充的，应经图纸原设计人及审批部门同意，并由监理人在工程或工程相应部位施工前将修改后的图纸或补充图纸提交给承包人，承包人应按修改或补充后的图纸施工。

（4）承包人文件

承包人应按照专用合同条款的约定提供应当由其编制的与工程施工有关的文件，并按照专用合同条款约定的期限、数量和形式提交监理人，并由监理人报送发包人。

除另有约定外，监理人应在收到承包人文件后 7 天内审查完毕，监理人对承包人文件有异议的，承包人应予以修改，并重新报送监理人。监理人的审查并不减轻或免除承包人根据合同约定应当承担的责任。

（5）图纸和承包人文件的保管

除另有约定外，承包人应在施工现场另外保存一套完整的图纸和承包人文件，供发包人、监理人及有关人员进行工程检查时使用。

6.2.3　工程量清单错误的修正

除专用合同条款另有约定外，发包人提供的工程量清单，应被认为是准确的和完整的。出现下列情形之一时，发包人应予以修正，并相应调整合同价格：

① 工程量清单存在缺项、漏项的；

② 工程量清单偏差超出专用合同条款约定的工程量偏差范围的；

③ 未按照国家现行计量规范强制性规定计量的。

6.2.4　联络、化石、文物

（1）联络

① 与合同有关的通知、批准、证明、证书、指示、指令、要求、请求、同意、意见、确定和决定等，均应采用书面形式，并应在合同约定的期限内送达接收人和送达地点。

② 发包人和承包人应在专用合同条款中约定各自的送达接收人和送达地点。任何一方合同当事人指定的接收人或送达地点发生变动的，应提前 3 天以书面形式通知对方。

③ 发包人和承包人应当及时签收另一方送至送达地点和指定接收人的来往信函。拒不签收的，由此增加的费用和（或）延误的工期由拒绝接收一方承担。

（2）化石、文物

在施工现场发掘的所有文物、古迹以及具有地质研究或考古价值的其他遗迹、化石、钱币或物品属于国家所有。一旦发现上述文物，承包人应采取合理有效的保护措施，防止任何人员移动或损坏上述物品，并立即报告有关政府行政管理部门，同时通知监理人。

发包人、监理人和承包人应按有关政府行政管理部门要求采取妥善的保护措施，由此增加的费用和（或）延误的工期由发包人承担。

承包人发现文物后不及时报告或隐瞒不报，致使文物丢失或损坏的，应赔偿损失，并承担相应的法律责任。

6.2.5　交通运输

（1）出入现场的权利

发包人应根据施工需要，负责取得出入施工现场所需的批准手续和全部权利，以及取得因施工所需修建道路、桥梁以及其他基础设施的权利，并承担相关手续费用和建设费用。承包人应协助发包人办理修建场内外道路、桥梁以及其他基础设施的手续。

承包人应在订立合同前查勘施工现场，并根据工程规模及技术参数合理预见工程施工所需的进出施工现场的方式、手段、路径等。因承包人未合理预见所增加的费用和（或）延误的工期由承包人承担。

（2）场外交通

发包人应提供场外交通设施的技术参数和具体条件，承包人应遵守有关交通法规，严格按照道路和桥梁的限制荷载行驶，执行有关道路限速、限行、禁止超载的规定，并配合交通管理部门的监督和检查。场外交通设施无法满足工程施工需要的，由发包人负责完善并承担相关费用。

（3）场内交通

发包人应提供场内交通设施的技术参数和具体条件，并应按照专用合同条款的约定向承包人免费提供满足工程施工所需的场内道路和交通设施。因承包人原因造成上述道路或交通设施损坏的，承包人负责修复并承担由此增加的费用。

承包人负责修建、维修、养护和管理施工所需的其他场内临时道路和交通设施（发包人按照合同约定提供的场内道路和交通设施除外）。发包人和监理人可以为实现合同目的使用承包人修建的场内临时道路和交通设施。

场外交通和场内交通的边界由合同当事人在专用合同条款中约定。

（4）超大件和超重件的运输

由承包人负责运输的超大件或超重件，应由承包人负责向交通管理部门办理申请手续，发包人给予协助。运输超大件或超重件所需的道路和桥梁临时加固改造费用和其他有关费用，由承包人承担。

（5）道路和桥梁的损坏责任

因承包人运输造成施工场地内外公共道路和桥梁损坏的，由承包人承担修复损坏的全部费用和可能引起的赔偿。

（6）水路和航空运输

"交通运输"的各项条款适用于水路运输和航空运输，其中"道路"一词的含义包括河道、航线、船闸、机场、码头、堤防以及水路或航空运输中其他相似结构物；"车辆"一词的含义包括船舶和飞机等。

6.2.6　知识产权和保密

（1）知识产权

① 发包人提供给承包人的图纸、发包人为实施工程自行编制或委托编制的技术规范以及反映发包人要求的或其他类似性质的文件的著作权属于发包人，承包人可以为实现合同目的而复制、使用此类文件，但不能用于与合同无关的其他事项。未经发包人书面同意，承包人不得为了合同以外的目的而复制、使用上述文件或将之提供给任何第三方。

② 承包人为实施工程所编制的文件，除署名权以外的著作权属于发包人，承包人可因实施工程的运行、调试、维修、改造等目的而复制、使用此类文件，但不能用于与合同无关的其他事项。未经发包人书面同意，承包人不得为了合同以外的目的而复制、使用上述文件或将之提供给任何第三方。

③ 合同当事人保证在履行合同过程中不侵犯对方及第三方的知识产权。承包人在使用

材料、施工设备、工程设备或采用施工工艺时，因侵犯他人的专利权或其他知识产权所引起的责任，由承包人承担；因发包人提供的材料、施工设备、工程设备或施工工艺导致侵权的，由发包人承担责任。

④ 承包人在合同签订前和签订时已确定采用的专利、专有技术、技术秘密的使用费已包含在签约合同价中。

（2）保密

未经发包人同意，承包人不得将发包人提供的图纸、文件以及声明需要保密的资料信息等商业秘密泄露给第三方。

未经承包人同意，发包人不得将承包人提供的技术秘密及声明需要保密的资料信息等商业秘密泄露给第三方。

6.3 发包人、承包人和监理人的一般规定

6.3.1 发包人的一般义务

（1）许可和批准

发包人应遵守法律，并办理法律规定由其办理的许可、批准或备案，包括但不限于建设用地规划许可证、建设工程规划许可证、建设工程施工许可证、施工所需临时用水、临时用电、中断道路交通、临时占用土地等许可和批准。发包人应协助承包人办理法律规定的有关施工证件和批件。

因发包人原因未能及时办理完毕前述许可、批准或备案，由发包人承担由此增加的费用和（或）延误的工期，并支付承包人合理的利润。

（2）施工现场、施工条件和基础资料的提供

① 提供施工现场。发包人应最迟于开工日期 7 天前向承包人移交施工现场。

② 提供施工条件。发包人应负责提供施工所需要的条件，包括：

a. 将施工用水、电力、通信线路等施工所必需的条件接至施工现场内。

b. 保证向承包人提供正常施工所需要的进入施工现场的交通条件。

c. 协调处理施工现场周围地下管线和邻近建筑物、构筑物、古树名木的保护工作，并承担相关费用。

d. 按照专用合同条款约定应提供的其他设施和条件。

③ 提供基础资料。发包人应当在移交施工现场前向承包人提供施工现场及工程施工所必需的毗邻区域内供水、排水、供电、供气、供热、通信、广播电视等地下管线资料，气象和水文观测资料，地质勘察资料，相邻建筑物、构筑物和地下工程等有关基础资料，并对所提供资料的真实性、准确性和完整性负责。

④ 逾期提供的责任。因发包人原因未能按合同约定及时向承包人提供施工现场、施工条件、基础资料的，由发包人承担由此增加的费用和（或）延误的工期。

（3）资金来源证明及支付担保

发包人应在收到承包人要求提供资金来源证明的书面通知后 28 天内，向承包人提供能够按照合同约定支付合同价款的相应资金来源证明。

除专用合同条款另有约定外，发包人要求承包人提供履约担保的，发包人应当向承包人提供支付担保。支付担保可以采用银行保函或担保公司担保等形式，具体由合同当事人在专用合同条款中约定。

（4）支付合同价款

发包人应按合同约定向承包人及时支付合同价款。

（5）组织竣工验收

发包人应按合同约定及时组织竣工验收。

（6）现场统一管理协议

发包人应与承包人、由发包人直接发包的专业工程的承包人签订施工现场统一管理协议，明确各方的权利义务。施工现场统一管理协议作为专用合同条款的附件。

6.3.2 承包人的一般义务

（1）义务

承包人在履行合同过程中应履行以下义务：

① 办理法律规定应由承包人办理的许可和批准，并将办理结果书面报送发包人留存。

② 按法律规定和合同约定完成工程，并在保修期内承担保修义务。

③ 按法律规定和合同约定采取施工安全和环境保护措施，办理工伤保险，确保工程及人员、材料、设备和设施的安全。

④ 按合同约定的工作内容和施工进度要求，编制施工组织设计和施工措施计划，并对所有施工作业和施工方法的完备性和安全可靠性负责。

⑤ 在进行合同约定的各项工作时，不得侵害发包人与他人使用公用道路、水源、市政管网等公共设施的权利，避免对邻近的公共设施产生干扰。承包人占用或使用他人的施工场地，影响他人作业或生活的，应承担相应责任。

⑥ 负责施工场地及其周边环境与生态的保护工作及治安保卫工作。

⑦ 采取施工安全措施，确保工程及其人员、材料、设备和设施的安全，防止因工程施工造成的人身伤害和财产损失。

⑧ 将发包人按合同约定支付的各项价款专用于合同工程，且应及时支付其雇用人员工资，并及时向分包人支付合同价款。

⑨ 按照法律规定和合同约定编制竣工资料，完成竣工资料立卷及归档，并按要求移交发包人。

⑩ 工程照管与成品、半成品保护。自发包人向承包人移交施工现场之日起，承包人应负责照管工程及工程相关的材料、工程设备，直到颁发工程接收证书之日止。

⑪ 应履行的其他义务。

【例题 4】 在施工合同中，（A）属于承包人应该完成的工作。

A. 保护施工现场地下管线　　　　　B. 办理土地征用

C. 进行设计交底　　　　　　　　　D. 协调处理施工现场周围地下管线保护工作

【例题 5】 在施工合同中，（D）是承包人的义务。

A. 提供施工场地　　　　　　　　　B. 办理土地征用

C. 在保修期内负责照管工程　　　　D. 在工程施工期内对施工现场的照管负责

【例题 6】 根据《施工合同（示范文本）》，属于发包人工作的有（ACE）。

A. 保证向承包人提供正常施工所需的进入施工现场的交通条件

B. 保证承包人施工人员的安全和健康

C. 依据有关法律办理建设工程施工许可证

D. 已完工程的保护

E. 向承包人提供施工现场的地质勘察资料

【例题7】 根据《施工合同（示范文本)》，发包人责任和义务有（ABD)。

A. 办理建设工程施工许可证

B. 办理建设工程规划许可证

C. 为施工方人员办理工伤保险

D. 提供场外交通条件

E. 负责施工场地周边的环境保护

（2）项目经理

① 项目经理应为合同当事人所确认的人选，并在专用合同条款中明确项目经理的姓名、职称、注册执业证书编号、联系方式及授权范围等事项，项目经理经承包人授权后代表承包人负责履行合同。项目经理应是承包人正式聘用的员工，承包人应向发包人提交项目经理与承包人之间的劳动合同，以及承包人为项目经理缴纳社会保险的有效证明。承包人不提交上述文件的，项目经理无权履行职责，发包人有权要求更换项目经理，由此增加的费用和（或）延误的工期由承包人承担。

项目经理应常驻施工现场，且每月在施工现场时间不得少于专用合同条款约定的天数。项目经理不得同时担任其他项目的项目经理。项目经理确需离开施工现场时，应事先通知监理人，并取得发包人的书面同意。项目经理的通知中应当载明临时代行其职责的人员的注册执业资格、管理经验等资料，该人员应具备履行相应职责的能力。

承包人违反上述约定的，应按照专用合同条款的约定，承担违约责任。

② 项目经理按合同约定组织工程实施。在紧急情况下为确保施工安全和人员安全，在无法与发包人代表和总监理工程师及时取得联系时，项目经理有权采取必要的措施保证与工程有关的人身、财产和工程的安全，但应在48小时内向发包人代表和总监理工程师提交书面报告。

③ 承包人需要更换项目经理的，应提前14天书面通知发包人和监理人，并征得发包人书面同意。通知中应当载明继任项目经理的注册执业资格、管理经验等资料，继任项目经理继续履行第①项约定的职责。未经发包人书面同意，承包人不得擅自更换项目经理。承包人擅自更换项目经理的，应按照专用合同条款的约定承担违约责任。

④ 发包人有权书面通知承包人更换其认为不称职的项目经理，通知中应当载明要求更换的理由。承包人应在接到更换通知后14天内向发包人提出书面的改进报告。发包人收到改进报告后仍要求更换的，承包人应在接到第二次更换通知的28天内进行更换，并将新任命的项目经理的注册执业资格、管理经验等资料书面通知发包人。继任项目经理继续履行第①项约定的职责。承包人无正当理由拒绝更换项目经理的，应按照专用合同条款的约定承担违约责任。

⑤ 项目经理因特殊情况授权其下属人员履行其某项工作职责的，该下属人员应具备履行相应职责的能力，并应提前7天将上述人员的姓名和授权范围书面通知监理人，并征得发包人书面同意。

（3）承包人人员

① 承包人应在接到开工通知后7天内，向监理人提交承包人项目管理机构及施工现场

人员安排的报告，其内容应包括合同管理、施工、技术、材料、质量、安全、财务等主要施工管理人员名单及其岗位、注册执业资格等，以及各工种技术工人的安排情况，并同时提交主要施工管理人员与承包人之间的劳动关系证明和缴纳社会保险的有效证明。

② 承包人派驻到施工现场的主要施工管理人员应相对稳定。施工过程中如有变动，承包人应及时向监理人提交施工现场人员变动情况的报告。承包人更换主要施工管理人员时，应提前 7 天书面通知监理人，并征得发包人书面同意。通知中应当载明继任人员的注册执业资格、管理经验等资料。

特殊工种作业人员均应持有相应的资格证明，监理人可以随时检查。

③ 发包人对于承包人主要施工管理人员的资格或能力有异议的，承包人应提供资料证明被质疑人员有能力完成其岗位工作或不存在发包人所质疑的情形。发包人要求撤换不能按照合同约定履行职责及义务的主要施工管理人员的，承包人应当撤换。承包人无正当理由拒绝撤换的，应按照专用合同条款的约定承担违约责任。

④ 承包人的主要施工管理人员离开施工现场每月累计不超过 5 天的，应报监理人同意；离开施工现场每月累计超过 5 天的，应通知监理人，并征得发包人书面同意。主要施工管理人员离开施工现场前应指定一名有经验的人员临时代行其职责，该人员应具备履行相应职责的资格和能力，且应征得监理人或发包人的同意。

⑤ 承包人擅自更换主要施工管理人员，或前述人员未经监理人或发包人同意擅自离开施工现场的，应按照专用合同条款约定承担违约责任。

（4）承包人现场查勘

承包人应对基于发包人提交的基础资料所做出的解释和推断负责，但因基础资料存在错误、遗漏导致承包人解释或推断失实的，由发包人承担责任。

承包人应对施工现场和施工条件进行查勘，并充分了解工程所在地的气象条件、交通条件、风俗习惯以及其他与完成合同工作有关的其他资料。因承包人未能充分查勘、了解前述情况或未能充分估计前述情况所可能产生后果的，承包人承担由此增加的费用和（或）延误的工期。

6.3.3 监理人的一般义务

（1）监理人的一般规定

工程实行监理的，发包人和承包人应在专用合同条款中明确监理人的监理内容及监理权限等事项。监理人应当根据发包人授权及法律规定，代表发包人对工程施工相关事项进行检查、查验、审核、验收，并签发相关指示，但监理人无权修改合同，且无权减轻或免除合同约定的承包人的任何责任与义务。

监理人在施工现场的办公场所、生活场所由承包人提供，所发生的费用由发包人承担。

（2）监理人员

发包人授予监理人对工程实施监理的权利由监理人派驻施工现场的监理人员行使，监理人员包括总监理工程师及监理工程师。

（3）监理人的指示

监理人应按照发包人的授权发出监理指示。监理人的指示应采用书面形式，并经其授权的监理人员签字。紧急情况下，为了保证施工人员的安全或避免工程受损，监理人员可以口头形式发出指示，该指示与书面形式的指示具有同等法律效力，但必须在发出口头指示后

24 小时内补发书面监理指示，补发的书面监理指示应与口头指示一致。

监理人发出的指示应送达承包人项目经理或经项目经理授权接收的人员。承包人对监理人发出的指示有疑问的，应向监理人提出书面异议，监理人应在 48 小时内对该指示予以确认、更改或撤销，监理人逾期未回复的，承包人有权拒绝执行上述指示。

监理人对承包人的任何工作、工程或其采用的材料和工程设备未在约定的或合理期限内提出意见的，视为批准，但不免除或减轻承包人对该工作、工程、材料、工程设备等应承担的责任和义务。

（4）商定或确定

合同当事人进行商定或确定时，总监理工程师应当会同合同当事人尽量通过协商达成一致，不能达成一致的，由总监理工程师按照合同约定审慎做出公正的确定。

总监理工程师应将确定以书面形式通知发包人和承包人，并附详细依据。合同当事人对总监理工程师的确定没有异议的，按照总监理工程师的确定执行。任何一方合同当事人有异议，按照争议解决约定处理。争议解决前，合同当事人暂按总监理工程师的确定执行；争议解决后，争议解决的结果与总监理工程师的确定不一致的，按照争议解决的结果执行，由此造成的损失由责任人承担。

6.4 建设工程施工合同质量条款

6.4.1 标准、规范

按照《中华人民共和国标准化法》的规定，为保障人体健康、人身财产安全制定的标准属于强制性标准。建设工程施工的技术要求和方法为强制性标准，施工合同当事人必须执行。工程质量应当达到协议书约定的质量标准，质量标准的评定以国家或专业的质量检验评定标准为依据。工程质量标准必须符合现行国家有关工程施工质量验收规范和标准的要求。有关工程质量的特殊标准或要求由合同当事人在专用合同条款中约定。

6.4.2 质量保证措施

（1）发包人的质量管理

发包人应按照法律规定及合同约定完成与工程质量有关的各项工作。

（2）承包人的质量管理

承包人按照约定向发包人和监理人提交工程质量保证体系及措施文件，建立完善的质量检查制度，并提交相应的工程质量文件。对于发包人和监理人违反法律规定和合同约定的错误指示，承包人有权拒绝实施。

承包人应按照法律规定和发包人的要求，对材料、工程设备以及工程的所有部位及其施工工艺进行全过程的质量检查和检验，并作详细记录，编制工程质量报表，报送监理人审查。此外，承包人还应按照法律规定和发包人的要求，进行施工现场取样试验、工程复核测量和设备性能检测，提供试验样品、提交试验报告和测量成果以及其他工作。

（3）监理人的质量检查和检验

监理人按照法律规定和发包人授权对工程的所有部位及其施工工艺、材料和工程设备进行检查和检验。承包人应为监理人的检查和检验提供方便，监理人为此进行的检查和检验，不免除或减轻承包人按照合同约定应当承担的责任。

监理人的检查和检验不应影响施工正常进行。监理人的检查和检验影响施工正常进行的，且经检查检验不合格的，影响正常施工的费用由承包人承担，工期不予顺延；经检查检验合格的，由此增加的费用和（或）延误的工期由发包人承担。

6.4.3　隐蔽工程检查

由于隐蔽工程在施工中一旦完成隐蔽，很难再对其进行质量检查，因此必须在隐蔽前进行检查验收。

① 承包人自检。工程具备隐蔽条件时承包人进行自检，确认是否具备覆盖条件。

② 检查程序。经承包人自检确认具备覆盖条件的，承包人应在共同检查前 48 小时书面通知监理人检查，通知中应载明隐蔽检查的内容、时间和地点，并应附有自检记录和必要的检查资料。

监理人应按时到场检查。经监理人检查确认质量符合隐蔽要求，并在验收记录上签字后，承包人才能进行覆盖。经监理人检查质量不合格的，承包人应在监理人指示的时间内完成修复，并由监理人重新检查，由此增加的费用和（或）延误的工期由承包人承担。

监理人不能按时进行检查的，应在检查前 24 小时向承包人提交书面延期要求，但延期不能超过 48 小时，由此导致工期延误的，工期应予以顺延。监理人未按时进行检查，也未提出延期要求的，视为隐蔽工程检查合格，承包人可自行完成覆盖工作，并作相应记录报送监理人，监理人应签字确认。

③ 重新检查。承包人覆盖工程隐蔽部位后，发包人或监理人对质量有疑问的，可要求承包人对已覆盖的部位进行钻孔探测或揭开重新检查，承包人应遵照执行，并在检查后重新覆盖恢复原状。经检查证明工程质量符合合同要求的，由发包人承担由此增加的费用和（或）延误的工期，并支付承包人合理的利润；经检查证明工程质量不符合合同要求的，由此增加的费用和（或）延误的工期由承包人承担。

④ 承包人私自覆盖。承包人未通知监理人到场检查，私自将工程隐蔽部位覆盖的，监理人有权指示承包人钻孔探测或揭开检查，无论工程隐蔽部位质量是否合格，由此增加的费用和（或）延误的工期均由承包人承担。

6.4.4　不合格工程的处理

因承包人原因造成工程不合格的，发包人有权随时要求承包人采取补救措施，直至达到合同要求的质量标准，由此增加的费用和（或）延误的工期由承包人承担。

因发包人原因造成工程不合格的，由此增加的费用和（或）延误的工期由发包人承担，并支付承包人合理的利润。

6.4.5　质量争议检测

合同当事人对工程质量有争议的，由双方协商确定的工程质量检测机构鉴定，由此产生的费用及因此造成的损失，由责任方承担。

【例题 8】　在施工过程中，监理工程师发现曾检验合格的工程部位仍存在施工质量问题，则修复该部位工程质量缺陷时，应（D）。

A. 由发包人承担费用，工期给予顺延

B. 由承包人承担费用，工期给予顺延

C. 由发包人承担费用，工期不给予顺延

D. 由承包人承担费用，工期不给予顺延

【例题9】 根据《施工合同（示范文本）》，关于监理人对质量检验和试验的说法，正确的是（ C ）。

A. 监理人收到承包人共同检验的通知，未按时参加检验，承包人单独检验，该检验无效

B. 监理人对承包人的检验结果有疑问，要求承包人重新检验时，由监理人和第三方检测机构共同进行

C. 监理人对承包人已覆盖的隐蔽工程部分质量有疑问时，有权要求承包人对已覆盖的部位揭开重新检验

D. 重新检验结果证明质量符合合同要求的，因此增加的费用由发包人和监理人共同承担

解析： 选项A错误，监理人收到承包人共同检验的通知后，监理人既未发出变更检验时间的通知，又未按时参加，承包人为了不延误施工可以单独进行检查和试验，将记录送交监理人后可继续施工，此次检查或试验视为监理人在场情况下进行，监理人应签字确认；选项B错误，监理人对承包人的试验和检验结果有疑问，或为查清承包人试验和检验结果的可靠性要求承包人重新试验和检验时，由监理人与承包人共同进行；选项D错误，重新试验和检验结果证明符合合同要求，由发包人承担由此增加的费用和（或）工期延误，并支付承包人合理利润。

【例题10】 下列有关隐蔽工程与重新检验提法中正确的有（ ABC ）。

A. 承包人自检后书面通知监理人验收

B. 监理人接到承包人的通知后，应在约定的时间与承包人共同检验

C. 若监理人未能按时提出延期检验要求，又未能按时参加检验，承包人可自行完成覆盖工作

D. 若监理人已经在验收合格记录上签字，只有当有确切证据证明工程有问题的情况下才能要求承包人对已隐蔽的工程进行重新检验

E. 重新检验如果不合格，应由承包人承担全部费用，但工期予以适当顺延

6.5 材料设备供应的质量控制

6.5.1 材料设备的质量要求

① 材料生产和设备供应单位应具备法定条件　建筑材料、构配件生产及设备供应单位必须具备相应的生产条件、技术装备和质量保证体系，具备必要的检测人员和设备，做好产品看样、订货、储存、运输和核验工作。

② 材料设备质量应符合的要求

a. 符合国家或者行业现行有关技术标准规定的合格标准和设计要求。

b. 符合在建筑材料、构配件及设备或其包装上注明采用的标准，符合以建筑材料、构配件及设备说明、实物样品等方式表明的质量状况。

③ 材料设备或者其包装上的标识应符合的要求

a. 有产品质量检验合格证明。

b. 有中文标明的产品名称、生产厂家厂名和厂址。

c. 产品包装和商标样式符合国家有关规定和标准要求。

d. 设备应有产品详细的使用说明书，电气设备还应附有线路图。

e. 实施生产许可证或使用产品质量认证标志的产品，应有许可证或质量认证的编号、批准日期和有效期限。

6.5.2　发包人供应材料与工程设备

（1）双方约定发包人供应材料设备的一览表

对于由发包人供应的材料设备，双方应当约定发包人供应材料设备的一览表，作为合同附件。承包人应提前 30 天通过监理人以书面形式通知发包人供应材料与工程设备进场。

（2）发包人供应材料设备的接收与拒收

发包人应当向承包人提供其供应材料设备的产品合格证明及出厂证明，对其质量负责。发包人应提前 24 小时以书面形式通知承包人、监理人材料和工程设备到货时间，承包人负责材料和工程设备的清点、检验和接收。发包人提供的材料和工程设备的规格、数量或质量不符合合同约定的，或因发包人原因导致交货日期延误或交货地点变更等情况的，按照发包人违约约定办理。

（3）发包人供应材料设备的保管与使用

发包人供应的材料设备经承包人清点后由承包人妥善保管，发包人支付相应的保管费用。因承包人原因发生丢失毁损的，由承包人负责赔偿；监理人未通知承包人清点的，承包人不负责材料和工程设备的保管，由此导致丢失毁损的由发包人负责。

发包人供应的材料和工程设备使用前，由承包人负责检验，检验费用由发包人承担，不合格的不得使用。

6.5.3　承包人采购材料与工程设备

承包人负责采购材料、工程设备的，应按照设计和有关标准要求采购，并提供产品合格证明及出厂证明，对材料、工程设备质量负责。发包人不得指定生产厂家或供应商，发包人违反约定指定生产厂家或供应商的，承包人有权拒绝，并由发包人承担相应责任。

（1）承包人采购材料设备的接收与拒收

承包人应在材料和工程设备到货前 24 小时通知监理人检验。承包人进行永久设备、材料的制造和生产的，应符合相关质量标准，并向监理人提交材料的样本以及有关资料，并应在使用该材料或工程设备之前获得监理人同意。

承包人采购的材料和工程设备不符合设计或有关标准要求时，承包人应在监理人要求的合理期限内将不符合设计或有关标准要求的材料、工程设备运出施工现场，并重新采购符合要求的材料、工程设备，由此增加的费用和（或）延误的工期，由承包人承担。

（2）承包人采购的材料设备的保管与使用

承包人采购的材料和工程设备由承包人妥善保管，保管费用由承包人承担。法律规定材料和工程设备使用前必须进行检验或试验的，承包人应按监理人的要求进行检验或试验，检验或试验费用由承包人承担，不合格的不得使用。

发包人或监理人发现承包人使用不符合设计或有关标准要求的材料和工程设备时，有权要求承包人进行修复、拆除或重新采购，由此增加的费用和（或）延误的工期，由承包人承担。

6.5.4　禁止使用不合格的材料和工程设备

监理人有权拒绝承包人提供的不合格材料或工程设备，并要求承包人立即进行更换。监理人应在更换后再次进行检查和检验，由此增加的费用和（或）延误的工期由承包人承担。监理人发现承包人使用了不合格的材料和工程设备，承包人应按照监理人的指示立即改正，并禁止在工程中继续使用不合格的材料和工程设备。发包人提供的材料或工程设备不符合合同要求的，承包人有权拒绝，并可要求发包人更换，由此增加的费用和（或）延误的工期由发包人承担，并支付承包人合理的利润。

6.5.5　样品

（1）样品的报送与封存

需要承包人报送样品的材料或工程设备，样品的种类、名称、规格、数量等要求均应在专用合同条款中约定。样品的报送程序如下：

① 承包人应在计划采购前 28 天向监理人报送样品。承包人报送的样品均应来自供应材料的实际生产地，且提供的样品的规格、数量足以表明材料或工程设备的质量、型号、颜色、表面处理、质地、误差和其他要求的特征。

② 承包人每次报送样品时应随附申报单，申报单应载明报送样品的相关数据和资料，并标明每件样品对应的图纸号，预留监理人批复意见栏。监理人应在收到承包人报送的样品后 7 天向承包人回复经发包人签认的样品审批意见。

③ 经发包人和监理人审批确认的样品应按约定的方法封样，封存的样品作为检验工程相关部分的标准之一。承包人在施工过程中不得使用与样品不符的材料或工程设备。

④ 发包人和监理人对样品的审批确认仅为确认相关材料或工程设备的特征或用途，不得被理解为对合同的修改或改变，也并不减轻或免除承包人任何的责任和义务。如果封存的样品修改或改变了合同约定，合同当事人应当以书面协议予以确认。

（2）样品的保管

经批准的样品应由监理人负责封存于现场，承包人应在现场为保存样品提供适当和固定的场所并保持适当和良好的存储环境条件。

6.5.6　代用材料与工程设备

① 出现下列情况需要使用替代材料和工程设备的，承包人应按照以下约定的程序执行：a. 基准日期后生效的法律规定禁止使用的；b. 发包人要求使用替代品的；c. 因其他原因必须使用替代品的。

② 承包人应在使用替代材料和工程设备 28 天前书面通知监理人，并附下列文件：a. 被替代的材料和工程设备的名称、数量、规格、型号、品牌、性能、价格及其他相关资料；b. 替代品的名称、数量、规格、型号、品牌、性能、价格及其他相关资料；c. 替代品与被

替代产品之间的差异以及使用替代品可能对工程产生的影响；d. 替代品与被替代产品的价格差异；e. 使用替代品的理由和原因说明；f. 监理人要求的其他文件。

监理人应在收到通知后 14 天内向承包人发出经发包人签认的书面指示；监理人逾期发出书面指示的，视为发包人和监理人同意使用替代品。

③ 发包人认可使用替代材料和工程设备的，替代材料和工程设备的价格，按照已标价工程量清单或预算书相同项目的价格认定；无相同项目的，参考相似项目价格认定；既无相同项目也无相似项目的，按照合理的成本与利润构成的原则，由合同当事人商定或确定替代品价格。

【例题 11】　发包人供应的材料设备使用前，由（B）负责检验或试验。

A. 发包人　　　　　　B. 承包人　　　　　　C. 监理人　　　　　　D. 政府有关机构

【例题 12】　由承包人负责采购的材料设备，到货检验时发现与标准要求不符，承包人按监理工程师要求进行了重新采购，最后达到了标准要求。处理由此发生的费用和延误的工期的正确方法是（B）。

A. 费用由发包人承担，工期给予顺延　　　B. 费用由承包人承担，工期不予顺延

C. 费用由发包人承担，工期不予顺延　　　D. 费用由承包人承担，工期给予顺延

【例题 13】　在施工过程中，发包人供应材料设备进入施工现场后需重新检验的，（D）。

A. 检验由发包人负责，费用由承包人负责

B. 检验由发包人负责，费用由发包人负责

C. 检验由承包人负责，费用由承包人负责

D. 检验由承包人负责，费用由发包人负责

【例题 14】　在施工过程中，发包人供应的材料设备到货后，经清点，应当由（B）保管。

A. 发包人　　　　　　B. 承包人　　　　　　C. 监理人　　　　　　D. 监理单位

【例题 15】　在施工过程中，承包人供应的材料设备到货后，由于监理人自己的原因未能按时到场验收，事后发现材料不符合要求需要拆除，由此发生的费用应当由（B）承担。

A. 发包人　　　　　　B. 承包人　　　　　　C. 监理人　　　　　　D. 监理单位

6.5.7　施工设备和临时设施

（1）承包人提供的施工设备和临时设施

承包人应按合同进度计划的要求，及时配置施工设备和修建临时设施。进入施工场地的承包人设备需经监理人核查后才能投入使用。承包人更换合同约定的承包人设备的，应报监理人批准。

承包人应自行承担修建临时设施的费用，需要临时占地的，应由发包人办理申请手续并承担相应费用。

（2）发包人提供的施工设备和临时设施

发包人提供的施工设备或临时设施在专用合同条款中约定。

（3）要求承包人增加或更换施工设备

承包人使用的施工设备不能满足合同进度计划和（或）质量要求时，监理人有权要求承包人增加或更换施工设备，承包人应及时增加或更换，由此增加的费用和（或）延误的工期由承包人承担。

6.6　试验与检验

（1）试验设备与试验人员

① 承包人根据合同约定或监理人指示进行的现场材料试验，应由承包人提供试验场所、试验人员、试验设备以及其他必要的试验条件。监理人在必要时可以使用承包人提供的试验场所、试验设备以及其他试验条件，进行以工程质量检查为目的的材料复核试验，承包人应予以协助。

② 承包人应按专用合同条款的约定提供试验设备、取样装置、试验场所和试验条件，并向监理人提交相应进场计划表。

承包人配置的试验设备要符合相应试验规程的要求并经过具有资质的检测单位检测，且在正式使用该试验设备前，需要经过监理人与承包人共同校定。

③ 承包人应向监理人提交试验人员的名单及其岗位、资格等证明资料，试验人员必须能够熟练进行相应的检测试验，承包人对试验人员的试验程序和试验结果的正确性负责。

（2）取样

试验属于自检性质的，承包人可以单独取样。试验属于监理人抽检性质的，可由监理人取样，也可由承包人的试验人员在监理人的监督下取样。

（3）材料、工程设备和工程的试验和检验

① 承包人应按合同约定进行材料、工程设备和工程的试验和检验，并为监理人对上述材料、工程设备和工程的质量检查提供必要的试验资料和原始记录。按合同约定应由监理人与承包人共同进行试验和检验的，由承包人负责提供必要的试验资料和原始记录。

② 试验属于自检性质的，承包人可以单独进行试验。试验属于监理人抽检性质的，监理人可以单独进行试验，也可由承包人与监理人共同进行。承包人对由监理人单独进行的试验结果有异议的，可以申请重新共同进行试验。约定共同进行试验的，监理人未按照约定参加试验的，承包人可自行试验，并将试验结果报送监理人，监理人应承认该试验结果。

③ 监理人对承包人的试验和检验结果有异议的，或为查清承包人试验和检验成果的可靠性要求承包人重新试验和检验的，可由监理人与承包人共同进行。重新试验和检验的结果证明该项材料、工程设备或工程的质量不符合合同要求的，由此增加的费用和（或）延误的工期由承包人承担；重新试验和检验结果证明该项材料、工程设备和工程符合合同要求的，由此增加的费用和（或）延误的工期由发包人承担。

（4）现场工艺试验

承包人应按合同约定或监理人指示进行现场工艺试验。对大型的现场工艺试验，监理人认为必要时，承包人应根据监理人提出的工艺试验要求，编制工艺试验措施计划，报送监理人审查。

6.7　验收和工程试车

（1）分部分项工程验收

分部分项工程质量应符合国家有关工程施工验收规范、标准及合同约定，承包人应按照施工组织设计的要求完成分部分项工程施工。

分部分项工程经承包人自检合格并具备验收条件的，承包人应提前 48 小时通知监理人进行验收。监理人不能按时进行验收的，应在验收前 24 小时向承包人提交书面延期要求，但延期不能超过 48 小时。监理人未按时进行验收，也未提出延期要求的，承包人有权自行验收，监理人应认可验收结果。分部分项工程未经验收的，不得进入下一道工序施工。

分部分项工程的验收资料应当作为竣工资料的组成部分。

（2）竣工验收

① 竣工验收条件　工程具备以下条件的，承包人可以申请竣工验收：

a. 除发包人同意的甩项工作和缺陷修补工作外，合同范围内的全部工程以及有关工作，包括合同要求的试验、试运行以及检验均已完成，并符合合同要求；

b. 已按合同约定编制了甩项工作和缺陷修补工作清单以及相应的施工计划；

c. 已按合同约定的内容和份数备齐竣工资料。

② 竣工验收程序　承包人申请竣工验收的，应当按照以下程序进行：

a. 竣工验收申请报告的报送。承包人向监理人报送竣工验收申请报告，监理人应在收到竣工验收申请报告后 14 天内完成审查并报送发包人。监理人审查后认为尚不具备验收条件的，应通知承包人在竣工验收前承包人还需完成的工作内容，承包人应在完成监理人通知的全部工作内容后，再次提交竣工验收申请报告。

b. 发包人组织验收。监理人审查后认为已具备竣工验收条件的，应将竣工验收申请报告提交发包人，发包人应在收到经监理人审核的竣工验收申请报告后 28 天内审批完毕并组织监理人、承包人、设计人等相关单位完成竣工验收。

c. 签发工程接收证书。竣工验收合格的，发包人应在验收合格后 14 天内向承包人签发工程接收证书。发包人无正当理由逾期不颁发工程接收证书的，自验收合格后第 15 天起视为已颁发工程接收证书。

d. 不合格工程的补救。竣工验收不合格的，监理人应按照验收意见发出指示，要求承包人对不合格工程返工、修复或采取其他补救措施，由此增加的费用和（或）延误的工期由承包人承担。承包人在完成不合格工程的返工、修复或采取其他补救措施后，应重新提交竣工验收申请报告，并按本项约定的程序重新进行验收。

e. 发包人擅自使用。工程未经验收或验收不合格，发包人擅自使用的，应在转移占有工程后 7 天内向承包人颁发工程接收证书；发包人无正当理由逾期不颁发工程接收证书的，自转移占有后第 15 天起视为已颁发工程接收证书。

除专用合同条款另有约定外，发包人不按照本项约定组织竣工验收、颁发工程接收证书的，每逾期一天，应以签约合同价为基数，按照中国人民银行发布的同期同类贷款基准利率支付违约金。

③ 竣工日期　工程经竣工验收合格的，以承包人提交竣工验收申请报告之日为实际竣工日期，并在工程接收证书中载明；因发包人原因，未在监理人收到承包人提交的竣工验收申请报告 42 天内完成竣工验收，或完成竣工验收不予签发工程接收证书的，以提交竣工验收申请报告的日期为实际竣工日期；工程未经竣工验收，发包人擅自使用的，以转移占有工程之日为实际竣工日期。

④ 拒绝接收全部或部分工程　对于竣工验收不合格的工程，承包人完成整改后，应当重新进行竣工验收，经重新组织验收仍不合格的且无法采取措施补救的，则发包人可以拒绝

接收不合格工程，因不合格工程导致其他工程不能正常使用的，承包人应采取措施确保相关工程的正常使用，由此增加的费用和（或）延误的工期由承包人承担。

⑤ 移交、接收全部与部分工程　合同当事人应当在颁发工程接收证书后 7 天内完成工程的移交。

发包人无正当理由不接收工程的，发包人自应当接收工程之日起，承担工程照管、成品保护、保管等与工程有关的各项费用，合同当事人可以在专用合同条款中另行约定发包人逾期接收工程的违约责任。

承包人无正当理由不移交工程的，承包人应承担工程照管、成品保护、保管等与工程有关的各项费用，合同当事人可以在专用合同条款中另行约定承包人无正当理由不移交工程的违约责任。

⑥ 提前交付单位工程的验收

a. 发包人需要在工程竣工前使用单位工程的，或承包人提出提前交付已经竣工的单位工程且经发包人同意的，可进行单位工程验收，验收的程序按照竣工验收的约定进行。

验收合格后，由监理人向承包人出具经发包人签认的单位工程接收证书。已签发单位工程接收证书的单位工程由发包人负责照管。单位工程的验收成果和结论作为整体工程竣工验收申请报告的附件。

b. 发包人要求在工程竣工前交付单位工程，由此导致承包人费用增加和（或）工期延误的，由发包人承担由此增加的费用和（或）延误的工期，并支付承包人合理的利润。

（3）工程试车

工程需要试车的，试车内容应与承包人承包范围相一致，试车费用由承包人承担。

① 试车组织

a. 单机无负荷试车。承包人组织试车，并在试车前 48 小时书面通知监理人，发包人根据承包人要求为试车提供必要条件。试车合格的，监理人在试车记录上签字。监理人在试车合格后不在试车记录上签字，自试车结束满 24 小时后视为监理人已经认可试车记录，承包人可继续施工或办理竣工验收手续。

监理人不能按时参加试车，应在试车前 24 小时以书面形式向承包人提出延期要求，但延期不能超过 48 小时，由此导致工期延误的，工期应予以顺延。监理人未能在规定期限内提出延期要求，又不参加试车的，视为认可试车记录。

b. 无负荷联动试车。发包人组织试车，并在试车前 48 小时以书面形式通知承包人。承包人按要求做好准备工作。试车合格，合同当事人在试车记录上签字。承包人无正当理由不参加试车的，视为认可试车记录。

c. 投料试车。发包人应在工程竣工验收后组织投料试车。投料试车合格的，费用由发包人承担；因承包人原因造成投料试车不合格的，承包人应按照发包人要求进行整改，由此产生的整改费用由承包人承担；非因承包人原因导致投料试车不合格的，如发包人要求承包人进行整改的，由此产生的费用由发包人承担。

② 试车中的责任

a. 因设计原因导致试车达不到验收要求，发包人应要求设计人修改设计，承包人按修改后的设计重新安装。发包人承担修改设计、拆除及重新安装的全部费用，工期相应顺延。

b. 因承包人原因导致试车达不到验收要求，承包人按监理人要求重新安装和试车，并承担重新安装和试车的费用，工期不予顺延。

c. 因工程设备制造原因导致试车达不到验收要求的，由采购该工程设备的合同当事人负责重新购置或修理，承包人负责拆除和重新安装，由此增加的修理、重新购置、拆除及重新安装的费用及延误的工期由采购该工程设备的合同当事人承担。

（4）施工期运行

① 施工期运行是指合同工程尚未全部竣工，其中某项或某几项单位工程或工程设备安装已竣工，根据专用合同条款约定，需要投入施工期运行的，经发包人按提前交付单位工程的验收的约定验收合格，证明能确保安全后，才能在施工期投入运行。

② 在施工期运行中发现工程或工程设备损坏或存在缺陷的，由承包人按缺陷责任期约定进行修复。

（5）竣工退场

① 竣工退场。颁发工程接收证书后，承包人应按以下要求对施工现场进行清理：a. 施工现场内残留的垃圾已全部清除出场；b. 临时工程已拆除，场地已进行清理、平整或复原；c. 按合同约定应撤离的人员、承包人施工设备和剩余的材料，包括废弃的施工设备和材料，已按计划撤离施工现场；d. 施工现场周边及其附近道路、河道的施工堆积物，已全部清理；e. 施工现场其他场地清理工作已全部完成。

施工现场的竣工退场费用由承包人承担。承包人应在专用合同条款约定的期限内完成竣工退场，逾期未完成的，发包人有权出售或另行处理承包人遗留的物品，由此支出的费用由承包人承担，发包人出售承包人遗留物品所得款项在扣除必要费用后应返还承包人。

② 地表还原。承包人应按发包人要求恢复临时占地及清理场地，承包人未按发包人的要求恢复临时占地，或者场地清理未达到合同约定要求的，发包人有权委托其他人恢复或清理，所发生的费用由承包人承担。

6.8　缺陷责任与保修

缺陷是指建设工程质量不符合建设工程强制性标准、设计文件，以及承包合同的约定。

在工程移交发包人后，因承包人原因产生的质量缺陷，承包人应承担质量缺陷责任和保修义务。

缺陷责任期届满，承包人仍应按合同约定的工程各部位保修年限承担保修义务。

（1）缺陷责任期

缺陷责任期指承包人按照合同约定承担缺陷修复义务，且发包人预留质量保证金（已缴纳履约保证金的除外）的期限，自工程实际竣工日期起计算。缺陷责任期的期限一般为 1 年，最长不超过 2 年。缺陷责任期从实际通过竣工验收之日起计算。因发包人原因导致工程无法按合同约定期限进行竣工验收的，在承包人提交竣工验收报告 90 天后，工程自动进入缺陷责任期；发包人未经竣工验收擅自使用工程的，缺陷责任期自工程转移占有之日起开始计算。

缺陷责任期内，由承包人原因造成的缺陷，承包人应负责维修，并承担鉴定及维修费用。如承包人不维修也不承担费用，发包人可按合同约定从质量保证金或银行保函中扣除，费用超出质量保证金额的，发包人可按合同约定向承包人进行索赔。承包人维修并承担相应费用后，不免除对工程的损失赔偿责任。缺陷责任期内，承包人认真履行合同约定的责任，到期后，承包人向发包人申请返还质量保证金。

由他人原因造成的缺陷，发包人负责组织维修，承包人不承担费用，且发包人不得从质量保证金中扣除费用。

缺陷责任期与工程保修期既有区别又有联系。工程保修期是发承包双方在工程质量保修书中约定的保修期限。缺陷责任期实质上是预留工程质量保证金的一个期限。

（2）质量保证金

① 质量保证金的含义。建设工程质量保证金是指发包人与承包人在建设工程承包合同中约定，从应付的工程款中预留，用以保证承包人在缺陷责任期内对建设工程出现的缺陷进行维修的资金。

经合同当事人协商一致扣留质量保证金的，应在专用合同条款中予以明确。

② 质量保证金的预留及返还。质量保证金的比例不得高于工程价款结算总额的3％。承包人提供质量保证金有以下三种方式：质量保证金保函；相应比例的工程款；双方约定的其他方式。除专用合同条款另有约定外，质量保证金原则上采用保函形式。以银行保函替代质量保证金的，不得高于工程价款结算总额的3％。在工程项目竣工前，已经缴纳履约保证金的，发包人不得同时预留工程质量保证金。采用工程质量保证担保、工程质量保险等其他方式的，发包人不得再预留质量保证金。

发包人在接到承包人返还质量保证金申请后，应于14天内核实，如无异议，应按约定返还。

对返还期限没有约定或约定不明的，核实后14天内退还。逾期未退还，承担违约责任。

发包人收到申请14天内不予答复，经催告后14天内仍不答复，视同认可申请。

（3）保修

工程保修期从工程竣工验收合格之日起算，具体分部分项工程的保修期由合同当事人约定，但不得低于法定最低保修年限。发包人未经竣工验收擅自使用工程的，保修期自转移占有之日起算。

① 工程质量保修范围和内容　质量保修范围包括地基基础工程、主体结构工程、屋面防水工程和双方约定的其他土建工程，以及电气管线、上下水管线的安装工程，供热、供冷系统工程等项目。工程质量保修范围是国家强制性规定，合同当事人不能约定减少国家规定的工程质量保修范围。工程质量保修的内容由当事人在合同中约定。

② 质量保修期　a. 基础设施工程、房屋建筑的地基基础工程和主体结构工程，为设计文件规定的该工程合理使用年限；b. 屋面防水工程、有防水要求的卫生间、房间和外墙面的防渗，为5年；c. 供热与供冷系统，为2个采暖期、供冷期；d. 电气管线、给排水管道、设备安装和装修工程为2年；e. 其他项目的保修期限由发包方和承包方约定。

③ 修复费用　保修期内，修复的费用按照以下约定处理：a. 保修期内，因承包人原因造成工程的缺陷、损坏，承包人应负责修复，并承担修复的费用以及因工程的缺陷、损坏造成的人身伤害和财产损失；b. 保修期内，因发包人使用不当造成工程的缺陷、损坏，可以委托承包人修复，但发包人应承担修复的费用，并支付承包人合理利润；c. 因其他原因造成工程的缺陷、损坏，可以委托承包人修复，发包人应承担修复的费用，并支付承包人合理的利润，因工程的缺陷、损坏造成的人身伤害和财产损失由责任方承担。

④ 修复通知　在保修期内，发包人发现已接收的工程存在缺陷或损坏的，应书面通知承包人予以修复，情况紧急必须立即修复缺陷或损坏的，发包人可以口头通知承包人并在口

头通知后 48 小时内书面确认，承包人应在约定的合理期限内到达工程现场并修复缺陷或损坏。

⑤ 未能修复　因承包人原因造成工程的缺陷或损坏，承包人拒绝维修或未能在合理期限内修复缺陷或损坏，且经发包人书面催告后仍未修复的，发包人有权自行修复或委托第三方修复，所需费用由承包人承担。但修复范围超出缺陷或损坏范围的，超出范围部分的修复费用由发包人承担。

【例题 16】　建设单位和施工企业经过平等协商确定某屋面防水工程的保修期限为 3 年，工程竣工验收合格移交使用后的第 4 年屋面出现渗漏，则承担该工程维修责任的是（A）。

A. 施工企业

B. 建设单位

C. 使用单位

D. 建设单位和施工企业协商确定

解析：防水工程的保修期最低五年，在保修期内，施工单位负责保修。

【例题 17】　某工程经建设单位组织验收合格后投入使用，2 年后外墙出现裂缝，经查是由于设计缺陷造成的，则下列说法正确的是（A）。

A. 施工单位维修，建设单位直接承担费用

B. 建设单位维修并承担费用

C. 施工单位维修并承担费用

D. 施工单位维修，设计单位直接承担费用

解析：施工单位在保修期内承担保修责任。外墙裂缝系主体结构工程，最低保修期为设计文件规定的合理使用期限，因此施工单位应承担保修责任，选项 B 错误；该质量问题是因为设计缺陷造成的，因此维修费由建设单位承担后可向设计单位追偿。

6.9　建设工程施工合同的进度条款

6.9.1　施工准备阶段

施工准备阶段的许多工作都对施工的开始和进度有直接的影响，包括双方对合同工期的约定、承包方提交进度计划、设计图纸的提供、材料设备的采购、延期开工的处理等。

（1）施工组织设计的提交和修改

承包人应在合同签订后 14 天内，但最迟不得晚于开工通知载明的开工日期前 7 天，向监理人提交详细的施工组织设计，并由监理人报送发包人。除专用合同条款另有约定外，发包人和监理人应在监理人收到施工组织设计后 7 天内确认或提出修改意见。对发包人和监理人提出的合理意见和要求，承包人应自费修改完善。根据工程实际情况需要修改施工组织设计的，承包人应向发包人和监理人提交修改后的施工组织设计。

（2）施工进度计划

① 施工进度计划的编制。承包人应按照施工组织设计约定提交详细的施工进度计划，施工进度计划的编制应当符合国家法律规定和一般工程实践惯例，施工进度计划经发包人批准后实施。施工进度计划是控制工程进度的依据，发包人和监理人有权按照施工进度计划检

查工程进度情况。

② 施工进度计划的修订。施工进度计划不符合合同要求或与工程的实际进度不一致的，承包人应向监理人提交修订的施工进度计划，并附具有关措施和相关资料，由监理人报送发包人。发包人和监理人应在收到修订的施工进度计划后 7 天内完成审核和批准或提出修改意见。发包人和监理人对承包人提交的施工进度计划的确认，不能减轻或免除承包人根据法律规定和合同约定应承担的任何责任或义务。

【例题 18】 施工过程中因承包人原因导致工程实际进度滞后于计划进度，承包人按监理人要求采取赶工措施后仍未按合同规定的工期完成施工任务，则此延误的责任应由（ B ）承担。

    A. 监理人   B. 承包人   C. 监理人和承包人   D. 发包人

（3）开工

① 开工准备。承包人应按施工组织设计约定的期限，向监理人提交工程开工报审表，经监理人报发包人批准后执行。开工报审表应详细说明按施工进度计划正常施工所需的施工道路、临时设施、材料、工程设备、施工设备、施工人员等落实情况以及工程的进度安排。

② 开工通知。发包人应按照法律规定获得工程施工所需的许可。经发包人同意后，监理人发出的开工通知应符合法律规定。监理人应在计划开工日期 7 天前向承包人发出开工通知，工期自开工通知中载明的开工日期起算。

因发包人原因造成监理人未能在计划开工日期之日起 90 天内发出开工通知的，承包人有权提出价格调整要求，或者解除合同。发包人应当承担由此增加的费用和（或）延误的工期，并向承包人支付合理利润。

（4）测量放线

① 发包人应在最迟不得晚于开工通知载明的开工日期前 7 天通过监理人向承包人提供测量基准点、基准线和水准点及其书面资料。发包人应对其提供的测量基准点、基准线和水准点及其书面资料的真实性、准确性和完整性负责。

承包人发现发包人提供的测量基准点、基准线和水准点及其书面资料存在错误或疏漏的，应及时通知监理人。监理人应及时报告发包人，并会同发包人和承包人予以核实。发包人应就如何处理和是否继续施工作出决定，并通知监理人和承包人。

② 承包人负责施工过程中的全部施工测量放线工作，并配置具有相应资质的人员、合格的仪器、设备和其他物品。承包人应矫正工程的位置、标高、尺寸或准线中出现的任何差错，并对工程各部分的定位负责。

施工过程中对施工现场内水准点等测量标志物的保护工作由承包人负责。

6.9.2 施工阶段

工程开工后，合同履行即进入施工阶段，直至工程竣工，施工任务在协议书规定的合同工期内完成。

（1）监督进度计划的执行

施工进度计划不符合合同要求或与工程的实际进度不一致的，承包人应向监理人提交修订的施工进度计划，并附具有关措施和相关资料，由监理人报送发包人。发包人和监理人应在收到修订的施工进度计划后 7 天内完成审核和批准或提出修改意见。发包人和监理人对承包人提交的施工进度计划的确认，不能减轻或免除承包人根据法律规定和合同约定应承担的任何责任或义务。

（2）工期延误

承包人应当按照合同约定完成工程施工，如果由于其自身的原因造成工期延误，应当承担违约责任。

① 工期可以顺延的工期延误。在合同履行过程中，因下列情况导致工期延误和（或）费用增加的，由发包人承担由此延误的工期和（或）增加的费用，且发包人应支付承包人合理的利润。

a. 发包人未能按合同约定提供图纸或所提供图纸不符合合同约定的。

b. 发包人未能按合同约定提供施工现场、施工条件、基础资料、许可、批准等开工条件的。

c. 发包人提供的测量基准点、基准线和水准点及其书面资料存在错误或疏漏的。

d. 发包人未能在计划开工日期之日起7天内同意下达开工通知的。

e. 发包人未能按合同约定日期支付工程预付款、进度款或竣工结算款的。

f. 监理人未按合同约定发出指示、批准等文件的。

g. 专用合同条款中约定的其他情形。

【例题19】　属于可以顺延的工期延误的有（ACDE）。

A. 发包人不能按合同约定支付预付款，使工程不能正常进行

B. 承包人机械设备损坏

C. 工程量增加

D. 发包人不能按专用条款约定提供施工图

E. 设计变更

因发包人原因未按计划开工日期开工的，发包人应按实际开工日期顺延竣工日期，确保实际工期不低于合同约定的工期总日历天数。

这些情况下工期可以顺延的根本原因在于这些情况属于发包人违约或者是应当由发包方承担的风险。

② 因承包人原因导致工期延误。因承包人原因造成工期延误的，可以在专用合同条款中约定逾期竣工违约金的计算方法和逾期竣工违约金的上限。承包人支付逾期竣工违约金后，不免除承包人继续完成工程及修补缺陷的义务。

（3）不利物质条件

不利物质条件是指有经验的承包人在施工现场遇到的不可预见的自然物质条件、非自然的物质障碍和污染物，包括地表以下物质条件和水文条件以及专用合同条款约定的其他情形，但不包括气候条件。

承包人遇到不利物质条件时，应采取克服不利物质条件的合理措施继续施工，并及时通知发包人和监理人。通知应载明不利物质条件的内容以及承包人认为不可预见的理由。监理人经发包人同意后应当及时发出指示，指示构成变更的，按变更约定执行。承包人因采取合理措施而增加的费用和（或）延误的工期由发包人承担。

（4）异常恶劣的气候条件

异常恶劣的气候条件是指在施工过程中遇到的，有经验的承包人在签订合同时不可预见的，对合同履行造成实质性影响的，但尚未构成不可抗力事件的恶劣气候条件。合同当事人可以在专用合同条款中约定异常恶劣的气候条件的具体情形。

承包人应采取克服异常恶劣的气候条件的合理措施继续施工，并及时通知发包人和监理

人。监理人经发包人同意后应当及时发出指示，指示构成变更的，按变更约定办理。承包人因采取合理措施而增加的费用和（或）延误的工期由发包人承担。

（5）暂停施工

① 发包人原因引起的暂停施工。因发包人原因引起暂停施工的，监理人经发包人同意后，应及时下达暂停施工指示。情况紧急且监理人未及时下达暂停施工指示的，按照紧急情况下的暂停施工执行。

因发包人原因引起的暂停施工，发包人应承担由此增加的费用和（或）延误的工期，并支付承包人合理的利润。

② 承包人原因引起的暂停施工。因承包人原因引起的暂停施工，承包人应承担由此增加的费用和（或）延误的工期，且承包人在收到监理人复工指示后 84 天内仍未复工的，视为承包人违约的情形约定的承包人无法继续履行合同的情形。

③ 指示暂停施工。监理人认为有必要时，并经发包人批准后，可向承包人作出暂停施工的指示，承包人应按监理人指示暂停施工。

④ 紧急情况下的暂停施工。因紧急情况需暂停施工，且监理人未及时下达暂停施工指示的，承包人可先暂停施工，并及时通知监理人。监理人应在接到通知后 24 小时内发出指示，逾期未发出指示，视为同意承包人暂停施工。监理人不同意承包人暂停施工的，应说明理由，承包人对监理人的答复有异议，按照争议解决约定处理。

⑤ 暂停施工后的复工。暂停施工后，发包人和承包人应采取有效措施积极消除暂停施工的影响。在工程复工前，监理人会同发包人和承包人确定因暂停施工造成的损失，并确定工程复工条件。当工程具备复工条件时，监理人应经发包人批准后向承包人发出复工通知，承包人应按照复工通知要求复工。

承包人无故拖延和拒绝复工的，承包人承担由此增加的费用和（或）延误的工期；因发包人原因无法按时复工的，按照因发包人原因导致工期延误约定办理。

⑥ 暂停施工持续 56 天以上。监理人发出暂停施工指示后 56 天内未向承包人发出复工通知，除该项停工属于承包人原因引起的暂停施工及不可抗力约定的情形外，承包人可向发包人提交书面通知，要求发包人在收到书面通知后 28 天内准许已暂停施工的部分或全部工程继续施工。发包人逾期不予批准的，则承包人可以通知发包人，将工程受影响的部分视为按变更的范围的可取消工作。

暂停施工持续 84 天以上不复工的，且不属于承包人原因引起的暂停施工及不可抗力约定的情形，并影响到整个工程以及合同目的实现的，承包人有权提出价格调整要求，或者解除合同。解除合同的，按照因发包人违约解除合同执行。

⑦ 暂停施工期间的工程照管。暂停施工期间，承包人应负责妥善照管工程并提供安全保障，由此增加的费用由责任方承担。

⑧ 暂停施工的措施。暂停施工期间，发包人和承包人均应采取必要的措施确保工程质量及安全，防止因暂停施工扩大损失。

（6）提前竣工

发包人要求承包人提前竣工的，发包人应通过监理人向承包人下达提前竣工指示，承包人应向发包人和监理人提交提前竣工建议书，提前竣工建议书应包括实施的方案、缩短的时间、增加的合同价格等内容。发包人接受该提前竣工建议书的，监理人应与发包人和承包人协商采取加快工程进度的措施，并修订施工进度计划，由此增加的费用由发包人承担。

　　承包人认为提前竣工指示无法执行的，应向监理人和发包人提出书面异议，发包人和监理人应在收到异议后 7 天内予以答复。任何情况下，发包人不得压缩合理工期。合同当事人可以在专用合同条款中约定提前竣工的奖励。

6.10　建设工程施工合同的费用条款

6.10.1　施工合同价格及调整

（1）施工合同价格种类

　　施工合同价格，按有关规定和协议条款约定的各种取费标准计算，用以支付承包人按照合同要求完成工程内容的价款总额。

　　施工合同可分为单价合同、总价合同和成本加酬金合同。

　　① 单价合同（Unit Price Contract）。单价合同，根据计划工程内容和估算工程量，在合同中明确每项工程内容的单位价格（如每米、每平方米或者每立方米的价格），实际支付时则根据每一个子项的实际完成工程量乘以该子项的合同单价计算该项工作的应付工程款。

　　单价合同又分为固定单价合同和变动单价合同。

　　固定单价合同条件下，无论发生哪些影响价格的因素都不对单价进行调整，对承包人存在一定的风险。当采用变动单价合同时，合同双方可以约定一个估计的工程量，当实际工程量发生较大变化时可以对单价进行调整，同时还可以约定如何对单价进行调整；也可以约定，当通货膨胀达到一定水平或者国家政策发生变化时，可以对哪些工程内容的单价进行调整以及如何调整等。变动单价合同条件下，承包人的风险就相对较小。固定单价合同适用于工期较短、工程量变化幅度不会太大的项目。

　　② 总价合同（Lump Sum Contract）。总价合同也称作总价包干合同，根据施工招标时的要求和条件，当施工内容和有关条件不发生变化时，业主付给承包人的价款总额就不发生变化。总价合同又分为固定总价合同和变动总价合同两种。

　　a. 固定总价合同。合同总价一次包死，固定不变，在这类合同中，承包人承担了全部的工作量和价格的风险，业主的风险较小。承包人在报价时应对一切费用的价格变动因素以及不可预见因素都作充分的估计，并将其包含在合同价格之中。

　　固定总价合同适用于以下情况：工程量小，施工期限一年左右，工期短，估计在施工过程中环境因素变化小，工程条件稳定并合理；工程设计详细，图纸完整、清楚，工程任务和范围明确；工程结构和技术简单，风险小。

　　b. 变动总价合同。又称为可调总价合同，在合同执行过程中，由于通货膨胀等原因而使所使用的工、料成本增加时，可以按照合同约定对合同总价进行相应的调整。由于设计变更、工程量变化和其他工程条件变化所引起的费用变化也可以进行调整。通货膨胀等不可预见因素的风险由业主承担，对承包人而言，其风险相对较小。

　　对建设周期一年半以上的工程项目，则应考虑价格变化问题。

　　③ 成本加酬金合同。成本加酬金合同也称为成本补偿合同，工程施工的最终合同价格将按照工程的实际成本再加上一定的酬金进行计算。在合同签订时，工程实际成本往往不能确定，只能确定酬金的取值比例或者计算原则。

采用这种合同，承包商不承担任何价格变化或工程量变化的风险，这些风险主要由业主承担。

成本加酬金合同通常用于以下情况：

a. 工程特别复杂，工程技术、结构方案不能预先确定，或者尽管可以确定工程技术和结构方案，但是不可能进行竞争性的招标活动并以总价合同或单价合同的形式确定承包商。

b. 时间特别紧迫，如抢险、救灾工程。

【例题 20】 采用单价合同时，最后工程结算的总价是根据（ D ）计算确定的。

A. 发包人提供的清单工程量及承包方所填报的单价

B. 发包人提供的清单工程量及承包方实际发生的单价

C. 实际完成并经监理人计量的工程量及承包人实际发生的单价

D. 实际完成并经监理人计量的工程量及承包人所填报的单价

【例题 21】 下列合同形式中，承包人承担风险最大的合同类型是（ C ）。

A. 固定单价合同　　　　　　　　B. 成本加固定费用合同

C. 固定总价合同　　　　　　　　D. 最大成本加费用合同

【例题 22】 在固定总价合同形式下，承包人承担的风险是（ B ）。

A. 全部工程量的风险，不包括通货膨胀的风险

B. 全部工程量和通货膨胀的风险

C. 工程变更的风险，不包括工程量和通货膨胀的风险

D. 通货膨胀的风险，不包括工程量的风险

【例题 23】 关于成本加酬金合同的说法，正确的是（ A ）。

A. 采用该计价方式对业主的投资控制很不利

B. 成本加酬金合同不适用于抢险、救灾工程

C. 业主不承担价格和工程量变化的风险

D. 对承包人来说，成本加酬金合同比固定总价合同的风险高，利润无保证

【例题 24】 固定总价合同适用的条件不包括（ D ）。

A. 工程项目的施工图设计符合要求，项目范围及工程量计算依据确切，无较大的设计变更，报价工程量与实际完成工程量无较大差异

B. 规模较小、技术不太复杂的中小型工程，承包人可以合理预见实施过程中遇到的各种风险

C. 合同工期较短（一般为一年内）

D. 工程的合同工期合理

【例题 25】 采用固定总价合同时，承包人承担的风险有（ CD ）。

A. 政策法律风险　　　　　　B. 不可抗力　　　　　　C. 价格风险

D. 工作量风险　　　　　　　E. 地质勘察

【例题 26】 当建设工程施工承包合同的计价方式采用变动单价时，合同中可以约定合同单价调整的情况有（ ADE ）。

A. 工程量发生比较大的变化　　B. 承包人自身成本发生比较大的变化

C. 业主资金不到位　　　　　　D. 通货膨胀达到一定水平

E. 国家相关政策发生变化

（2）施工合同价格调整

① 市场价格波动引起的调整。合同当事人可以在专用合同条款中约定选择以下一种方式对合同价格进行调整。

第 1 种方式：采用价格指数进行价格调整。

第 2 种方式：采用造价信息进行价格调整。

第 3 种方式：双方约定的其他方式。

② 法律变化引起的调整。基准日期后，法律变化导致承包人在合同履行过程中所需要的费用发生除市场价格波动引起的调整约定以外的增加时，由发包人承担由此增加的费用；减少时，应从合同价格中予以扣减。基准日期后，因法律变化造成工期延误时，工期应予以顺延。

因承包人原因造成工期延误，在工期延误期间出现法律变化的，由此增加的费用和（或）延误的工期由承包人承担。

6.10.2　工程预付款

预付款是在工程开工前发包人预先支付给承包人用来进行工程准备的一笔款项。工程预付款主要是用于建筑材料、工程设备、施工设备的采购及修建临时工程、组织施工队伍进场等。预付时间不迟于约定的开工日期前 7 天，预付款在进度付款中同比例扣回。发包人逾期支付预付款超过 7 天的，承包人有权向发包人发出要求预付的催告通知，发包人收到通知后 7 天内仍未支付的，承包人有权暂停施工，发包人承担违约责任。

6.10.3　工程进度款

（1）工程量的确认

对承包人已完成工程量进行计量、核实与确认，是发包人支付工程款的前提。

① 计量原则。工程量按照合同约定的工程量计算规则、图纸及变更指示等进行计量。

a. 不符合合同文件要求的工程不予计量。

b. 按合同文件所规定的方法、范围、内容和单位计量。

c. 因承包人原因造成的超出合同工程范围施工或返工的工程量，发包人不予计量。

② 计量周期。工程量的计量按月进行或按工程形象进度分段计量。

（2）工程进度款支付

① 提交进度付款申请单

a. 单价合同进度付款申请单的提交。单价合同的进度付款申请单，按照单价合同的计量约定的时间按月向监理人提交，并附上已完成工程量报表和有关资料。单价合同中的总价项目按月进行支付分解，并汇总列入当期进度付款申请单。

b. 总价合同进度付款申请单的提交。总价合同按月计量支付的，承包人按照总价合同的计量约定的时间按月向监理人提交进度付款申请单，并附上已完成工程量报表和有关资料。

总价合同按支付分解表支付的，承包人应按照支付分解表及进度付款申请单的编制的约定向监理人提交进度付款申请单。

c. 其他价格形式合同的进度付款申请单的提交。合同当事人可在专用合同条款中约定其他价格形式合同的进度付款申请单的编制和提交程序。

② 进度款审核和支付

a. 监理人应在收到承包人进度付款申请单以及相关资料后 7 天内完成审查并报送发包人，发包人应在收到后 7 天内完成审批并签发进度款支付证书。发包人逾期未完成审批且未提出异议的，视为已签发进度款支付证书。

b. 发包人和监理人对承包人的进度付款申请单有异议的，有权要求承包人修正和提供补充资料，承包人应提交修正后的进度付款申请单。监理人应在收到承包人修正后的进度付款申请单及相关资料后 7 天内完成审查并报送发包人，发包人应在收到监理人报送的进度付款申请单及相关资料后 7 天内，向承包人签发无异议部分的临时进度款支付证书。存在争议的部分，按照争议解决的约定处理。

c. 发包人应在进度款支付证书或临时进度款支付证书签发后 14 天内完成支付，发包人逾期支付进度款的，应按照中国人民银行发布的同期同类贷款基准利率支付违约金。

（3）进度付款的修正

在对已签发的进度款支付证书进行阶段汇总和复核中发现错误、遗漏或重复的，发包人和承包人均有权提出修正申请。经发包人和承包人同意的修正，应在下期进度付款中支付或扣除。

6.10.4 工程变更

（1）变更的范围

合同履行过程中发生以下情形的，应进行变更：

① 增加或减少合同中任何工作，或追加额外的工作。

② 取消合同中任何工作，但转由他人实施的工作除外。

③ 改变合同中任何工作的质量标准或其他特性。

④ 改变工程的基线、标高、位置和尺寸。

⑤ 改变工程的时间安排或实施顺序。

（2）变更权

发包人和监理人均可以提出变更。变更指示均通过监理人发出，监理人发出变更指示前应征得发包人同意。承包人收到经发包人签认的变更指示后，方可实施变更。未经许可，承包人不得擅自对工程的任何部分进行变更。涉及设计变更的，应由设计人提供变更后的图纸和说明。如变更超过原设计标准或批准的建设规模时，发包人应及时办理规划、设计变更等审批手续。

（3）变更程序

① 发包人提出变更。发包人提出变更的，应通过监理人向承包人发出变更指示，变更指示应说明计划变更的工程范围和变更的内容。

② 监理人提出变更建议。监理人提出变更建议的，需要向发包人以书面形式提出变更计划，说明计划变更工程范围和变更的内容、理由，以及实施该变更对合同价格和工期的影响。发包人同意变更的，由监理人向承包人发出变更指示；发包人不同意变更的，监理人无权擅自发出变更指示。

③ 变更执行。承包人收到监理人下达的变更指示后，认为不能执行，应立即提出不能执行该变更指示的理由。承包人认为可以执行变更的，应当书面说明实施该变更指示对合同价格和工期的影响，且合同当事人应当按照变更估价的约定确定变更估价。

（4）变更估价

① 变更估价原则

a. 已标价工程量清单或预算书有相同项目的，按照相同项目单价认定。

b. 已标价工程量清单或预算书中无相同项目，但有类似项目的，参照类似项目的单价认定。

c. 变更导致实际完成的变更工程量与已标价工程量清单或预算书中列明的该项目工程量的变化幅度超过 15％ 的，或已标价工程量清单或预算书中无相同项目及类似项目单价的，按照合理的成本与利润构成的原则，由合同当事人按照约定确定变更工作的单价。

② 变更估价程序　承包人应在收到变更指示后 14 天内，向监理人提交变更估价申请。监理人应在收到承包人提交的变更估价申请后 7 天内审查完毕并报送发包人，监理人对变更估价申请有异议，通知承包人修改后重新提交。发包人应在承包人提交变更估价申请后 14 天内审批完毕。发包人逾期未完成审批或未提出异议的，视为认可承包人提交的变更估价申请。

因变更引起的价格调整应计入最近一期的进度款中支付。

（5）承包人的合理化建议

承包人提出合理化建议的，应向监理人提交合理化建议说明，说明建议的内容和理由，以及实施该建议对合同价格和工期的影响。

监理人应在收到承包人提交的合理化建议后 7 天内审查完毕并报送发包人，发现其中存在技术上的缺陷，应通知承包人修改。发包人应在收到监理人报送的合理化建议后 7 天内审批完毕。合理化建议经发包人批准的，监理人应及时发出变更指示，由此引起的合同价格调整按照变更估价约定执行。发包人不同意变更的，监理人应书面通知承包人。

合理化建议降低了合同价格或者提高了工程经济效益的，发包人可对承包人给予奖励，奖励的方法和金额在专用合同条款中约定。

（6）变更引起的工期调整

因变更引起工期变化的，合同当事人均可要求调整合同工期，由合同当事人商定或确定并参考工程所在地的工程定额标准确定增减工期天数。

（7）暂估价

暂估价是指发包人在工程量清单中给定的用于支付必然发生但暂时不能确定价格的材料、设备以及专业工程的金额。暂估价专业分包工程、服务、材料和工程设备的明细由合同当事人在专用合同条款中约定。区分依法必须招标的项目和不属于依法必须招标的项目确定暂估价项目的具体实施方式。

（8）暂列金额

暂列金额是指发包人在工程量清单或预算书中暂定并包括在合同价款中的一笔款项，用于施工合同签订时尚未确定或者不可预见的所需材料、工程设备、服务的采购，施工中可能发生的工程变更、合同约定调整因素出现时的工程价款调整以及发生的索赔、现场签证确认等的费用。暂列金额相当于建设单位的备用金，其所有权属于建设单位。

（9）计日工

需要采用计日工方式的，经发包人同意后，由监理人通知承包人以计日工计价方式实施相应的工作，其价款按列入已标价工程量清单或预算书中的计日工计价项目及其单价进行计算；已标价工程量清单或预算书中无相应的计日工单价的，按照合理的成本与利润构成的原则，由合同当事人商定或确定计日工单价。

6.10.5　竣工结算

工程竣工验收报告经发包人认可后，承发包双方应当进行工程竣工结算。

（1）竣工结算申请

承包人应在工程竣工验收合格后 28 天内向发包人和监理人提交竣工结算申请单，并提交完整的结算资料。

（2）竣工结算审核

① 监理人应在收到竣工结算申请单后 14 天内完成核查并报送发包人。发包人应在收到监理人提交的经审核的竣工结算申请单后 14 天内完成审批，并由监理人向承包人签发经发包人签认的竣工付款证书。监理人或发包人对竣工结算申请单有异议的，有权要求承包人进行修正和提供补充资料，承包人应提交修正后的竣工结算申请单。

发包人在收到承包人提交竣工结算申请单后 28 天内未完成审批且未提出异议的，视为同意对方的申请，并自发包人收到承包人提交的竣工结算申请单后第 29 天起视为已签发竣工付款证书。

② 发包人应在签发竣工付款证书后的 14 天内，完成对承包人的竣工付款。发包人逾期支付的，按照中国人民银行发布的同期同类贷款基准利率支付违约金；逾期支付超过 56 天的，按照中国人民银行发布的同期同类贷款基准利率的两倍支付违约金。

③ 承包人对发包人签认的竣工付款证书有异议的，对于有异议部分应在收到发包人签认的竣工付款证书后 7 天内提出异议。对于无异议部分，发包人应签发临时竣工付款证书，完成付款。承包人逾期未提出异议的，视为认可发包人的审批结果。

（3）甩项竣工协议

发包人要求甩项竣工的，合同当事人应签订甩项竣工协议。在甩项竣工协议中应明确，合同当事人按照竣工结算申请及竣工结算审核的约定，对已完合格工程进行结算，并支付相应合同价款。

（4）最终结清

① 最终结清申请单

a. 承包人应在缺陷责任期终止证书颁发后 7 天内，按专用合同条款约定的份数向发包人提交最终结清申请单，并提供相关证明材料（专用合同条款另有约定除外）。

最终结清申请单应列明质量保证金、应扣除的质量保证金、缺陷责任期内发生的增减费用。

b. 发包人对最终结清申请单内容有异议的，有权要求承包人进行修正和提供补充资料，承包人应向发包人提交修正后的最终结清申请单。

② 最终结清证书和支付

a. 发包人应在收到承包人提交的最终结清申请单后 14 天内完成审批并向承包人颁发最终结清证书。发包人逾期未完成审批，又未提出修改意见的，视为发包人同意承包人提交的最终结清申请单，且自发包人收到承包人提交的最终结清申请单后 15 天起视为已颁发最终结清证书。

b. 发包人应在颁发最终结清证书后 7 天内完成支付。发包人逾期支付的，按照中国人民银行发布的同期同类贷款基准利率支付违约金；逾期支付超过 56 天的，按照中国人民银行发布的同期同类贷款基准利率的两倍支付违约金。

c. 承包人对发包人颁发的最终结清证书有异议的，按争议解决的约定办理。

6.10.6　工程价款结算计算

起扣点计算

确定工程预付款起扣点的依据是：未完施工工程所需主要材料和构件的费用，等于工程预付款的数额。工程预付款起扣点可按下式计算：

$$T = P - M/N$$

式中　T——起扣点，即预付备料款开始扣回的累计完成工作量金额；

M——预付备料款数额（预付款），预付（备料）款＝合同价款×预付（备料）款额度；

N——主要材料、构件所占比重；

P——承包工程价款总额（或建安工作量价值）。

【案例 1】　某工程合同价款为 300 万元，主要材料和结构件费用为合同价款的 62.5%。合同规定预付备料款为合同价款的 25%。

问题：求该工程预付款的起扣点。

【分析】　预付(备料)款＝300×25%＝75（万元）

工程预付款的起扣点 $T = P - M/N = 300 - 75 \div 62.5\% = 180$（万元）

即当累计结算工程价款为 180 万元时，应开始抵扣预付（备料）款。

每次应扣还的预付款，按下列公式计算：

$$第一次预付款扣抵额＝（累计已完工程价值－起扣点）×主材比重$$

$$以后每次扣抵额＝每次完成工程价值×主材比重$$

【案例 2】　某施工单位以总价合同的形式与业主签订了一份施工合同，该项工程合同总价款为 600 万元，工期从 2018 年 3 月 1 日起开工至当年 8 月 31 日竣工。合同中关于工程价款的结算内容有以下几项：

① 业主在开工前 7 天支付施工单位预付款，预付款为总价款的 25%；

② 工程预付款从未施工工程尚需的主要材料的构配件价值相当于预付款时起扣，业主每月以抵充工程进度款的方式从施工单位的工程款中扣除，主要材料的构配件费比重按 60% 计算；

③ 该工程质量保证金为 3%，业主每月从工程款中扣除；

④ 业主每月按承包商实际完成工程量进行计算。

承包商按时开工、竣工。各月实际完成工程量见表 6.1。

表 6.1　各月实际完成工程量

月　份	3 月—5 月	6 月	7 月	8 月
实际完成工程量/万元	300	120	100	80

问题：

① 业主应当支付给承包商的工程预付款是多少？

② 该工程预付款起扣点是多少？应从哪个月起扣？

③ 业主在施工期间各月实际结算给承包商的工程款各是多少？

【分析】

① 工程预付款：$600 \times 25\% = 150$（万元）

② 预付款起扣点：$600 - 150 \div 60\% = 600 - 250 = 350$（万元）

③ 各月结算的工程款：

3月—5月：$300 \times (1 - 3\%) = 291$（万元）

到6月份累计完成420万元，达到预付款起扣点，因此从6月份起开始抵扣预付款。

6月份应结算工程款：$120 \times (1 - 3\%) - (420 - 350) \times 60\% = 74.4$（万元）

7月份应结算工程款：$100 \times (1 - 3\%) - 100 \times 60\% = 37$（万元）

8月份应结算工程款：$80 \times (1 - 3\%) - 80 \times 60\% = 29.6$（万元）

【案例3】 某项工程项目建设单位与施工单位签订了工程施工承包合同，合同中估算工程量为 5300m^3，单价180元/m^3，合同工期为6个月。有关支付条款如下：

① 开工前，建设单位向施工单位支付估算合同价20%的预付款；

② 建设单位从第1个月起，从施工单位的工程款中，按3%的比例扣保留金；

③ 当累计实际完成工程量超过（或低于）估计工程量的10%时，价格应予调整，调价系数为0.9（或1.1）；

④ 每月签发付款证书最低金额为15万元；

⑤ 预付款从施工单位获得累计工程款超过估算合同价的30%以后的下一个月起至第5个月均匀扣除。

施工单位每月实际完成并经签证认可的工程量如表6.2所示。

表6.2　施工单位每月实际完成并经签证认可的工程量

月份	1	2	3	4	5	6
实际完成工程量/m^3	800	1000	1200	1200	1200	500

问题：

① 工程预付款为多少？工程预付款从哪个月起扣？每月应扣工程预付款为多少？

② 每月工程量价款为多少？应签证的工程款为多少？应签发的付款凭证金额为多少？（保留两位小数）

【分析】

① 估算合同总价为：$5300 \times 180 = 954000 = 95.4$（万元）

工程预付款金额为：$95.4 \times 20\% = 19.08$（万元）

工程预付款应从第3个月起扣留，因为第1、2两个月累计工程款为：$1800 \times 180 = 324000 = 32.4$（万元）$> 95.4 \times 30\% = 28.62$（万元）（估算合同价的30%）。

每月应扣工程预付款为：$19.08 \div 3 = 6.36$（万元）

② 每月进度款支付：

a. 第1个月：

工程量价款为：$800 \times 180 = 144000 = 14.40$（万元）

应签证的工程款为：$14.40 \times (1 - 3\%) = 13.97$（万元）$< 15$（万元），第1个月不予付款，下月一起付款。

b. 第2个月：

工程量价款为：$1000 \times 180 = 180000 = 18.00$（万元）

应签证的工程款为：18.00×0.97＝17.46（万元）

13.97(第1个月的)＋17.46＝31.43（万元）

应签发的付款凭证金额为31.43万元。

c. 第3个月：

工程量价款为：1200×180＝216000＝21.60（万元）

应签证的工程款为：21.60×0.97＝20.95（万元）

应扣工程预付款为：6.36万元（从第3个月开始扣预付款，连续扣3个月）

20.95－6.36＝14.59(万元)＜15(万元)，第3个月不予签发付款凭证，下月一起签发。

d. 第4个月：

工程量价款为：1200×180＝216000＝21.60（万元）

应签证的工程款为：21.60×0.97＝20.95（万元）

应扣工程预付款为：6.36万元

应签发的付款凭证金额为：

14.59(第3个月没给的)＋20.95－6.36＝29.18（万元）

e. 第5个月累计完成工程量为5400m^3，比原估算工程量5300m^{3}超出100m^3，但未超出估算工程量的10%，所以仍按原单价结算。

第5个月工程量价款为：1200×180＝216000＝21.60（万元）

应签证的工程款为：20.95万元

应扣工程预付款为：6.36万元

20.95－6.36＝14.59(万元)＜15(万元)，第5个月不予签发付款凭证，下月一起签发。

f. 第6个月累计完成工程量为5900m^3，比原估算工程量5300m^{3}超出600m^3，已超出估算工程量的10%，对超出的部分应调整单价。

按调整后的单价结算的工程量（超出估算工程量10%部分的工程量）为：5900－5300×(1＋10%)＝70（m^3）

第6个月工程量价款为：70×180×0.9(超过估算工程量10%部分)＋(500－70)×180(没超过10%部分按原价)＝88740＝8.874（万元）

应签证的工程款为：8.874×0.97＝8.61（万元）

应签发的付款凭证金额为14.59＋8.61＝23.20（万元）

6.11　施工合同的管理

6.11.1　违约

（1）发包人违约

① 发包人违约的情形。在合同履行过程中发生的下列情形，属于发包人违约：

a. 因发包人原因未能在计划开工日期前7天内下达开工通知的。

b. 因发包人原因未能按合同约定支付合同价款的。

c. 发包人违反取消合同中任何工作的约定，自行实施被取消的工作或转由他人实施的。

d. 发包人提供的材料、工程设备的规格、数量或质量不符合合同约定，或因发包人原因导致交货日期延误或交货地点变更等情况的。

　　e. 因发包人违反合同约定造成暂停施工的。

　　f. 发包人无正当理由没有在约定期限内发出复工指示，导致承包人无法复工的。

　　g. 发包人明确表示或者以其行为表明不履行合同主要义务的。

　　h. 发包人未能按照合同约定履行其他义务的。

　　发包人发生除明确表示或者以其行为表明不履行合同主要义务以外的违约情况时，承包人可向发包人发出通知，要求发包人采取有效措施纠正违约行为。发包人收到承包人通知后28天内仍不纠正违约行为的，承包人有权暂停相应部位工程施工，并通知监理人。

　　② 发包人违约的责任。发包人应承担因其违约给承包人增加的费用和（或）延误的工期，并支付承包人合理的利润。此外，合同当事人可在专用合同条款中另行约定发包人违约责任的承担方式和计算方法。

　　③ 因发包人违约解除合同。承包人按发包人违约的情形约定暂停施工满28天后，发包人仍不纠正其违约行为并致使合同目的不能实现的，或发包人明确表示或者以其行为表明不履行合同主要义务的，承包人有权解除合同，发包人应承担由此增加的费用，并支付承包人合理的利润。

　　④ 因发包人违约解除合同后的付款。承包人按照本款约定解除合同的，发包人应在解除合同后28天内支付下列款项，并解除履约担保：

　　a. 合同解除前所完成工作的价款。

　　b. 承包人为工程施工订购并已付款的材料、工程设备和其他物品的价款。

　　c. 承包人撤离施工现场以及遣散承包人人员的款项。

　　d. 按照合同约定在合同解除前应支付的违约金。

　　e. 按照合同约定应当支付给承包人的其他款项。

　　f. 按照合同约定应退还的质量保证金。

　　g. 因解除合同给承包人造成的损失。

　　合同当事人未能就解除合同后的结清达成一致的，按照争议解决的约定处理。

　　承包人应妥善做好已完工程和与工程有关的已购材料、工程设备的保护和移交工作，并将施工设备和人员撤出施工现场，发包人应为承包人撤出提供必要条件。

　　（2）承包人违约

　　① 承包人违约的情形。在合同履行过程中发生的下列情形，属于承包人违约：

　　a. 承包人违反合同约定进行转包或违法分包的。

　　b. 承包人违反合同约定采购和使用不合格的材料和工程设备的。

　　c. 因承包人原因导致工程质量不符合合同要求的。

　　d. 承包人违反材料与设备专用要求的约定，未经批准，私自将已按照合同约定进入施工现场的材料或设备撤离施工现场的。

　　e. 承包人未能按施工进度计划及时完成合同约定的工作，造成工期延误的。

　　f. 承包人在缺陷责任期及保修期内，未能在合理期限对工程缺陷进行修复，或拒绝按发包人要求进行修复的。

　　g. 承包人明确表示或者以其行为表明不履行合同主要义务的。

　　h. 承包人未能按照合同约定履行其他义务的。

　　承包人发生明确表示或者以其行为表明不履行合同主要义务的约定以外的其他违约情况

时，监理人可向承包人发出整改通知，要求其在指定的期限内改正。

② 承包人违约的责任。承包人应承担因其违约行为而增加的费用和（或）延误的工期。此外，合同当事人可在专用合同条款中另行约定承包人违约责任的承担方式和计算方法。

③ 因承包人违约解除合同。出现承包人明确表示或者以其行为表明不履行合同主要义务的约定的违约情况时，或监理人发出整改通知后，承包人在指定的合理期限内仍不纠正违约行为并致使合同目的不能实现的，发包人有权解除合同。合同解除后，因继续完成工程的需要，发包人有权使用承包人在施工现场的材料、设备、临时工程、承包人文件和由承包人或以其名义编制的其他文件，合同当事人应在专用合同条款约定相应费用的承担方式。发包人继续使用的行为不免除或减轻承包人应承担的违约责任。

④ 因承包人违约解除合同后的处理。因承包人原因导致合同解除的，则合同当事人应在合同解除后 28 天内完成估价、付款和清算，并按以下约定执行：

a. 合同解除后，商定或确定承包人实际完成工作对应的合同价款，以及承包人已提供的材料、工程设备、施工设备和临时工程等的价值。

b. 合同解除后，承包人应支付的违约金。

c. 合同解除后，因解除合同给发包人造成的损失。

d. 合同解除后，承包人应按照发包人要求和监理人的指示完成现场的清理和撤离。

e. 发包人和承包人应在合同解除后进行清算，出具最终结清付款证书，结清全部款项。

因承包人违约解除合同的，发包人有权暂停对承包人的付款，查清各项付款和已扣款项。发包人和承包人未能就合同解除后的清算和款项支付达成一致的，按照争议解决的约定处理。

⑤ 采购合同权益转让。因承包人违约解除合同的，发包人有权要求承包人将其为实施合同而签订的材料和设备的采购合同的权益转让给发包人，承包人应在收到解除合同通知后14 天内，协助发包人与采购合同的供应商达成相关的转让协议。

（3）第三人造成的违约

在履行合同过程中，一方当事人因第三人的原因造成违约的，应当向对方当事人承担违约责任。一方当事人和第三人之间的纠纷，依照法律规定或者按照约定解决。

6.11.2　不可抗力

（1）不可抗力的确认

不可抗力是指合同当事人在签订合同时不可预见，在合同履行过程中不可避免且不能克服的自然灾害和社会性突发事件，如地震、海啸、瘟疫、骚乱、戒严、暴动、战争和专用合同条款中约定的其他情形。

不可抗力发生后，发包人和承包人应收集证明不可抗力发生及不可抗力造成损失的证据，并及时认真统计所造成的损失。合同当事人对是否属于不可抗力或其损失的意见不一致的，由监理人按商定或确定的约定处理。发生争议时，按争议解决的约定处理。

（2）不可抗力的通知

合同一方当事人遇到不可抗力事件，使其履行合同义务受到阻碍时，应立即通知合同另一方当事人和监理人，书面说明不可抗力和受阻碍的详细情况，并提供必要的证明。

不可抗力持续发生的，合同一方当事人应及时向合同另一方当事人和监理人提交中间报告，说明不可抗力和履行合同受阻的情况，并于不可抗力事件结束后 28 天内提交最终报告及有关资料。

(3) 不可抗力后果的承担

不可抗力引起的后果及造成的损失由合同当事人按照法律规定及合同约定各自承担。不可抗力发生前已完成的工程应当按照合同约定进行计量支付。

不可抗力导致的人员伤亡、财产损失、费用增加和（或）工期延误等后果，由合同当事人按以下原则承担：

① 永久工程、已运至施工现场的材料和工程设备的损坏，以及因工程损坏造成的第三方人员伤亡和财产损失由发包人承担。

② 承包人施工设备的损坏由承包人承担。

③ 发包人和承包人承担各自人员伤亡和财产的损失。

④ 因不可抗力影响承包人履行合同约定的义务，已经引起或将引起工期延误的，应当顺延工期，由此导致承包人停工的费用损失由发包人和承包人合理分担，停工期间必须支付的工人工资由发包人承担。

⑤ 因不可抗力引起或将引起工期延误，发包人要求赶工的，由此增加的赶工费用由发包人承担。

⑥ 承包人在停工期间按照发包人要求照管、清理和修复工程的费用由发包人承担。

不可抗力发生后，合同当事人均应采取措施尽量避免和减少损失的扩大，任何一方当事人没有采取有效措施导致损失扩大的，应对扩大的损失承担责任。

因合同一方迟延履行合同义务，在迟延履行期间遭遇不可抗力的，不免除其违约责任。

【案例4】 某工程进入安装调试阶段后，由于雷电引发了一场火灾。在火灾结束后24小时内施工单位向项目监理机构通报了火灾损失情况：工程本身损失150万元；总价值100万元的待安装设备彻底报废；施工单位人员所需医疗费预计15万元；租赁的施工机械损坏赔偿10万元；其他单位临时停放在现场的一辆价值25万元的汽车被烧毁。另外，大火扑灭后施工单位停工5天，造成其他施工机械闲置损失2万元以及必要的管理保卫人员费用支出1万元，并预计工程所需清理、修复费用200万元。损失情况经项目监理机构审核属实。

问题：上述各项损失风险责任如何分担？

【分析】 属于不可抗力。

工程本身损失150万元由建设单位承担；100万元待安装设备的损失由建设单位承担。

施工单位人员医疗费15万元由施工单位承担；租赁的施工机械损坏赔偿10万元由施工单位承担；其他单位临时停放的车辆损失由建设单位承担；施工单位停工5天应相应顺延工期；施工机械闲置损失2万元由施工单位承担。

必要的管理保卫人员费用支出1万元由建设单位承担；工程所需清理、修复200万元由建设单位承担。

(4) 因不可抗力解除合同

因不可抗力导致合同无法履行连续超过84天或累计超过140天的，发包人和承包人均有权解除合同。合同解除后，由双方当事人按照约定商定或确定发包人应支付的款项，该款项包括：

① 合同解除前承包人已完成工作的价款。

② 承包人为工程订购的并已交付给承包人，或承包人有责任接受交付的材料、工程设备和其他物品的价款。

③ 发包人要求承包人退货或解除订货合同而产生的费用，或因不能退货或解除合同而产生的损失。

④ 承包人撤离施工现场以及遣散承包人人员的费用。

⑤ 按照合同约定在合同解除前应支付给承包人的其他款项。

⑥ 扣减承包人按照合同约定应向发包人支付的款项。

⑦ 双方商定或确定的其他款项。

合同解除后，发包人应在商定或确定上述款项后 28 天内完成上述款项的支付。

6.11.3　分包管理

（1）工程分包的概念

工程分包，是相对总承包而言的。所谓工程分包，是指施工总承包企业将所承包建设工程中的专业工程或劳务作业发包给其他建筑业企业完成的活动。施工专业分包合同中的一方合同主体是作为总承包人的建筑施工企业，另一方合同主体是作为分包人的建筑施工企业。施工专业分包合同订立后，分包人按照施工专业分包合同的约定对总承包人负责，同时建筑工程总承包人仍按照总承包合同的约定对发包人负责。分包分为专业工程分包和劳务作业分包。

（2）分包资质管理

《建筑业企业资质管理规定》规定，建筑业企业资质分为施工总承包资质、专业承包资质、施工劳务资质三个序列，并规定取得劳务分包资质的企业，可以承接施工总承包企业或专业承包企业分包的劳务作业。《建筑业企业资质标准》（建市〔2014〕159 号）要求，设有专业承包资质的专业工程单独发包时，应由取得相应专业承包资质的企业承担。取得专业承包资质的企业可以承接具有施工总承包资质的企业依法分包的专业工程或建设单位依法发包的专业工程。

《施工合同（示范文本）》规定：按照合同约定进行分包的，承包人应确保分包人具有相应的资质和能力。工程分包不减轻或免除承包人的责任和义务，承包人和分包人就分包工程向发包人承担连带责任。除合同另有约定外，承包人应在分包合同签订后 7 天内向发包人和监理人提交分包合同副本。

承接劳务分包的企业，必须获得相应劳务分包资质，而不允许个人承揽劳务作业。在劳务分包中，劳务承包商仅提供劳务，而材料、设备及技术管理等工作仍由总承包单位提供。劳务分包纯粹属于劳动力的使用，其他一切施工技术、设备、材料等均完全由总承包单位负责。

劳务分包无须经建设单位的同意。劳务分包仅存在于施工劳务的承发包之间，其内容是施工劳务而非分部分项工程，劳务分包人与建设单位没有直接的法律关系，总承包人或专业分包的承包人发包劳务，无须经过建设单位或总承包人的同意，而工程（专业）分包必须经建设单位同意。

（3）违法分包

根据《建设工程质量管理条例》的规定，违法分包指下列行为：

① 总承包单位将建设工程分包给不具备相应资质条件的单位，包括不具备资质条件和超越自身资质等级承揽业务两类情况；

② 建设工程总承包合同中未有约定，又未经建设单位认可，承包单位将其承包的部分建设工程交由其他单位完成的；

③ 施工总承包单位将建设工程主体结构的施工分包给其他单位的；

④（专业）分包单位将其承包的建设工程再分包的。

承包人不得以劳务分包的名义转包或违法分包工程。

分包合同价款由承包人与分包人结算，未经承包人同意，建设单位不得向分包人支付分包工程价款。

【案例5】　某办公楼工程，地下2层，地上15层，框架结构，建设单位（甲方）将该工程通过招标发包给了乙方，甲乙双方签订了施工承包合同。合同履行过程中，发生了如下事件：

事件1：工程开工后，施工单位乙公司经建设单位同意，将土方开挖施工分包给了丙公司。

事件2：未经建设单位同意，施工单位乙公司将钢筋加工劳务作业分包给了具有相应资质的劳务公司丁。

事件3：未经建设单位同意，合同也无约定，乙公司将地下室防水施工发包给了防水公司。

事件4：防水公司又将劳务分包给了具有相应资质的劳务公司。

问题：

① 事件1有无不妥？

② 事件2有无不妥？

③ 事件3有无不妥？

④ 事件4有无不妥？

【分析】

① 事件1的做法是妥当的。施工单位乙将土方开挖施工分包给了丙公司，虽没有合同约定，但是经过建设单位同意了。

② 事件2的做法是妥当的。施工单位乙公司将钢筋加工劳务作业分包给了具有相应资质的劳务公司丁，有关法律法规没有规定劳务分包需建设单位同意，因此将钢筋加工劳务作业分包给具有相应资质的劳务公司丁的做法是妥当的。

③ 事件3的做法不妥当。未经建设单位同意，合同也无约定，施工单位乙公司将地下室防水施工发包给了防水公司，属于违法分包。

④ 事件4的做法是妥当的。专业承包公司可以将劳务分包给劳务分包公司。

6.11.4　安全文明施工与环境保护

（1）安全文明施工

① 安全生产要求。合同履行期间，合同当事人均应当遵守国家和工程所在地有关安全生产的要求，合同当事人有特别要求的，应在专用合同条款中明确施工项目安全生产标准化达标目标及相应事项。承包人有权拒绝发包人及监理人强令承包人违章作业、冒险施工的任何指示。

在施工过程中，如遇到突发的地质变动、事先未知的地下施工障碍等影响施工安全的紧急情况，承包人应及时报告监理人和发包人，发包人应当及时下令停工并报政府有关行政管理部门采取应急措施。

② 安全生产保证措施。承包人应当按照有关规定编制安全技术措施或者专项施工方案，建立安全生产责任制度、治安保卫制度及安全生产教育培训制度，并按安全生产法律规定及合同约定履行安全职责，如实编制工程安全生产的有关记录，接受发包人、监理人及政府安全监督部门的检查与监督。

③ 特别安全生产事项。承包人应按照法律规定进行施工，开工前做好安全技术交底工作，施工过程中做好各项安全防护措施。承包人为实施合同而雇用的特殊工种的人员应受过专门的培训并已取得政府有关管理机构颁发的上岗证书。

承包人在动力设备、输电线路、地下管道、密封防震车间、易燃易爆地段以及临街交通要道附近施工时，施工开始前应向发包人和监理人提出安全防护措施，经发包人认可后实施。

实施爆破作业，在放射、毒害性环境中施工（含储存、运输、使用）及使用毒害性、腐蚀性物品施工时，承包人应在施工前 7 天书面通知发包人和监理人，并报送相应的安全防护措施，经发包人认可后实施。

需单独编制危险性较大分部分项专项工程施工方案的，及要求进行专家论证的超过一定规模的危险性较大的分部分项工程，承包人应及时编制和组织论证。

④ 治安保卫。除专用合同条款另有约定外，发包人应与当地公安部门协商，在现场建立治安管理机构或联防组织，统一管理施工场地的治安保卫事项，履行合同工程的治安保卫职责。

发包人和承包人除应协助现场治安管理机构或联防组织维护施工场地的社会治安外，还应做好包括生活区在内的各自管辖区的治安保卫工作。

除专用合同条款另有约定外，发包人和承包人应在工程开工后 7 天内共同编制施工场地治安管理计划，并制定应对突发治安事件的紧急预案。在工程施工过程中，发生暴乱、爆炸等恐怖事件，以及群殴、械斗等群体性突发治安事件的，发包人和承包人应立即向当地政府报告。发包人和承包人应积极协助当地有关部门采取措施平息事态，防止事态扩大，尽量避免人员伤亡和财产损失。

⑤ 文明施工。承包人在工程施工期间，应当采取措施保持施工现场平整，物料堆放整齐。工程所在地有关政府行政管理部门有特殊要求的，按照其要求执行。合同当事人对文明施工有其他要求的，可以在专用合同条款中明确。

在工程移交之前，承包人应当从施工现场清除承包人的全部工程设备、多余材料、垃圾和各种临时工程，并保持施工现场清洁整齐。经发包人书面同意，承包人可在发包人指定的地点保留承包人履行保修期内的各项义务所需要的材料、施工设备和临时工程。

⑥ 安全文明施工费。安全文明施工费由发包人承担，发包人不得以任何形式扣减该部分费用。因基准日期后合同所适用的法律或政府有关规定发生变化，增加的安全文明施工费由发包人承担。

承包人经发包人同意采取合同约定以外的安全措施所产生的费用，由发包人承担。未经发包人同意的，如果该措施避免了发包人的损失，则发包人在避免损失的额度内承担该措施费。如果该措施避免了承包人的损失，由承包人承担该措施费。

除专用合同条款另有约定外，发包人应在开工后 28 天内预付安全文明施工费总额的 50%，其余部分与进度款同期支付。发包人逾期支付安全文明施工费超过 7 天的，承包人有权向发包人发出要求预付的催告通知，发包人收到通知后 7 天内仍未支付的，承包人有权暂停施工，并按发包人违约的情形执行。

承包人对安全文明施工费应专款专用，承包人应在财务账目中单独列项备查，不得挪作他用，否则发包人有权责令其限期改正；逾期未改正的，可以责令其暂停施工，由此增加的费用和（或）延误的工期由承包人承担。

⑦ 紧急情况处理。在工程实施期间或缺陷责任期内发生危及工程安全的事件，监理人通知承包人进行抢救，承包人声明无能力或不愿立即执行的，发包人有权雇佣其他人员进行抢救。此类抢救按合同约定属于承包人义务的，由此增加的费用和（或）延误的工期由承包人承担。

⑧ 事故处理。工程施工过程中发生事故的，承包人应立即通知监理人，监理人应立即通知发包人。发包人和承包人应立即组织人员和设备进行紧急抢救和抢修，减少人员伤亡和财产损失，防止事故扩大，并保护事故现场。需要移动现场物品时，应作出标记和书面记录，妥善保管有关证据。发包人和承包人应按国家有关规定，及时如实地向有关部门报告事故发生的情况，以及正在采取的紧急措施等。

⑨ 安全生产责任。包括以下内容：

a. 发包人的安全责任。发包人应负责赔偿以下各种情况造成的损失：工程或工程的任何部分对土地的占用所造成的第三者财产损失；由于发包人原因在施工场地及其毗邻地带造成的第三者人身伤亡和财产损失；由于发包人原因对承包人、监理人造成的人员人身伤亡和财产损失；由于发包人原因造成的发包人自身人员的人身伤害以及财产损失。

b. 承包人的安全责任。由于承包人原因在施工场地内及其毗邻地带造成的发包人、监理人以及第三者人员伤亡和财产损失，由承包人负责赔偿。

（2）职业健康

① 劳动保护。承包人应按照法律规定安排现场施工人员的劳动和休息时间，保障劳动者的休息时间，并支付合理的报酬和费用。承包人应依法为其履行合同所雇用的人员办理必要的证件、许可、保险和注册等，承包人应督促其分包人为分包人所雇用的人员办理必要的证件、许可、保险和注册等。

承包人应按照法律规定保障现场施工人员的劳动安全，并提供劳动保护，并应按国家有关劳动保护的规定，采取有效的防止粉尘、降低噪声、控制有害气体和保障高温、高寒、高空作业安全等劳动保护措施。承包人雇佣人员在施工中受到伤害的，承包人应立即采取有效措施进行抢救和治疗。

承包人应按法律规定安排工作时间，保证其雇佣人员享有休息和休假的权利。因工程施工的特殊需要占用休假日或延长工作时间的，应不超过法律规定的限度，并按法律规定给予补休或付酬。

② 生活条件。承包人应为其履行合同所雇用的人员提供必要的膳宿条件和生活环境；承包人应采取有效措施预防传染病，保证施工人员的健康，并定期对施工现场、施工人员生活基地和工程进行防疫和卫生的专业检查和处理，在远离城镇的施工场地，还应配备必要的伤病防治和急救的医务人员与医疗设施。

（3）环境保护

承包人应在施工组织设计中列明环境保护的具体措施。在合同履行期间，承包人应采取合理措施保护施工现场环境。对施工作业过程中可能引起的大气、水、噪声以及固体废物污染采取具体可行的防范措施。

承包人应当承担因其原因引起的环境污染侵权损害赔偿责任，因上述环境污染引起纠纷而导致暂停施工的，由此增加的费用和（或）延误的工期由承包人承担。

6.11.5 争议解决

（1）和解

合同当事人可以就争议自行和解，自行和解达成协议的经双方签字并盖章后作为合同补充文件，双方均应遵照执行。

（2）调解

合同当事人可以就争议请求建设行政主管部门、行业协会或其他第三方进行调解，调解达成协议的，经双方签字并盖章后作为合同补充文件，双方均应遵照执行。

（3）争议评审

合同当事人在专用合同条款中约定采取争议评审方式解决争议以及评审规则，并按下列约定执行：

① 争议评审小组的确定。合同当事人可以共同选择一名或三名争议评审员，组成争议评审小组。合同当事人应当自合同签订后 28 天内，或者争议发生后 14 天内，选定争议评审员（专用合同条款另有约定除外）。

选择一名争议评审员的，由合同当事人共同确定；选择三名争议评审员的，各自选定一名，第三名成员为首席争议评审员，由合同当事人共同确定或由合同当事人委托已选定的争议评审员共同确定，或由专用合同条款约定的评审机构指定第三名首席争议评审员。

评审员报酬由发包人和承包人各承担一半（专用合同条款另有约定除外）。

② 争议评审小组的决定。合同当事人可在任何时间将与合同有关的任何争议共同提请争议评审小组进行评审。争议评审小组应秉持客观、公正原则，充分听取合同当事人的意见，依据相关法律、规范、标准、案例经验及商业惯例等，自收到争议评审申请报告后 14 天内作出书面决定，并说明理由。合同当事人可以在专用合同条款中对本项事项另行约定。

③ 争议评审小组决定的效力。争议评审小组作出的书面决定经合同当事人签字确认后，对双方具有约束力，双方应遵照执行。

任何一方当事人不接受争议评审小组决定或不履行争议评审小组决定的，双方可选择采用其他争议解决方式。

（4）仲裁或诉讼

因合同及合同有关事项产生的争议，合同当事人可以在专用合同条款中约定以下一种方式解决争议：

① 向约定的仲裁委员会申请仲裁；

② 向有管辖权的人民法院起诉。

思考与练习

一、单选题

1.《施工合同（示范文本）》通用条款规定，施工中，发包人供应的材料由承包人负责检查试验后用于工程，但随后又发现材料有质量问题，此时应由（　　）。

　　A. 发包人追加合同价款，相应顺延工期　　　B. 发包人追加合同价款，工期不予顺延

　　C. 承包人承担发生的费用，相应顺延工期　　D. 承包人承担发生的费用，工期不予顺延

　　2. 在施工过程中，监理工程师发现曾检验合格的工程部位仍存在施工质量问题，则修复该部分工程质量缺陷时应由（　　）。

　　A. 发包人承担费用和工期损失　　　　　　　B. 承包人承担费用和工期损失

　　C. 承包人承担费用，但工期给予顺延　　　　D. 发包人承担费用，但工期给予顺延

　　3. 分包商在施工现场的协调管理工作，应由（　　）负责。

　　A. 业主　　　　　　　B. 监理人　　　　　　C. 总承包商　　　　　　D. 分包商自己

　　4. 根据《施工合同（示范文本）》，某监理工程项目发包人采购的建筑材料运抵施工现场，在由承包人保管前，应经过（　　）共同清点。

　　A. 发包人与监理人　　B. 监理人与承包人　　C. 发包人与承包人　　D. 监理人与供货人

　　5. 根据《施工合同（示范文本）》，承包人采购的建筑材料，在使用前需要进行试验时，责任的分担为（　　）。

　　A. 发包人负责试验，费用由发包人承担　　　B. 发包人负责试验，费用由承包人承担

　　C. 承包人负责试验，费用由发包人承担　　　D. 承包人负责试验，费用由承包人承担

　　6. 某基础工程施工过程中，承包人未通知监理人检查即自行隐蔽，后又遵照监理人的指示进行剥露检验，经与监理人共同检验，确认该隐蔽工程的施工质量满足合同要求。下列关于处理此事件的说法中，正确的是（　　）。

　　A. 给承包人顺延工期并追加合同价款　　　　B. 给承包人顺延工期，但不追加合同价款

　　C. 给承包人追加合同价款，但不顺延工期　　D. 工期延误和费用损失均由承包人承担

　　7. 某项目分项工程的施工具备隐蔽条件，经监理人检查认可后承包人继续施工，后监理人又发出重新剥露检查的指示，承包人执行了该指示。重新检查表明该分项工程存在质量缺陷，承包人修复后再次隐蔽。下列关于承包人的经济损失和工期延误的责任承担的说法中，正确的是（　　）。

　　A. 工期和经济损失由承包人承担　　　　　　B. 给予经济损失补偿，不顺延合同工期

　　C. 顺延合同工期，不补偿经济损失　　　　　D. 补偿经济损失并顺延合同工期

　　8. 发包人采购的设备经过试车表明存在严重质量缺陷，需拆除并重新购置，下列关于该事件责任承担的说法中，正确的是（　　）。

　　A. 发包人负责拆除，重新购置，合同工期相应顺延

　　B. 发包人负责拆除，承包人重新购置，追加合同价款并顺延合同工期

　　C. 承包人负责拆除，发包人重新购置，顺延合同工期但不追加合同价款

　　D. 承包人负责拆除，发包人重新购置，追加合同价款并顺延合同工期

　　9. 某工程施工合同约定的工期为 20 个月，专用条款规定承包人提前竣工或延误竣工均按月计算奖金或延误损害赔偿金，施工至第 16 个月，因承包人原因导致实际进度滞后于计划进度，承包人修改后的进度计划的竣工日期为第 23 个月，监理人认可了该进度计划的修改，承包人的实际施工期为 21 个月。下列关于承包人的工程责任的说法中，正确的是（　　）。

　　A. 提前工期 1 个月给予承包人奖励

　　B. 延误工期 1 个月追究承包人拖期违约责任

　　C. 对承包人既不追究拖期违约责任，也不给予奖励

D. 因监理人对修改进度计划的认可，按延误工期 0.5 个月追究承包人违约责任

10. 根据《施工合同（示范文本）》，当组成合同的文件出现矛盾时，应按合同约定的优先顺序进行解释，合同中没有约定的，优先顺序正确的是（　　）。

A. 合同协议书、通用条款、专用条款　　　　B. 中标通知书、专用条款、合同协议书

C. 中标通知书、专用条款、投标书（函）　　D. 中标通知书、专用条款、已标价工程量清单

11. 下列关于施工进度计划的说法中，错误的是（　　）。

A. 承包人应当依据施工组织设计编制施工进度计划

B. 监理人无权对承包人提交的施工进度计划提出不同意见

C. 监理人对施工进度计划的认可，不能免除承包人对施工组织设计缺陷应负的责任

D. 经监理人认可的施工进度计划将作为工程的施工进度控制的依据

12. 按照《施工合同（示范文本）》的规定，承包人应当完成的工作是（　　）。

A. 使施工场地具备施工条件　　　　　　　B. 提供施工场地的地下管线资料

C. 已完工程照管　　　　　　　　　　　　D. 组织竣工验收

13.《施工合同（示范文本）》规定，发包人供应的材料设备在使用前检验或试验（　　）。

A. 由承包人负责，费用由承包人承担　　　B. 由发包人负责，费用由发包人承担

C. 由承包人负责，费用由发包人承担　　　D. 由发包人负责，费用由承包人承担

14.《施工合同（示范文本）》规定，施工中遇到有价值的地下文物后，承包商应立即停止施工并采取有效保护措施，对打乱施工计划的后果责任，（　　）。

A. 承包商承担保护费用，工期不予顺延

B. 承包商承担保护费用，工期予以顺延

C. 发包人承担保护措施费用，工期不予顺延

D. 发包人承担保护措施费用，工期予以顺延

15. 负责组织施工竣工验收的是（　　）。

A. 发包人　　　　　　B. 总监理工程师　　　C. 承包人　　　　　　D. 监理单位

16. 下列对不可抗力发生后合同责任的描述中错误的是（　　）。

A. 承包人的人员伤亡由发包人负责　　　　B. 工程修复费用由发包人承担

C. 承包人的停工损失由承包人承担　　　　D. 发包人的人员伤亡由发包人负责

17. 依据《施工合同（示范文本）》，当施工过程中发生不可抗力，致使承包人机械设备损失，该损失应由（　　）承担。

A. 发包人　　　　　　　　　　　　　　　B. 承包人

C. 设备供应人　　　　　　　　　　　　　D. 发包人和承包人分别

18. 某施工合同约定钢材由发包人供应，但钢材到货时发包人与监理人都没有通知承包人验收，供应商就将钢材卸货于施工现场，在使用前发现钢材数量出现较大短缺。钢材损失应由（　　）承担。

A. 承包人　　　　　　B. 钢材供应商　　　　C. 监理人　　　　　　D. 发包人

19.《施工合同（示范文本）》规定，由（　　）组织无负荷联动试车。

A. 甲方　　　　　　　B. 乙方　　　　　　　C. 甲乙双方共同　　　D. 第三方

20. 某施工项目由于拆迁工作延误不能按约定日期开工，监理人以书面形式通知承包人推迟开工时间，则发包人（　　）。

A. 无须赔偿承包人损失，工期也不顺延　　B. 无须赔偿承包人损失，工期应予顺延

C. 应当赔偿承包人损失，工期应予顺延　　　D. 应当赔偿承包人损失，工期不予顺延

21. 在工程施工中由于（　　）原因导致的工期延误，承包方应当承担违约责任。

A. 不可抗力　　　B. 承包方的设备损坏　　C. 设计变更　　　　　　D. 工程量变化

22. 承包人因自身原因实际施工落后于进度计划，若此时工程的某部位施工与其他承包人发生干扰，监理人发出指示改变了施工时间和顺序导致施工成本的增加和效率降低，此时，承包人（　　）。

A. 有权要求赔偿　　　　　　　　　　　　　B. 只能获得占增加成本的一定比例的赔偿

C. 由发包人协调不同承包人间的赔偿问题　　D. 无权要求赔偿

23. 设备安装完毕进行试车检验的结果表明，由于工程设计原因未能满足验收要求。承包人依据监理工程师的指示按照修改后的设计将设备拆除、修正施工并重新安装。按照合同责任，应（　　）。

A. 追加合同价款但工期不予顺延　　　　　　B. 由承包人承担费用和工期的损失

C. 追加合同价款并相应顺延合同工期　　　　D. 工期相应顺延但不补偿承包人的费用

24. 发包人负责采购的一批钢窗，运到工地与承包人共同清点验收后存入承包人仓库。钢窗安装完毕，监理工程师检查发现由于钢窗质量原因出现较大变形，要求承包人拆除，则此质量事故（　　）。

A. 所需费用和延误工期由承包人负责　　　　B. 所需费用和延误工期由发包人负责

C. 所需费用给予补偿，延误工期由承包人负责　D. 延误工期应予顺延，费用由承包人承担

二、多选题

1. 建设工程施工合同履行过程中，应由发包人完成的工作有（　　）。

A. 保护竣工未交付工程　　　　　　　　　　B. 向监理人提供工程进度计划

C. 施工现场环境保护　　　　　　　　　　　D. 组织图纸会审

E. 办理施工许可手续

2. 《施工合同（示范文本）》规定了在施工中出现不可抗力事件时双方的承担办法，其中不可抗力事件发生后，承包方承担的风险范围不包括（　　）。

A. 运至施工现场待安装设备的损害

B. 承包人机械设备的损坏

C. 停工期间，承包人应监理人要求留在施工场地的必要管理人员的费用

D. 施工人员的伤亡费用

E. 工程所需的修复费用

3. 下列关于施工合同履行过程中，有关隐蔽工程验收和重新检验的提法和做法正确的有（　　）。

A. 监理人不能按时参加验收，须在开始验收前向承包人提出书面延期要求

B. 监理人未能按时提出延期要求，不参加验收的，承包人可自行组织验收

C. 监理人未能参加验收应视为该部分工程合格

D. 发包人可不承认监理人未能按时参加承包人单独进行的试车记录

E. 监理人没有参与验收，则不能提出对已经隐蔽的工程重新检验的要求

4. 建设工程施工分包合同的当事人是（　　）。

A. 发包人　　　　　　　B. 监理单位　　　　　　　C. 承包人

D. 监理人　　　　　　　E. 分包人

5. 《施工合同（示范文本）》规定，承包人的义务包括（　　）。

A. 已完工程的保护工作　　　　　　　B. 开通施工场地与城乡公共道路的通道

C. 因承包人原因导致的夜间施工噪声罚款　　D. 施工现场古树名木的保护工作

E. 办理施工许可证

6. 《施工合同（示范文本）》规定，因不可抗力事件导致的费用中，应由发包人承担的有（　　）。

A. 工程本身的损害

B. 承包人的人员伤亡

C. 停工期间，应监理人要求承包人留在施工场地的必要的管理人员的费用

D. 工程所需清理费用

E. 工程所需修复费用

7. 对于发包人供应的材料设备，（　　）等工作应当由发包人承担。

A. 到货后，通知清点

B. 清点后负责保管

C. 支付保管费用

D. 如果质量与约定不符，运出施工场地并重新采购

E. 到货后，参加清点

8. 属于可以顺延的工期延误有（　　）。

A. 发包方不能按合同约定支付预付款，使工程不能正常进行

B. 承包商机械设备损坏

C. 工程量增加

D. 发包方不能按专用条款约定提供施工图

E. 设计变更

9. 根据《施工合同（示范文本）》通用条款的规定，当合同的组成文件之间出现矛盾或歧义时，下列有关文件优先解释顺序中，正确的有（　　）。

A. 中标通知书—合同协议书—合同专用条款

B. 中标通知书—投标书—合同通用条款

C. 履行过程中的书面洽商—合同专用条款—已标价工程量清单

D. 投标书—合同专用条款—标准规范

E. 图纸—合同专用条款—已标价工程量清单

10. 根据《施工合同（示范文本）》的规定，导致现场发生暂停施工的下列情形中，承包人在执行监理人暂停施工的指示后，可以要求发包人追加合同价款并顺延工期的包括（　　）。

A. 施工作业方法可能危及邻近建筑物的安全　　B. 施工中遇到了有考古价值的文物

C. 发包人订购的设备不能按时到货　　　　　　D. 施工作业危及人身安全

E. 发包人未能按时移交后续施工的现场

11. 根据《施工合同（示范文本）》，下列工作中应由发包人完成的有（　　）。

A. 从施工现场外部接通施工用电线路　　　　B. 施工现场的安全保卫

C. 已完工程的保护　　　　　　　　　　　　D. 办理爆破作业行政许可手续

E. 施工现场邻近建筑物的保护

12. 下列事件中属于不可抗力的有（　　）。

A. 龙卷风导致吊车倒塌　　　　　　B. 地震导致已施工主体建筑物的开裂

C. 承包人管理不善导致的仓库爆炸　　D. 承包人拖欠雇员工资导致的动乱

E. 战争

三、案例分析

【案例1】 某施工合同合同总价款6240万元，工程预付款为合同总价的25％。合同关于工程款支付约定如下：

① 工程预付款从未施工工程所需的主要材料及构配件价值相当于工程预付款时起扣，每月以抵充工程款的方式陆续收回，主要材料及构配件比重按60％考虑；

② 除设计变更和其他不可抗力因素外，合同总价不作调整；

③ 材料和设备均由B承包商负责采购；

④ 工程保修金为合同总价的3％，在工程结算时一次扣留，工程保修期为正常使用条件下，建筑工程法定的最低保修期限。

经发包人代表签认的B承包商实际完成的建安工作量（第1～12月）见表6.3。

表6.3　经发包人代表签认的B承包商实际完成的建安工作量　　　单位：万元

施工月份	第1～7月	第8月	第9月	第10月	第11月	第12月
实际完成建安工作量	3000	420	510	770	750	790
实际完成建安工作量累计	3000	3420	3930	4700	5450	6240

问题：

① 本工程预付款是多少万元？

② 工程预付款应从哪个月开始起扣？

③ 第1～7月合计以及第8、9、10月，发包人代表应签发的工程款各是多少万元？

【案例2】 某施工单位承包某工程项目，甲乙双方签订的关于工程价款的合同内容有：

① 建筑安装工程造价660万元，建筑材料及设备费占施工产值的比重为60％。

② 工程预付款为建筑安装工程造价的20％。工程实施后，工程预付款从未施工工程尚需的主要材料及构件的价值相当于工程预付款数额时起扣，从每次结算工程价款中按材料和设备占施工产值的比重扣抵工程预付款，竣工前全部扣清。

③ 工程进度款逐月计算。

④ 工程保修金为建筑安装工程造价的3％，竣工结算月一次扣留。

⑤ 材料和设备价差调整按规定进行（按有关规定上半年材料和设备价差上调10％，在6月份一次调增）。

表6.4为工程各月实际完成产值。

表6.4　工程各月实际完成产值　　　单位：万元

月份	2	3	4	5	6
完成产值	55	110	165	220	110

问题：

① 该工程的工程预付款为多少？起扣点为多少？

② 该工程2～5月每月拨付工程款为多少？累计拨付工程款为多少？

③ 6月份办理工程竣工结算，该工程结算造价为多少？甲方应付工程结算款为多少？

【案例3】 某监理公司承担了一体育馆施工阶段（包括施工招标）的监理任务。经过施工招标，业主选定 A 工程公司为中标单位。在施工合同中双方约定，A 工程公司将设备安装、配套工程和桩基工程的施工分别分包给 B、C 和 D 三家专业工程公司，业主负责采购设备。该工程在施工招标和合同履行过程中发生了下述事件：

① 桩基工程施工完毕，已按国家有关规定和合同约定做了检测验收。监理人对其中 5 号桩的混凝土质量有怀疑，建议业主采用钻孔取样方法进一步检验。D 公司不配合，监理人要求 A 公司给予配合，A 公司以桩基为 D 公司施工为由拒绝。

问题：A 公司的做法妥当否？为什么？

② 业主采购的配套工程设备提前进场，A 公司派人参加开箱清点，并向监理人提交因此增加的保管费支付申请。

问题：保管费由谁支付？为什么？

③ 业主负责采购的设备到场后与承包商共同清点后入库，使用前发现丢失。

问题：谁负责赔偿？为什么？

第 7 章　建设工程监理合同

7.1　建设工程监理概述

7.1.1　建设工程监理合同的概念和特征

监理是指监理人受委托人（建设单位，甲方）的委托，根据法律、法规、有关建设工程标准及合同约定，代表委托人对工程的施工质量、进度、造价进行控制，对合同、信息进行管理，对施工承包人的安全生产管理实施监督，参与协调建设工程相关方的关系。

建设工程监理合同（简称监理合同），是指委托人与监理人就委托的工程项目管理内容签订的明确双方权利、义务的协议。委托人是指合同中委托监理与相关服务的一方及其合法的继承人或受让人。监理人是指合同中提供监理与相关服务的一方，及其合法的继承人。监理的标的可以是工程建设的全过程，也可以是工程建设的某个阶段（如设计阶段、施工阶段等）。目前实践中的监理大多数是指对施工阶段的监理。

建设工程监理合同具有以下几个方面的特征：

① 监理合同的当事人双方，应当是具有民事权利能力和民事行为能力、取得法人资格的企事业单位、其他社会组织，个人在法律允许范围内也可以成为监理合同当事人。作为委托人必须是有国家批准的建设项目，落实投资计划的企事业单位、其他社会组织及个人。作为监理人必须是依法成立的具有法人资格的监理单位，并且所承担的工程监理业务应与其单位资质相符合。

② 监理合同的订立必须符合工程项目建设程序。

③ 监理合同的标的是服务，即监理人凭借自己的知识、经验、技能受发包人所委托为其所签订的其他合同的履行实施监督管理。

④ 监理合同是双务合同，即合同成立后，委托人和监理人都要承担相应的义务。委托人有向监理人支付监理酬金等义务，监理人有向委托人报告委托事务、亲自处理委托事务等义务。

⑤ 监理合同是有偿合同，因为监理人也是以营利为目的的企业，它通过自己的有偿服务取得相应的酬金。

7.1.2　监理人与承包人、发包人的关系

建设施工合同的履行中，由于监理人的介入，形成了一种监理人与承包人、发包人既互相协作又互相监督的三元格局。这种格局以建设工程施工合同和监理合同为纽带，以优质、高效、安全地完成建设工程为最终目标。正确认识三者之间的法律关系，有利于在实践中理

顺三者之间的关系，协调、统一地行动，提高工程的质量和效益。

（1）监理人的性质

监理人即建设监理单位，是指经政府建设监理管理机构批准，具有法人资格的工程监理公司。它受建设单位委托，主要从事工程建设可行性研究、招标投标、组织与审查勘察设计、监督施工等服务活动。符合建设监理条件的工程设计、科研、工程咨询等单位，经政府建设监理管理机构批准，也可以兼营工程监理业务。建设监理单位是一种中介机构，委派项目监理部在建设工程施工合同施工活动中进行组织和监督。项目监理部的权限来源于其所属单位与建设单位订立的建设监理合同。即便是国家强制监理的工程，监理单位如果没有建设单位的授权，也不能实施监理活动。

（2）监理人与发包人的法律关系

工程建设监理合同是一种委托合同，因此，发包人与监理人是委托与被委托的关系。监理合同订立后，建设单位把对工程建设项目的一部分管理权授予监理单位，委托其代为行使。建设单位的授权委托是监理单位依法实施工程建设监理的直接依据，是工程建设实行监理制的本质要求。应该注意的是，这种授权委托关系不是代理关系，更不是雇佣与被雇佣的关系。委托关系与代理关系的区别主要在于受托人以自己的名义为受托的行为，而代理人则以被代理人的名义为代理行为。监理单位是一种中介组织，是独立的民事主体，在行使监理职能的时候以自己的名义进行。雇佣与被雇佣的关系不是平等的法律关系，表现在前者支配后者，后者的工作具有从属性。然而监理单位接受建设单位的委托后，并非唯令是从。监理人中介组织的地位和委托法律关系的性质，决定了监理人在从事工程建设监理活动时，应当遵循守法、诚信、公正、科学的准则，应当凭借自己的专业技能，依照法律、行政法规及有关技术标准、设计文件和建筑工程承包合同，对施工单位进行监督。

（3）监理人与承包人的法律关系

监理人与承包人之间是监理与被监理的关系。二者之间虽然没有直接合同法律关系，但承包人要接受监理人的监督，这是因为：一方面，根据有关规定，建设单位有权监督承包人的合同履行情况，承包人有义务接受建设单位的监督，建设单位通过监理合同授权监理人履行监理职责，监理人就取得了代替建设单位监督承包人履行合同义务的权利，承包人则必须接受监理人的监督；另一方面，监理人是依法执业的机构，法律赋予了它对施工活动中的违法违规行为进行监督的权利和职责。换言之，监理人实施工程建设监理，其权利来源一是有关监理的法律规定，二是建设单位的直接授权。

7.1.3　《建设工程监理合同（示范文本）》（GF—2012—0202）简介

《建设工程监理合同（示范文本）》[以下简称《监理合同（示范文本）》] 由协议书、通用条件、专用条件三个部分及附录 A 和附录 B 组成。

协议书是《监理合同（示范文本）》中的总纲领性文件。它规定了合同当事人最主要的权利和义务，规定了组成合同的文件及合同当事人对履行合同义务的承诺，并且合同当事人在这份文件上签字盖章，因此具有很高的法律效力。协议书的内容包括工程名称、地点、规模、工程概算投资额或建筑安装工程费、组成监理合同的文件、总监理工程师、签约酬金、期限、双方承诺、合同订立等。

通用条件是根据有关法律、法规对委托人和监理人双方的权利和义务作出的规定，合同双方均必须执行。在签署合同之前，合同双方当事人可以协商一致，对其中的某些条款进行修改、补充或取消。由于通用条件适用于所有的工程建设监理委托，因此其中的某些条款规定得比较笼统，需要在签订具体工程项目的监理合同时，就地域特点、专业特点和委托监理项目的特点，对通用条件中的某些条款进行补充、修改。

所谓"补充"是指在通用条件中某些条款明确规定，在该条款确定的原则下，在专用条件的条款中进一步明确具体内容，使两个条件中相同序号的条款共同组成一条内容完备的条款。

所谓"修改"是指通用条件中规定的程序方面的内容，如果合同双方认为不合适，可以通过协商修改，并写入专用条件中的相应序号条款。如通用条件中规定："委托人对监理人提交的支付申请书有异议时，应当在收到监理人提交的支付申请书后7天内，以书面形式向监理人发出异议通知。"如果委托人认为这个时间太长，在与监理人协商并达成一致意见后，可在专用条件的相同序号条款内缩短时效。

通用条件是将建设工程监理合同中具有共性的内容抽出来编写的一份完整的合同文件。通用条件具有很强的通用性，适用于各类建设工程项目监理。通用条件共由8部分组成。

① 定义与解释。
② 监理人的义务。
③ 委托人的义务。
④ 违约责任。
⑤ 支付。
⑥ 合同生效、变更、暂停、解除与终止。
⑦ 争议解决。
⑧ 其他。

7.2　监理合同的主要内容

7.2.1　监理合同协议书

协议书是监理合同的关键部分，协议书的一般格式如下。

协议书

委托人（全称）：

监理人（全称）：

根据有关法律、法规，遵循平等、自愿、公平和诚信的原则，双方就下述工程委托监理与相关服务事项协商一致，订立本合同。

一、工程概况

（1）工程名称：＿＿＿＿＿＿＿＿＿＿＿＿＿＿＿＿＿＿＿＿＿＿＿＿＿；

（2）工程地点：＿＿＿＿＿＿＿＿＿＿＿＿＿＿＿＿＿＿＿＿＿＿＿＿＿；

（3）工程规模：＿＿＿＿＿＿＿＿＿＿＿＿＿＿＿＿＿＿＿＿＿＿＿＿＿；

（4）工程概算投资额或建筑安装工程费：＿＿＿＿＿＿＿＿＿＿＿＿＿。

二、词语限定

协议书中相关词语的含义与通用条件中的定义与解释相同。

三、组成本合同的文件

（1）协议书；

（2）中标通知书（适用于招标工程）或委托书（适用于非招标工程）；

（3）投标文件（适用于招标工程）或监理与相关服务建议书（适用于非招标工程）；

（4）专用条件；

（5）通用条件；

（6）附录，即：

附录 A　相关服务的范围和内容

附录 B　委托人派遣的人员和提供的房屋、资料、设备

本合同签订后，双方依法签订的补充协议也是本合同文件的组成部分。

四、总监理工程师

总监理工程师姓名：＿＿＿＿＿＿＿＿＿＿，身份证号码：＿＿＿＿＿＿＿＿＿＿，注册号：＿＿＿＿＿＿＿＿＿。

五、签约酬金

签约酬金（大写）：＿＿＿＿＿＿＿＿＿＿＿＿＿＿＿（￥　　　　）。

包括：

（1）监理酬金：＿＿＿＿＿＿＿＿＿＿＿＿＿＿。

（2）相关服务酬金：＿＿＿＿＿＿＿＿＿＿＿＿。

其中：

① 勘察阶段服务酬金：＿＿＿＿＿＿＿＿＿＿＿＿。

② 设计阶段服务酬金：＿＿＿＿＿＿＿＿＿＿＿＿。

③ 保修阶段服务酬金：＿＿＿＿＿＿＿＿＿＿＿＿。

④ 其他相关服务酬金：＿＿＿＿＿＿＿＿＿＿＿＿。

六、期限

（1）监理期限

自＿＿＿＿年＿＿月＿＿日始，至＿＿＿＿年＿＿月＿＿日止。

（2）相关服务期限

① 勘察阶段服务期限自＿＿＿＿年＿＿月＿＿日始，至＿＿＿＿年＿＿月＿＿日止。

② 设计阶段服务期限自＿＿＿＿年＿＿月＿＿日始，至＿＿＿＿年＿＿月＿＿日止。

③ 保修阶段服务期限自＿＿＿＿年＿＿月＿＿日始，至＿＿＿＿年＿＿月＿＿日止。

④ 其他相关服务期限自＿＿＿＿年＿＿月＿＿日始，至＿＿＿＿年＿＿月＿＿日止。

七、双方承诺

（1）监理人向委托人承诺，按照本合同约定提供监理与相关服务。

（2）委托人向监理人承诺，按照本合同约定派遣相应的人员，提供房屋、资料、设备，并按本合同约定支付酬金。

八、合同订立

（1）订立时间：＿＿＿＿年＿＿月＿＿日。

（2）订立地点：＿＿＿＿＿＿＿＿＿＿＿＿＿＿。

（3）本合同一式＿＿＿＿份，具有同等法律效力，双方各执＿＿份。

委托人：＿＿＿＿（盖章）＿＿＿＿　　监理人：＿＿＿＿（盖章）＿＿＿＿

住所：＿＿＿＿＿＿＿＿＿＿＿＿＿　　住所：＿＿＿＿＿＿＿＿＿＿＿＿＿

邮政编码：＿＿＿＿＿＿＿＿＿＿＿　　邮政编码：＿＿＿＿＿＿＿＿＿＿＿

法定代表人或其授权　　　　　　　　法定代表人或其授权

的代理人：＿＿＿＿（签字）＿＿＿　　的代理人：＿＿＿＿（签字）＿＿＿

开户银行：＿＿＿＿＿＿＿＿＿＿＿　　开户银行：＿＿＿＿＿＿＿＿＿＿＿

账号：＿＿＿＿＿＿＿＿＿＿＿＿＿　　账号：＿＿＿＿＿＿＿＿＿＿＿＿＿

电话：＿＿＿＿＿＿＿＿＿＿＿＿＿　　电话：＿＿＿＿＿＿＿＿＿＿＿＿＿

传真：＿＿＿＿＿＿＿＿＿＿＿＿＿　　传真：＿＿＿＿＿＿＿＿＿＿＿＿＿

电子邮箱：＿＿＿＿＿＿＿＿＿＿＿　　电子邮箱：＿＿＿＿＿＿＿＿＿＿＿

7.2.2　双方当事人的义务

（1）委托人的义务

① 告知。委托人应在委托人与承包人签订的合同中明确监理人、总监理工程师和授予项目监理机构的权限。如有变更，应及时通知承包人。

② 提供资料。委托人应按照附录 B 约定，无偿向监理人提供工程有关的资料。在合同履行过程中，委托人应及时向监理人提供最新的与工程有关的资料。

③ 提供工作条件。委托人应为监理人完成监理与相关服务提供必要的条件。

a. 委托人应按照附录 B 约定，派遣相应的人员，提供房屋、设备，供监理人无偿使用。

b. 委托人应负责协调工程建设中所有外部关系，为监理人履行合同提供必要的外部条件。

④ 委托人代表。委托人应授权一名熟悉工程情况的代表，负责与监理人联系。委托人应在双方签订监理合同后 7 天内，将委托人代表的姓名和职责书面告知监理人。当委托人更换委托人代表时，应提前 7 天通知监理人。

⑤ 委托人意见或要求。在合同约定的监理与相关服务工作范围内，委托人对承包人的任何意见或要求应通知监理人，由监理人向承包人发出相应指令。

⑥ 答复。委托人应在专用条件约定的时间内，对监理人以书面形式提交并要求作出决定的事宜，给予书面答复。逾期未答复的，视为委托人认可。

⑦ 支付监理酬金。委托人应按合同约定，向监理人支付酬金。

（2）监理人的义务

① 监理工作的范围　监理工作的范围是监理人为委托人提供服务的范围。除监理工作外，委托人委托监理业务的范围还包括相关服务，相关服务是指监理人按照监理合同约定，在勘察、设计、招标、保修等阶段提供的服务。

② 监理工作内容

a. 收到工程设计文件后编制监理规划，并在第一次工地会议 7 天前报委托人。根据有关规定和监理工作需要，编制监理实施细则。

b. 熟悉工程设计文件，并参加由委托人主持的图纸会审和设计交底会议。

c. 参加由委托人主持的第一次工地会议；主持监理例会并根据工程需要主持或参加专题会议。

d. 审查施工承包人提交的施工组织设计中的质量安全技术措施、专项施工方案与建设工程强制性标准的符合性。

e. 检查施工承包人工程质量、安全生产管理制度及组织机构和人员资格。

f. 检查施工承包人专职安全生产管理人员的配备情况。

g. 审查施工承包人提交的施工进度计划，核查承包人对施工进度计划的调整。

h. 检查施工承包人的试验室。

i. 审核施工分包人资质条件。

j. 查验施工承包人的施工测量放线成果。

k. 审查工程开工条件，签发开工令。

l. 审查施工承包人报送的工程材料、构配件、设备的质量证明资料，抽检进场的工程材料、构配件的质量。

m. 审核施工承包人提交的工程款支付申请，签发或出具工程款支付证书，并报委托人审核、批准。

n. 在巡视、旁站和检验过程中，发现工程质量、施工安全存在事故隐患的，要求施工承包人整改并报委托人。

o. 经委托人同意，签发工程暂停令和复工令。

p. 审查施工承包人提交的采用新材料、新工艺、新技术、新设备的论证材料及相关验收标准。

q. 验收隐蔽工程、分部分项工程。

r. 审查施工承包人提交的工程变更申请，协调处理施工进度调整、费用索赔、合同争议等事项。

s. 审查施工承包人提交的竣工验收申请，编写工程质量评估报告。

t. 参加工程竣工验收，签署竣工验收意见。

u. 审查施工承包人提交的竣工结算申请并报委托人。

v. 编制、整理工程监理归档文件并报委托人。

③ 监理依据

a. 适用的法律、行政法规及部门规章。

b. 与工程有关的标准。

c. 工程设计及有关文件。

d. 合同及委托人与第三方签订的与实施工程有关的其他合同。

双方根据工程的行业和地域特点，在专用条件中具体约定监理依据。

④ 监理人的职责

a. 监理人应组建满足工作需要的项目监理机构，配备必要的检测设备。

项目监理机构的主要人员应具有相应的资格条件。监理人可根据工程进展和工作需要调整项目监理机构人员。监理人更换总监理工程师时，应提前 7 天向委托人书面报告，经委托人同意后方可更换；监理人更换项目监理机构其他监理人员，应以相当资格与能力的人员替换，并通知委托人。

监理人应及时更换有下列情形之一的监理人员：

• 严重过失行为的。

• 有违法行为不能履行职责的。

- 涉嫌犯罪的。
- 不能胜任岗位职责的。
- 严重违反职业道德的。
- 专用条件约定的其他情形。

监理人应遵循职业道德准则和行为规范，严格按照法律法规、建设工程有关标准及合同履行职责。

b. 在监理与相关服务范围内，委托人和承包人提出的意见和要求，监理人应及时提出处置意见。当委托人与承包人之间发生合同争议时，监理人应协助委托人、承包人协商解决。当委托人与承包人之间的合同争议提交仲裁机构仲裁或人民法院审理时，监理人应提供必要的证明资料。

c. 监理人应在专用条件约定的授权范围内，处理委托人与承包人所签订合同的变更事宜。如果变更超过授权范围，应以书面形式报委托人批准。在紧急情况下，为了保护财产和人身安全，监理人所发出的指令未能事先报委托人批准时，应在发出指令后的 24 小时内以书面形式报委托人。

d. 提交报告。监理人应按专用条件约定的内容、时间和份数向委托人提交监理与相关服务的报告。

e. 文件资料。在合同履行期内，监理人应在现场保留工作所用的图纸、报告及记录监理工作的相关文件。工程竣工后，应当按照档案管理规定将监理有关文件归档。

f. 使用委托人的财产。监理人免费使用由委托人提供的人员、设备、设施。除专用条件另有约定外，委托人提供的设备、设施属于委托人的财产，监理人应妥善使用和保管，在监理合同终止时将这些设备、设施的清单提交委托人，并按专用条件约定的时间和方式移交。

7.2.3　双方当事人的违约责任

（1）委托人的违约责任

① 委托人违反合同约定造成监理人损失的，委托人应予以赔偿。

② 委托人向监理人的索赔不成立时，应赔偿监理人由此引起的费用。

③ 委托人未能按期支付酬金超过 28 天，应按专用条件约定支付逾期付款利息。

（2）监理人的违约责任

① 因监理人违反合同约定给委托人造成损失的，监理人应当赔偿发包人损失。赔偿金额的确定方法在专用条件中约定。监理人承担部分赔偿责任的，其承担赔偿金额由双方协商确定。

② 监理人向委托人的索赔不成立时，监理人应赔偿委托人由此发生的费用。

（3）除外责任

因非监理人的原因，且监理人无过错，发生工程质量事故、安全事故、工期延误等造成的损失，监理人不承担赔偿责任。

因不可抗力导致监理合同全部或部分不能履行时，双方各自承担其因此而造成的损失、损害。

（4）违约赔偿

合同履行过程中，由于当事人一方的过错，造成合同不能履行或者不能完全履行，由有过错的一方承担违约责任；如属双方的过错，根据实际情况，由双方分别承担各自的违约责任。

在合同责任期内，如果监理人未按合同中要求的职责勤恳认真地服务，或委托人违背了对监理人的责任时，均应向对方承担赔偿责任。

因监理人过失造成经济损失，应向委托人进行赔偿。监理人赔偿金额按下列方法确定：

赔偿金＝直接经济损失×正常工作酬金÷工程概算投资额（或建筑安装工程费）

7.2.4　监理酬金及支付

（1）监理酬金

委托人应按约定向监理人支付酬金。支付的酬金包括正常工作酬金、附加工作酬金、合理化建议奖励金额及费用。

① 正常监理工作的酬金　正常监理工作的酬金的构成，是监理单位在工程项目监理中所需的全部成本，具体应包括：直接成本、间接成本，再加上合理的利润和税金。

因非监理人原因造成工程投资额或建筑安装工程费增加时，正常工作酬金增加额按下列方法确定：

正常工作酬金增加额＝工程投资额或建筑安装工程费增加额×正常工作酬金÷工程概算投资额（或建筑安装工程费）

② 附加监理工作酬金

a. 监理合同期限延长时的附加工作酬金。

附加工作酬金＝监理合同期限延长时间（天）×正常工作酬金÷协议书约定的监理与相关服务期限（天）

b. 监理人完成善后工作以及恢复服务准备工作的附加工作酬金。

附加工作酬金＝善后工作及恢复服务的准备工作时间（天）×正常工作酬金÷协议书约定的监理与相关服务期限（天）

③ 奖金　监理人在监理过程中提出的合理化建议使委托人得到了经济效益，有权按专用条款的约定获得经济奖励。奖金的计算办法是：奖励金额＝工程投资节省额×奖励金额的比例。

（2）支付申请

监理人应在合同约定的每次应付款时间的 7 天前，向委托人提交支付申请书。支付申请书应当说明当期应付款总额，并列出当期应支付的款项及其金额。

（3）有争议部分的付款

委托人对监理人提交的支付申请书有异议时，应当在收到监理人提交的支付申请书后 7 天内，以书面形式向监理人发出异议通知。无异议部分的款项应按期支付，有异议部分的款项按通用条件第 7 条争议解决约定办理。

7.2.5　监理合同的生效、变更、暂停、解除与终止

（1）监理合同的生效

委托人和监理人的法定代表人或其授权代理人在协议书上签字并盖单位章后监理合同生效。

（2）监理合同的变更

① 任何一方提出变更请求时，双方经协商一致后可进行变更。

② 除不可抗力外，因非监理人原因导致监理人履行合同期限延长、内容增加时，监理人应当将此情况与可能产生的影响及时通知委托人。增加的监理工作时间、工作内容应视为附加工作。附加工作酬金的确定方法在专用条件中约定。

③ 合同生效后，如果实际情况发生变化使得监理人不能完成全部或部分工作时，监理人应立即通知委托人。除不可抗力外，其善后工作以及恢复服务的准备工作应为附加工作，附加工作酬金的确定方法在专用条件中约定。监理人用于恢复服务的准备时间不应超过28天。

④ 合同签订后，遇有与工程相关的法律法规、标准颁布或修订的，双方应遵照执行。由此引起监理与相关服务的范围、时间、酬金变化的，双方应通过协商进行相应调整。

⑤ 因非监理人原因造成工程概算投资额或建筑安装工程费增加时，正常工作酬金应作相应调整。调整方法在专用条件中约定。

⑥ 因工程规模、监理范围的变化导致监理人的正常工作量减少时，正常工作酬金应作相应调整。调整方法在专用条件中约定。

（3）监理合同的暂停与解除

除双方协商一致可以解除合同外，当一方无正当理由未履行监理合同约定的义务时，另一方可以根据监理合同约定暂停履行监理合同直至解除监理合同。

① 由于双方无法预见和控制的原因导致监理合同全部或部分无法继续履行或继续履行已无意义，经双方协商一致，可以解除监理合同或监理人的部分义务。

因解除监理合同或解除监理人的部分义务导致监理人遭受的损失，除依法可以免除责任的情况外，应由委托人予以补偿，补偿金额由双方协商确定。

解除合同的协议必须采取书面形式，协议未达成之前，合同仍然有效。

② 在监理合同有效期内，因非监理人的原因导致工程施工全部或部分暂停，委托人可通知监理人要求暂停全部或部分工作。委托人通知暂停部分监理与相关服务且暂停时间超过182天，监理人可发出解除监理合同约定的该部分义务的通知；若委托人通知暂停全部工作且暂停时间超过182天，监理人可发出解除监理合同的通知，监理合同自通知到达委托人时解除。

③ 当监理人无正当理由未履行监理合同约定的义务时，委托人应通知监理人限期改正。若委托人在监理人接到通知后的7天内未收到监理人书面形式的合理解释，则可在7天内发出解除监理合同的通知，自通知到达监理人时监理合同解除。

④ 监理人在专用条件中约定的支付之日起28天后仍未收到委托人按监理合同约定应付的款项，监理人可向委托人发出催付通知。委托人接到通知14天后仍未支付或未提出监理人可以接受的延期支付安排，监理人可向委托人发出暂停工作的通知并可自行暂停全部或部分工作。暂停工作后14天内监理人仍未获得委托人应付酬金或委托人的合理答复，监理人可向委托人发出解除监理合同的通知，自通知到达委托人时监理合同解除。

⑤ 因不可抗力致使监理合同部分或全部不能履行时，一方应立即通知另一方，可暂停或解除监理合同。

⑥ 监理合同解除后，监理合同约定的有关结算、清理、争议解决方式的条件仍然有效。

（4）监理合同的终止

以下条件全部满足时，监理合同即告终止：

① 监理人完成监理合同约定的全部工作。

② 委托人与监理人结清并支付全部酬金。

【例题 1】 按照《监理合同（示范文本）》对委托人授权的规定，下列表述中不正确的是（B）。

A. 委托人的授权范围应通知承包人

B. 委托人的授权一经在专用条件内注明不得更改

C. 监理人在授权范围内处理变更事宜，不须经委托人同意

D. 监理人处理的变更事宜超过授权范围，须经委托人同意

【例题 2】 《监理合同（示范文本）》对监理人职责的规定中，不包括（C）。

A. 对委托人和承包人提出的意见和要求及时提出处置意见

B. 当委托人与承包人之间发生合同争议时，协助委托人、承包人协商解决

C. 委托人与监理人协商达不成一致时，作为独立第三方公正地作出处理决定

D. 当委托人与承包人之间的合同争议提交仲裁机构仲裁或人民法院审理时，作为证人提供必要的证明资料

【例题 3】 施工过程中，委托人对承包人的要求应（C）。

A. 直接指令承包人执行

B. 与承包人协商后，书面指令承包人执行

C. 通知监理人，由监理人通过协调发布相关指令

D. 与监理人、承包人协商后书面指令承包人执行

【例题 4】 根据《监理合同（示范文本）》，以下各项中，属于委托人义务的是（B）。

A. 提供证明材料　　B. 提供工作条件　　C. 监理范围和工作内容　　D. 提交报告

解析： 委托人的义务包括：告知、提供资料、提供工作条件、授权委托人代表、委托人意见或建议、答复、支付等。

【例题 5】 根据《监理合同（示范文本）》，监理人需要完成的工作内容有（CD）。

A. 主持工程竣工验收　　　　　　　　　B. 编制工程竣工结算报告

C. 检查施工承包人的试验室　　　　　　D. 验收隐蔽工程、分部分项工程

E. 主持召开第一次工地会议

【例题 6】 在建设工程监理合同中，属于监理人义务的有（ADE）。

A. 完成监理范围内的监理工作　　　　　B. 审批工程施工组织设计和技术方案

C. 选择工程总承包人　　　　　　　　　D. 按合同约定定期向委托人报告监理工作

E. 公正维护各方面的合法权益

【案例 1】 某办公楼工程，地下 1 层，地上 10 层，现浇钢筋混凝土框架结构，预应力管桩基础，建设单位与施工总承包单位签订了施工总承包合同，合同工期为 29 个月。按合同约定，施工总承包单位将预应力管桩工程分包给了符合资质要求的专业分包单位。合同履行过程中，发生了下列事件：专业分包单位将管桩专项施工方案报送监理工程师审批，遭到了监理工程师拒绝；在桩基施工过程中，由于专业分包单位没有按设计图纸要求对管桩进行封底施工，监理工程师向施工总承包单位下达了停工令，施工总承包单位认为监理工程师应直接向专业分包单位下达停工令，拒绝签收停工令。

问题：

该事件中监理工程师及施工总承包单位的做法是否妥当？分别说明理由。

【分析】

① 专业分包单位将管桩方案报送监理工程师遭拒绝，监理工程师做法妥当。

理由：专业分包单位应将方案报送给总承包单位。由总承包单位报送给监理工程师，总承包单位管理分包单位，分包单位与监理单位不应有工作联系。

② 监理工程师向总承包单位下达停工令妥当。

理由：分包单位与建设单位没有合同关系，监理指令应当下达给建设单位有合同关系的总承包单位。

③ 施工总承包单位拒绝签收不妥当。

理由：分包单位与建设单位没有合同关系，监理指令应当下达给建设单位有合同关系的总承包单位。

【案例2】　某钢筋混凝土框架式8层商业大厦工程项目业主甲分别与监理单位和施工单位乙签订了施工阶段监理合同和施工合同。在监理合同中对于业主和监理单位的权利、义务和违约责任的某些规定如下：

① 监理人在监理工作中应维护甲方的利益。

② 施工期间的任何设计变更必须经过监理人审查、认可并发布变更令方为有效并付诸实施。

③ 监理人应在甲方的授权范围内对委托的工程项目实施施工监理。

④ 监理人发现工程设计中的错误或不符合建筑工程质量标准的要求时有权要求设计单位更改。

⑤ 监理人仅对本工程的施工质量实施监督控制，进度控制和费用控制任务由甲方行使。

⑥ 监理人有审核批准索赔权。

⑦ 监理人对工程进度款支付有审核签字权，甲方有独立于监理人之外的自主支付权。

⑧ 监理人有发布开工令、停工令、复工令等指令的权利。

问题：以上各条中有无不妥之处？怎样才是正确的？

【分析】

① 不妥，正确的应当是：监理人在监理工作中应当公正地维护有关各方的合法权益。

② 不妥，正确的应当是：设计变更的审批权在业主，任何设计变更须经监理人审查并经业主审查、批准、同意后，再由监理人发布变更令，实施变更。

③ 正确。

④ 不妥，正确的应当是：监理人发现设计错误或不符合质量标准要求时，应报告甲方，要求设计单位改正。

⑤ 不妥，正确的应当是：监理单位有实施工程项目质量、进度和费用三方面的监督控制权。

⑥ 不妥，监理人仅有索赔审核权及建议权而无批准权。正确的应当是：监理人有审核索赔权利，索赔的批准、确认应通过甲方。

⑦ 不妥，正确的应当是：在工程承包合同议定的工程价格范围内，监理人对工程进度款的支付有审核签认权；未经总监理工程师签字确认，甲方不得支付工程款。

⑧ 不妥，正确的应当是：监理人在征得甲方同意后，有权发布开工令、停工令、复

工令。

思考与练习

一、单选题

1. 实施监理的建设工程项目施工前，有关监理工作内容及监理权限事宜，应由（ ）以书面形式通知承包人。

A. 总监理工程师　　　　B. 监理人　　　　　　C. 发包人　　　　　　D. 总监代表

2. 建设工程监理合同的标的是（ ）。

A. 货物　　　　　　　　B. 货币　　　　　　　C. 服务　　　　　　　D. 工程项目

3. 《监理合同（示范文本）》规定组成合同的文件出现矛盾或歧义时，优先解释次序是（ ）。

A. 协议书→通用条件→专用条件　　　　　　B. 协议书→投标文件→专用条件

C. 投标文件→通用条件→专用条件　　　　　　D. 中标通知书→专用条件→投标文件

4. 监理人根据多个同时实施工程项目的需要调整项目监理机构的土建专业监理工程师，按照《监理合同（示范文本）》的规定，以下说法中正确的是（ ）。

A. 自行更换后通知委托人

B. 自行更换，无须通知委托人

C. 须报告委托人，未经同意不得更换

D. 项目监理机构的主要人员应保持稳定，监理业务完成前不得更换

5. 《监理合同（示范文本）》通用条件中对监理人义务的规定包括（ ）。

① 主持召开第一次工地例会　② 审查承包人的施工组织设计

③ 检查施工承包人专职安全生产管理人员的配备情况

④ 审查施工承包人提交的采用新材料、新工艺、新技术、新设备的论证材料

⑤ 主持工程竣工验收

A. ②③④　　　　　　　B. ①②③④　　　　　　C. ①②③⑤　　　　　　D. ②③⑤

6. 监理人实施监督控制权时，征得委托人同意，可以发布的指令不包括（ ）。

A. 开工令　　　　　　　B. 停工令　　　　　　C. 复工令　　　　　　D. 验收令

二、多选题

1. 工程建设监理合同的当事人有（ ）。

A. 发包人　　　　　　　　　　　B. 总监理工程师　　　C. 监理人

D. 施工企业　　　　　　　　　　E. 质量监督站

2. 工程实际进度与进度计划不符时，承包人应当按照监理人的要求提出改进措施（ ）。

A. 需经监理人确认后才能执行

B. 因承包人自身的原因造成工程实际进度与经确认的进度计划不符的，所有后果都由承包商自行承担

C. 因承包人自身原因造成的，监理人不对改进措施的效果负责

D. 采用改进措施后，必须顺延工期

E. 改进措施后，进度仍然不符的，监理人可以要求承包人修改进度计划，并经监理人确认，

这种确认是监理人对工程延期的批准

3. 对委托人和监理人有约束力的合同，除双方签署的合同外，还包括（　　　）。

A. 监理委托函或中标通知书　　　　　　B. 建设工程监理合同通用条件

C. 建设工程监理合同专用条件　　　　　D. 在实施过程中双方共同签署的补充和修正文件

E. 双方来往的信件和书面文件

第8章　建设工程其他相关合同

8.1　建设工程施工分包合同

建设部和国家工商行政管理总局于2003年发布了《建设工程施工专业分包合同（示范文本）》（GF—2003—0213）和《建设工程施工劳务分包合同（示范文本）》（GF—2003—0214）。

8.1.1　工程分包概述

（1）工程分包的概念

工程分包，是相对总承包而言的。所谓工程分包，是指施工总承包企业将所承包建设工程中的专业工程或劳务作业发包给其他建筑业企业完成的活动。施工分包包括专业工程分包和劳务作业分包。

专业工程分包指总承包单位将其所承包工程中的专业工程发包给具有相应资质的其他承包单位完成的活动。

劳务作业分包是施工总承包企业或者专业承包企业将其承包工程中的劳务作业发包给劳务分包企业完成的活动。

施工专业分包合同订立后，专业分包人按照施工专业分包合同的约定对总承包人负责。同时建筑工程总承包人仍按照总承包合同的约定对发包人（建设单位）负责，总承包单位和分包单位就分包工程对建设单位承担连带责任，当分包工程发生了质量责任或者违约责任时，建设单位可以向总承包单位请求赔偿，也可以向分包单位请求赔偿，总承包单位或分包单位进行赔偿后有权依据分包合同约定对于不属于自己责任的赔偿向另一方进行追偿。

（2）专业分包资质管理

根据《建筑业企业资质管理规定》，建筑业企业资质分为施工总承包资质、专业承包资质、施工劳务资质三个序列。

对于专业工程分包，工程承包人必须自行完成所承包的工程。劳务作业分包由劳务作业发包人与劳务作业承包人通过劳务合同约定。劳务作业承包人必须自行完成所承包的任务。

专业承包设类别和等级，劳务作业分包资质不分等级。总承包人或专业分包承包人发包劳务，无须经过建设单位或总承包人的同意。而（专业）工程分包必须经建设单位同意。

8.1.2　施工专业分包合同的内容

《建设工程施工专业分包合同（示范文本）》的结构、主要条款和内容与施工承包合同相似，包括词语定义与解释，双方的一般权利和义务，分包工程的施工进度控制、质量控制、费用控制，分包合同的监督与管理，信息管理，组织与协调，施工安全管理与风险管理等。

8.1.2.1 工程承包人（施工总承包单位）的主要责任和义务

① 承包人应提供总包合同（有关承包工程的价格内容除外）供分包人查阅。分包人应全面了解总包合同的各项规定（有关承包工程的价格内容除外）。

② 项目经理应按分包合同的约定，及时向分包人提供所需的指令、批准、图纸并履行其他约定的义务，否则分包人应在约定时间后 24 小时内将具体要求、需要的理由及延误的后果通知承包人，项目经理在收到通知后 48 小时内不予答复，应承担因延误造成的损失。

③ 承包人应完成下列工作：

a. 向分包人提供与分包工程相关的各种证件、批件和各种相关资料，向分包人提供具备施工条件的施工场地。

b. 组织分包人参加发包人组织的图纸会审，向分包人进行设计图纸交底。

c. 提供合同专用条款中约定的设备和设施，并承担因此发生的费用。

d. 随时为分包人提供确保分包工程的施工所要求的施工场地和通道等，满足施工运输的需要，保证施工期间的畅通。

e. 负责整个施工场地的管理工作，协调分包人与同一施工场地的其他分包人之间的交叉配合，确保分包人按照经批准的施工组织设计进行施工。

8.1.2.2 工程分包人的主要责任和义务

（1）分包人对有关分包工程的责任

除合同条款另有约定，分包人应履行并承担总包合同中与分包工程有关的承包人的所有义务与责任，同时应避免因分包人自身行为或疏漏造成承包人违反总包合同中约定的承包人义务的情况发生。

（2）分包人与发包人的关系

分包人须服从承包人转发的发包人或工程师（监理人，下同）与分包工程有关的指令。未经承包人允许，分包人不得以任何理由与发包人或工程师发生直接工作联系，分包人不得直接致函发包人或工程师，也不得直接接受发包人或工程师的指令。如分包人与发包人或工程师发生直接工作联系，将被视为违约，并承担违约责任。

（3）承包人指令

就分包工程范围内的有关工作，承包人随时可以向分包人发出指令，分包人应执行承包人根据分包合同所发出的所有指令。分包人拒不执行指令，承包人可委托其他施工单位完成该指令事项，发生的费用从应付给分包人的相应款项中扣除。

（4）分包人的工作

① 按照分包合同的约定，对分包工程进行设计（分包合同有约定时）、施工、竣工和保修。

② 按照合同约定的时间，完成规定的设计内容，报承包人确认后在分包工程中使用。承包人承担由此发生的费用。

③ 在合同约定的时间内，向承包人提供年、季、月度工程进度计划及相应进度统计报表。

④ 在合同约定的时间内，向承包人提交详细的施工组织设计，承包人应在专用条款约定的时间内批准，分包人方可执行。

⑤ 遵守政府有关主管部门对施工场地交通、施工噪声以及环境保护和安全文明生产等的管理规定，按规定办理有关手续，并以书面形式通知承包人，承包人承担由此发生的费用，因分包人责任造成的罚款除外。

⑥ 分包人应允许承包人、发包人、工程师及其三方中任何一方授权的人员在工作时间内，合理进入分包工程施工场地或材料存放的地点，以及施工场地以外与分包合同有关的分包人的任何工作或准备的地点，分包人应提供方便。

⑦ 已竣工工程未交付承包人之前，分包人应负责已完分包工程的成品保护工作，保护期间发生损坏，分包人自费予以修复；承包人要求分包人采取特殊措施保护的工程部位和相应的追加合同价款，双方在合同专用条款内约定。

8.1.2.3 合同价款支付

分包合同价款与总包合同相应部分价款无任何连带关系。

① 实行工程预付款的，双方应在合同专用条款内约定承包人向分包人预付工程款的时间和数额，开工后按约定的时间和比例逐次扣回。

② 承包人应按专用条款约定的时间和方式，向分包人支付工程款（进度款）。按约定时间承包人应扣回的预付款，与工程款（进度款）同期结算。

③ 分包合同约定的工程变更调整的合同价款、合同价款的调整、索赔的价款或费用以及其他约定的追加合同价款，应与工程进度款同期调整支付。

④ 承包人超过约定的支付时间不支付工程款（预付款、进度款），分包人可向承包人发出要求付款的通知。承包人不按分包合同约定支付工程款（预付款、进度款），导致施工无法进行，分包人可停止施工，由承包人承担违约责任。

⑤ 承包人应在收到分包工程竣工结算报告及结算资料后 28 天内支付工程竣工结算价款。在发包人不拖延工程价款的情况下无正当理由不按时支付，从第 29 天起向分包人按同期银行贷款利率支付拖欠工程价款的利息，并承担违约责任。

8.1.2.4 禁止转包或再分包

① 分包人不得将其承包的分包工程转包给他人，也不得将其承包的分包工程的全部或部分再分包给他人，否则将被视为违约，并承担违约责任。

② 分包人经承包人同意可以将劳务作业再分包给具有相应劳务分包资质的劳务分包企业。

③ 分包人应对再分包的劳务作业的质量等相关事宜进行督促和检查，并承担相关连带责任。

【例题 1】 有关分包人与发包人的关系，正确的描述包括（A）。

A. 分包人须服从承包人转发的发包人或工程师与分包工程有关的指令

B. 在某些情况下，分包人可以与发包人或工程师发生直接工作联系

C. 分包人可以就有关工程指令问题，直接致函发包人或工程师

D. 当涉及质量问题时，发包人或工程师可以直接向分包人发出指令

解析： 分包人须服从承包人转发的发包人或工程师与分包工程有关的指令。未经承包人允许，分包人不得以任何理由与发包人或工程师发生直接工作联系，分包人不得直接致函发

包人或工程师，也不得直接接受发包人或工程师的指令。如分包人与发包人或工程师发生直接工作联系，将被视为违约，并承担违约责任。

【例题2】 根据《施工专业分包合同（示范文本）》（GF—2003—0213），以下不属于承包人责任义务的是（D）。

A. 组织分包人参加发包人组织的图纸会审，向分包人进行设计图纸交底

B. 负责整个施工场地的管理工作，协调分包人与同一施工场地的其他分包人之间的交叉配合

C. 随时为分包人提供确保分包工程的施工所要求的施工场地和通道，满足施工运输需要

D. 提供专业分包合同专用条款中约定的保修与试车，并承担因此发生的费用

【例题3】 根据《施工专业分包合同（示范文本）》（GF—2003—0213），分包人经承包人同意，可再进行分包的工程或作业是（A）。

A. 劳务作业   B. 专业工程   C. 设备安装   D. 装饰装修

8.2 劳务作业分包合同主要条款

劳务作业分包，是指施工（总）承包单位或者专业分包单位（均可作为劳务作业的发包人）将其承包工程中的劳务作业发包给劳务分包单位（即劳务作业承包人）完成的活动。

8.2.1 承包人的主要义务

① 组建与工程相适应的项目管理班子，全面履行总（分）包合同，组织实施施工管理的各项工作，对工程的工期和质量向发包人负责。

② 完成劳务分包人施工前期的下列工作：

a. 向劳务分包人交付具备合同项下劳务作业开工条件的施工场地。

b. 满足完成劳务作业所需的能源供应、通信及施工道路畅通。

c. 向劳务分包人提供相应的工程资料。

d. 向劳务分包人提供生产、生活临时设施。

③ 负责编制施工组织设计，统一制定各项管理目标，组织编制年、季、月施工计划和物资需用量计划表，实施对工程质量、工期、安全生产、文明施工、计量检测、实验化验的控制、监督、检查和验收。

④ 负责工程测量定位、沉降观测、技术交底，组织图纸会审，统一安排技术档案资料的收集整理及交工验收。

统筹安排、协调解决非劳务分包人独立使用的生产、生活临时设施，工作用水，用电及施工场地。

⑤ 按时提供图纸，及时交付材料、设备，所提供的施工机械设备、周转材料、安全设施保证施工需要。

⑥ 按合同约定，向劳务分包人支付劳动报酬。

⑦ 负责与发包人、监理、设计及有关部门联系，协调现场工作关系。

8.2.2　劳务分包人的主要义务

① 对劳务分包范围内的工程质量向承包人负责，组织具有相应资格证书的熟练工人投入工作；未经承包人授权或允许，不得擅自与发包人及有关部门建立工作联系；自觉遵守法律法规及有关规章制度。

② 严格按照设计图纸、施工验收规范、有关技术要求及施工组织设计精心组织施工，确保工程质量达到约定的标准。承担由于自身责任造成的质量修改、返工、工期拖延、安全事故、现场脏乱造成的损失及各种罚款。

③ 自觉接受承包人及有关部门的管理、监督和检查；接受承包人随时检查其设备、材料保管、使用情况，及其操作人员的有效证件、持证上岗情况；与现场其他单位协调配合，照顾全局。

④ 须服从承包人转发的发包人及工程师的指令。

⑤ 除非合同另有约定，劳务分包人应对其作业内容的实施、完工负责，应承担并履行总（分）包合同约定的、与劳务作业有关的所有义务及工作程序。

8.2.3　劳务报酬最终支付

① 全部工作完成，经承包人认可后 14 天内，劳务分包人向承包人递交完整的结算资料，双方按照合同约定的计价方式，进行劳务报酬的最终支付。

② 承包人收到劳务分包人递交的结算资料后 14 天内进行核实，给予确认或者提出修改意见。承包人确认结算资料后 14 天内向劳务分包人支付劳务报酬尾款。

③ 劳务分包人和承包人对劳务报酬结算价款发生争议时，按合同约定处理。

8.2.4　禁止转包或再分包

劳务分包人不得将合同项下的劳务作业转包或再分包给他人。

【例题 4】　某建设工程项目中，甲公司作为工程发包人与乙公司签订了工程承包合同，乙公司又与劳务分包人丙公司签订了该工程的劳务分包合同。则在劳务分包合同中，关于丙公司应承担义务的说法，正确的有（ABCD）。

A. 丙公司须服从乙公司转发的发包人及监理工程师的指令

B. 丙公司应自觉接受乙公司及有关部门的管理、监督和检查

C. 丙公司未经乙公司授权或允许，不得擅自与甲公司及有关部门建立工作联系

D. 对劳务分包范围内的工程质量向承包人负责

E. 丙公司负责组织实施施工管理的各项工作，对工期和质量向建设单位负责

【例题 5】　根据《建设工程施工劳务分包合同（示范文本）》（GF—2003—0214），劳务分包人的义务之一是（D）。

A. 编制劳务分包项目的施工组织设计　　B. 搭建生活和生产用临时设施

C. 与监理、设计及有关部门建立工作联系　D. 做好已完工程的产品保护工作

解析：负责编制施工组织设计，向劳务分包人提供生产、生活临时设施，是承包人的义务。劳务分包人未经承包人授权或允许，不得擅自与发包人及有关部门建立工作联系。选项 D 正确。

8.3 工程总承包合同

8.3.1 工程总承包合同的概念

工程总承包企业受业主委托，按照合同约定对工程建设项目的勘察、设计、采购、施工、试运行等实行全过程或若干阶段的承包，工程总承包企业按照合同约定对工程项目的质量、工期、造价等向业主负责。工程总承包企业可依法将所承包工程中的部分工作发包给具有相应资质的分包企业，分包企业按照分包合同的约定对总承包企业负责。

8.3.2 合同示范文本

住房和城乡建设部、国家市场监督管理总局制定了《建设项目工程总承包合同（示范文本）》（GF—2020—0216）［以下简称《总承包合同（示范文本）》］，自 2021 年 1 月 1 日起执行，适用于房屋建筑和市政基础设施项目工程总承包承发包活动。原《建设项目工程总承包合同示范文本（试行）》（GF—2011—0216）同时废止。

《总承包合同（示范文本）》由合同协议书、通用合同条件和专用合同条件三部分组成。

（1）合同协议书

《总承包合同（示范文本）》合同协议书共计 11 条，主要包括工程概况、合同工期、质量标准、签约合同价与合同价格形式、工程总承包项目经理、合同文件构成、承诺、订立时间、订立地点、合同生效和合同份数，集中约定了合同当事人基本的合同权利义务。

（2）通用合同条件

通用合同条件是合同当事人根据《民法典》《建筑法》等法律法规的规定，就工程总承包项目的实施及相关事项，对合同当事人的权利义务作出的原则性约定。通用合同条件共计 20 条，具体条款分别为：第 1 条一般约定，第 2 条发包人，第 3 条发包人的管理，第 4 条承包人，第 5 条设计，第 6 条材料、工程设备，第 7 条施工，第 8 条工期和进度，第 9 条竣工试验，第 10 条验收和工程接收，第 11 条缺陷责任与保修，第 12 条竣工后试验，第 13 条变更与调整，第 14 条合同价格与支付，第 15 条违约，第 16 条合同解除，第 17 条不可抗力，第 18 条保险，第 19 条索赔，第 20 条争议解决。上述条款安排既考虑了现行法律法规对工程总承包活动的有关要求，也考虑了工程总承包项目管理的实际需要。

（3）专用合同条件

专用合同条件是合同当事人根据不同建设项目的特点及具体情况，通过双方的谈判、协商对通用合同条件原则性约定细化、完善、补充、修改或另行约定的合同条件。

8.3.3 工程总承包的类型

（1）设计采购施工（EPC，Engineering Procurement Construction）总承包

工程总承包人按照合同约定，承担工程项目的设计、采购、施工、试运行服务等工作，并对承包工程的质量、安全、工期、造价全面负责。

（2）阶段性总承包

阶段性总承包分为设计-采购总承包（EP）、采购-施工总承包（PC）、设计-施工总承包

（DB）等类型。

（3）交钥匙总承包

交钥匙总承包是指工程设计、采购、施工工程总承包向两头扩展延伸而形成的业务和责任范围更广的总承包模式。交钥匙工程不仅承包工程项目的建设实施任务，而且提供建设项目前期工作和运营准备工作的综合服务。

工程总承包类型对比见表 8.1。

表 8.1　工程总承包类型对比

总承包类型		工程项目建设程序							
		可行性研究	项目决策	初步设计	技术设计	施工图设计	材料设备 采购	施工	试运行
设计采购施工总承包 EPC				√	√	√	√	√	√
交钥匙总承包 Turnkey		√	√	√	√	√	√	√	√
阶段性总承包	设计-施工总承包 DB			√	√	√		√	
	设计-采购总承包 EP			√	√	√	√		
	采购-施工总承包 PC						√	√	

本书对《建设项目工程总承包合同（示范文本）》（GF—2020—0216）通用条款中的内容进行简单介绍。

8.3.4　合同主要内容

建设工程工程总承包与施工承包的最大不同之处在于承包商要负责全部或部分的设计，并负责物资设备的采购。

工程总承包的任务从时间范围上，一般可包括从工程立项到交付使用的工程建设全过程，具体可包括：勘察设计、设备采购、施工、试车（或交付使用）等内容。从具体的工程承包范围看，其任务可包括所有的主体和附属工程、工艺、设备等。

8.3.4.1　工程总承包单位的义务

① 办理法律规定和合同约定由承包人办理的许可和批准，将办理结果书面报送发包人留存，并承担因承包人违反法律或合同约定给发包人造成的任何费用和损失；

② 按合同约定完成全部工作并在缺陷责任期和保修期内承担缺陷保证责任和保修义务，对工作中的任何缺陷进行整改、完善和修补，使其满足合同约定的目的；

③ 提供合同约定的工程设备和承包人文件，以及为完成合同工作所需的劳务、材料、施工设备和其他物品，并按合同约定负责临时设施的设计、施工、运行、维护、管理和拆除；

④ 按合同约定的工作内容和进度要求，编制设计、施工的组织和实施计划，保证项目进度计划的实现，并对所有设计、施工作业和施工方法，以及全部工程的完备性和安全可靠性负责；

⑤ 按法律规定和合同约定采取安全文明施工、职业健康和环境保护措施，办理员工工伤保险等相关保险，确保工程及人员、材料、设备和设施的安全，防止因工程实施造成的人身伤害和财产损失；

⑥ 将发包人按合同约定支付的各项价款专用于合同工程，且应及时支付其雇用人员（包括建筑工人）工资，并及时向分包人支付合同价款；

⑦ 在进行合同约定的各项工作时，不得侵害发包人与他人使用公用道路、水源、市政管网等公共设施的权利，避免对邻近的公共设施产生干扰。

8.3.4.2 发包人的义务

（1）遵守法律

发包人在履行合同过程中应遵守法律，并承担因发包人违反法律给承包人造成的任何费用和损失。发包人不得以任何理由，要求承包人在工程实施过程中违反法律、行政法规以及建设工程质量、安全、环保标准，任意压缩合理工期或者降低工程质量。

（2）提供施工现场和工作条件

① 提供施工现场。发包人应按约定向承包人移交施工现场，给承包人进入和占用施工现场各部分的权利，并明确与承包人的交接界面，上述进入和占用权可不为承包人独享。如没有约定移交时间的，则发包人应最迟于计划开始现场施工日期7天前向承包人移交施工现场，但承包人未能提供履约担保的除外。

② 提供工作条件。发包人应按约定向承包人提供工作条件。对此没有约定的，发包人应负责提供开展合同相关工作所需要的条件，包括：

a. 将施工用水、电力、通信线路等施工所必需的条件接至施工现场内；

b. 保证向承包人提供正常施工所需要的进入施工现场的交通条件；

c. 协调处理施工现场周围地下管线和邻近建筑物、构筑物、古树名木、文物、化石及坟墓等的保护工作，并承担相关费用；

d. 对工程现场临近发包人正在使用、运行，或由发包人用于生产的建筑物、构筑物、生产装置、设施、设备等，设置隔离设施，竖立禁止入内、禁止动火的明显标志，并以书面形式通知承包人须遵守的安全规定和位置范围；

e. 按照专用合同条件约定应提供的其他设施和条件。

③ 逾期提供的责任。因发包人原因未能按合同约定及时向承包人提供施工现场和施工条件的，由发包人承担由此增加的费用和（或）延误的工期。

（3）提供基础资料

发包人应按专用合同条件和发包人要求中的约定向承包人提供施工现场及工程实施所必需的毗邻区域内的供水、排水、供电、供气、供热、通信、广播电视等地上、地下管线和设施资料，气象和水文观测资料，地质勘察资料，相邻建筑物、构筑物和地下工程等有关基础资料，承担基础资料错误造成的责任。按照法律规定确需在开工后方能提供的基础资料，发包人应尽其努力及时地在相应工程实施前的合理期限内提供，合理期限应以不影响承包人的正常履约为限。因发包人原因未能在合理期限内提供相应基础资料的，由发包人承担由此增加的费用和延误的工期。

（4）办理许可和批准

发包人在履行合同过程中应遵守法律，并办理法律规定或合同约定由其办理的许可、批准或备案，包括但不限于建设用地规划许可证、建设工程规划许可证、建设工程施工许可证等许可和批准。对于法律规定或合同约定由承包人负责的有关设计、施工证件、批件或备案，发包人应给予必要的协助。

因发包人原因未能及时办理完毕前述许可、批准或备案，由发包人承担由此增加的费用和（或）延误的工期，并支付承包人合理的利润。

（5）支付合同价款

① 发包人应按合同约定向承包人及时支付合同价款。

② 发包人应当制定资金安排计划，除另有约定外，如发包人拟对资金安排做任何重要变更，应将变更的详细情况通知承包人。如发生承包人收到价格大于签约合同价 10% 的变更指示或累计变更的总价超过签约合同价 30%，或承包人未能收到付款，或承包人得知发包人的资金安排发生重要变更但并未收到发包人上述重要变更通知的情况，则承包人可随时要求发包人在 28 天内补充提供能够按照合同约定支付合同价款的相应资金来源证明。

③ 发包人应当向承包人提供支付担保。支付担保可以采用银行保函或担保公司担保等形式。

（6）现场管理配合

发包人应与承包人、由发包人直接发包的其他承包人（如有）订立施工现场统一管理协议，明确各方的权利义务。

8.3.4.3　设计

承包人应当按照法律规定，国家、行业和地方的规范和标准，以及发包人要求和合同约定完成设计工作和设计相关的其他服务，并对工程的设计负责。承包人应根据工程实施的需要及时向发包人和工程师（受发包人委托按照法律规定和发包人的授权进行合同履行管理、工程监督管理等工作的法人或其他组织；该法人或其他组织应雇用一名具有相应执业资格和职业能力的自然人作为工程师代表）说明设计文件的意图，解释设计文件。

8.3.4.4　合同价格与支付

除另有约定外，本合同为总价合同，除根据合同约定，以及合同中其他相关增减金额的约定进行调整外，合同价格不做调整。

【例题 6】　某建设工程项目承发包双方签订了设计-施工总承包合同，属于承包人工作范围的是（D）。

A. 落实项目资金　　　　　B. 办理规划许可证
C. 办理施工许可证　　　　D. 完成设计文件

【案例 1】　某建设单位投资兴建一办公楼，投资概算 25000 万元，建筑面积 21000m²；钢筋混凝土框架-剪力墙结构，地下 2 层，层高 4.5m，地上 18 层，层高 3.6m；采取工程总承包交钥匙方式对外公开招标，招标范围为工程可行性研究至交付使用全过程。经公开招投标，A 工程总承包单位中标。A 单位对工程施工等工程内容进行了招标。

B 施工单位中标了本工程施工标段，中标价为 18060 万元。B 施工单位中标后第 8 天，双方签订了项目工程施工承包合同，规定了双方的权利、义务和责任。

问题：

① A 工程总承包单位与 B 施工单位签订的施工承包合同属于哪类合同？

② 与 B 施工单位签订的工程施工承包合同中，A 工程总承包单位应承担哪些主要义务？

【分析】

① A 工程总承包单位与 B 施工单位签订的施工承包合同属于专业分包合同。

② A 工程总承包单位应承担的主要义务包括：

a. 向分包人提供与分包工程相关的各种证件、批件和各种相关资料，向分包人提供具备施工条件的施工场地；

b. 组织分包人参加发包人组织的图纸会审，向分包人进行设计图纸交底；

c. 提供合同专用条款中约定的设备和设施，并承担因此发生的费用；

d. 随时为分包人提供确保分包工程的施工所要求的施工场地和通道等，满足施工运输的需要，保证施工期间的畅通；

e. 负责整个施工场地的管理工作，协调分包人与同一施工场地的其他分包人之间的交叉配合；

f. 支付分包合同款。

思考与练习

1. 工程总承包的种类有哪些？

2. 专业分包合同工程承包人（施工总承包单位）的主要责任和义务有哪些？

3. 劳务分包合同承包人的主要义务有哪些？

第9章　建设工程合同索赔管理

9.1　索 赔 概 述

9.1.1　索赔的概念和特征

（1）索赔的概念

索赔一词来源于英语"claim"，其原意表示"有权要求"，法律上叫"权利主张"，并没有赔偿的意思。工程索赔是指在合同履行过程中，对于并非自己的过错，而是应由对方承担责任的情况造成的实际损失向对方提出经济补偿和（或）时间补偿的要求。而业主（建设单位，发包人）对于属于施工单位应承担责任造成的，且实际发生了的损失，向施工单位要求赔偿，称为反索赔。

索赔是工程承包中经常发生的正常现象。施工现场条件、气候条件的变化，施工进度、物价的变化，以及合同条款、规范、标准文件和施工图纸的变更、差异、延误等因素的影响，使得工程承包中不可避免地出现索赔。

在工程实践中，发包人向承包人提出的索赔处理起来比较容易（往往可以通过扣除工程款或是没收履约保证金等方式来实现）；而承包人对发包人的索赔范围较广，一般只要不是承包人自身责任，而是由于外界干扰造成工期延长或成本增加，都有可能提出索赔。承包人提出的索赔工作量大，处理起来十分困难，因此将承包人对发包人的索赔作为索赔管理的重点和主要对象。通常所说的索赔，如未特别指明，指的是承包人向发包人提出的索赔。

索赔的性质属于补偿行为，而不是惩罚，索赔属于正确履行合同的正当权利要求。索赔方所受到的损害，与被索赔方的行为并不一定存在因果上的关系。索赔事件的发生，可以是一定行为造成，也可能是不可抗力事件引起，可以是对方当事人的行为导致的，也可能是任何第三方行为所导致的。

（2）索赔的基本特征

① 索赔是双向的，承包人可以向发包人索赔，发包人同样也可以向承包人索赔。由于实践中发包人向承包人索赔发生的频率相对较低，而且在索赔处理中，发包人始终处于主动和有利地位，因此在工程实践中，大量发生的是承包人向发包人的索赔，这也是进行合同管理的重点内容之一。

② 只有实际发生了经济损失或权利损害，一方才能向对方索赔。经济损失是指因对方因素造成合同外的额外支出，如人工费、材料费、机械费、管理费等额外开支；权利损害是指虽然没有经济上的损失，但造成了一方权利上的损害，如由于恶劣气候条件对工程进度的不利影响，承包人有权要求工期延长等。

发生了实际的经济损失或权利损害，是一方提出索赔的一个基本前提条件。有时上述两者同时存在，如发包人未及时交付合格的施工现场，既造成承包人的经济损失，又侵犯了承包人的工期权利，因此，承包人既有权要求经济赔偿，又有权要求工期延长。

③ 索赔是一种未经对方确认的单方行为。这种索赔要求能否得到最终实现，必须要通过确认（如双方协商、谈判、调解或仲裁、诉讼）后才能实现。

（3）索赔的作用

① 索赔是保证合同实施的前提。合同一经签订，合同双方即产生权利和义务关系。这种权利受法律保护，义务受法律制约。索赔是合同法律效力的具体体现，索赔能对违约者起警诫作用，使其考虑到违约的后果，以尽力避免违约事件发生。所以索赔有助于工程中双方更紧密地合作，有助于合同目标的实现。

② 索赔是落实和调整合同双方责权利关系的手段。合同任何一方未履行义务，就构成违约行为，造成对方损失，侵害对方权利，就应承担相应的合同处罚，给对方以补偿。离开索赔，合同责任就不能体现，合同双方的责权利关系就不能平衡。

③ 索赔是合同和法律赋予受损失者的权利。索赔对承包人来说，是一种保护自己、维护自己正当权益、避免损失、增加利润的手段。在现代承包工程中，特别是在国际承包工程中，如果承包人不能进行有效的索赔，不精通索赔业务，往往会使损失得不到合理、及时的补偿，从而不能进行正常的生产经营，甚至会破产。

在工程承包中，索赔已成为许多承包人的经营策略之一。"低价中标，高价索赔"，是许多承包人的经验之谈。由于建筑市场竞争激烈，承包人为取得工程，只能压低报价，以低价中标。而发包人为节约投资，千方百计与承包人讨价还价，通过在招标文件中提出一些苛刻要求，使承包人处于不利地位。而承包人主要对策之一是通过工程索赔，减少或转移工程风险，保护自己，避免亏本，赢得利润。

9.1.2 工程索赔的分类

工程索赔依据不同的标准可以进行不同的分类。

（1）按索赔的目的分类

① 工期索赔。由于非承包人责任的原因而导致施工进程延误，要求批准顺延合同工期的索赔，称之为工期索赔。工期索赔形式上是对权利的要求，以避免在原定合同竣工日不能完工时，被发包人追究拖期违约责任。一旦获得批准，合同工期顺延后，承包人不仅免除了承担拖期违约赔偿费的严重风险，而且可能因提前工期而得到奖励。

② 经济（费用）索赔。经济索赔就是承包商向业主要求补偿不应该由承包商自己承担的经济损失或额外开支，也就是取得合理的经济补偿。

（2）按索赔的处理方式分类

① 单项索赔。单项索赔就是采取一事一索赔的方式，即在每一件索赔事项发生后，报送索赔通知书，编报索赔报告书，要求单项解决支付，不与其他的索赔事项混在一起。

② 综合索赔。综合索赔又称总索赔，俗称一揽子索赔，即对整个工程（或某项工程）中所发生的数起索赔事项，综合在一起进行索赔。它也是总成本索赔，是对整个工程（或某项目工程）的实际总成本与原预算成本的差额提出索赔。

（3）按索赔有关当事人之间的关系分类

① 承包人同业主之间的索赔。这是工程承包施工中最普遍的索赔形式。最常见的是承

包人向业主提出的工期索赔和费用索赔，业主向承包人提出经济赔偿的要求称为反索赔。

② 总承包人和分包人之间的索赔。总承包人和分包人，按照他们之间所签订的分包合同，都有向对方提出索赔的权利，以维护自己的利益，获得额外开支的经济补偿。工程分包合同履行过程中，索赔事件发生后，无论是发包人的原因还是总承包人的原因所致，分包人都只能向总承包人提出索赔要求，而不能直接向发包人提出。

③ 承包人同供货人之间的索赔。承包人在中标以后，根据合同规定的机械设备和工期要求，向设备制造厂家或材料供应人询价订货，签订供货合同。供货合同一般规定供货商提供的设备的型号、数量、质量标准和供货时间等具体要求。供货人违反供货合同的规定，使承包人受到经济损失时，承包人有权向供货人提出索赔，反之亦然。

【例题 1】　关于工程索赔的下列说法正确的是（C）。

A. 工程索赔是指承包人向发包人提出工期和（或）费用补偿要求的行为

B. 由于发包人原因导致分包人遭受经济损失，分包人可直接向发包人提出索赔

C. 承包人提出的工期补偿索赔经发包人批准后，可先排除承包人非自身原因拖期违约责任

D. 由于不可抗力事件造成合同非正常终止，承包人不能向发包人提出索赔

解析：选项 A 错误，工程索赔是指在工程合同履行过程中，当事人一方因非己方的原因而遭受经济损失或工期延误，按照合同约定或法律规定，应由对方承担责任，而向对方提出工期和（或）费用补偿要求的行为。选项 B 错误，由于发包人原因导致分包人遭受经济损失，分包人不可直接向发包人提出索赔。选项 D 错误，由于不可抗力事件造成合同非正常终止，承包人可以向发包人提出索赔。

【例题 2】　下列关于施工索赔的说法中错误的是（B）。

A. 索赔是一种合法的正当权利要求，不是无理争利

B. 索赔是单向的

C. 索赔的依据是签订的合同和有关法律、法规和规章

D. 在工程施工中，索赔的目的是补偿索赔方在工期和经济上的损失

9.2　索赔的程序和依据

9.2.1　索赔的程序

（1）承包人提出索赔要求

《施工合同（示范文本）》规定索赔程序如下。

① 发出索赔意向通知。索赔事件发生后，承包人应在知道或应当知道索赔事件发生后的 28 天内向监理人递交索赔意向通知，声明将对此事件提出索赔。该意向通知是承包人就具体的索赔事件向监理人和发包人表示的索赔愿望和要求。如果超过这个期限，监理人和发包人有权拒绝承包人的索赔要求。

索赔意向通知通常包括以下四方面的内容：一是事件发生的时间和情况的简单描述；二是合同依据的条款和理由；三是有关后续资料的提供，包括及时记录和提供事件发展的动态；四是对工程成本和工期产生不利影响的严重程度。

②　递交索赔报告。索赔意向通知提交后的 28 天内，承包人应递送正式的索赔报告。

索赔报告是承包人向监理人提交的一份要求业主给予一定经济（费用）补偿和延长工期的正式报告，承包人应该在索赔事件对工程产生的影响结束后，在规定时限内向监理人提交正式的索赔报告。

索赔报告的基本要求包括以下内容。一是必须说明索赔的合同依据，即基于何种理由提出索赔要求。一种是根据合同条款规定，承包人有资格因合同变更或追加额外工作而取得费用补偿和（或）延长工期；另一种是业主或其代理人任何违反合同规定给承包商造成损失，承包人有权索取补偿。二是索赔报告中必须有详细准确的损失金额及时间的计算。三是要证明客观事物与损失之间的因果关系，说明索赔前因后果的关联性，要以合同为依据，说明业主违约或合同变更与引起索赔的必然性联系。四是索赔报告必须准确，其中包括责任分析应清楚、准确，索赔值的计算依据要正确，计算结果要准确，措辞要婉转和恰当。

索赔事件具有持续影响的，承包人应按合理时间间隔继续递交延续索赔通知，说明持续影响的实际情况和记录，列出累计的追加付款金额和（或）工期延长天数。

③　在索赔事件影响结束后 28 天内，承包人应向监理人递交最终索赔报告，说明最终要求索赔的追加付款金额和（或）延长的工期，并附必要的记录和证明材料。

（2）监理人审核索赔报告

①　监理人审核承包人的索赔申请

a. 监理人应在收到索赔报告后 14 天内完成审查并报送发包人。监理人对索赔报告存在异议的，有权要求承包人提交全部原始记录副本。

b. 发包人应在监理人收到索赔报告或有关索赔的进一步证明材料后的 28 天内，由监理人向承包人出具经发包人签认的索赔处理结果。发包人逾期答复的，则视为认可承包人的索赔要求。

②　判定索赔成立的原则　监理人判定承包人索赔成立的条件为：

a. 与合同相对照，事件已造成了承包人施工成本的额外支出，或总工期延误。

b. 造成费用增加或工期延误的原因，按合同约定不属于承包人应承担的责任，包括行为责任或风险责任。

c. 承包人按合同规定的程序提交了索赔意向通知和索赔报告。

上述三个条件没有先后主次之分，应当同时具备。

③　对索赔报告的审查

a. 事态调查。通过对合同实施的跟踪、分析了解事件经过、前因后果，掌握事件详细情况。

b. 损害事件原因分析。即分析索赔事件是由何种原因引起，责任应由谁来承担。

c. 分析索赔理由。主要依据合同文件判明索赔事件是否属于未履行合同规定义务或未正确履行合同义务导致，是否在合同规定的赔偿范围之内。只有符合合同规定的索赔要求才有合法性，才能成立。

d. 实际损失分析。即为索赔事件的影响分析，主要表现为工期的延长和费用的增加。

e. 证据资料分析。主要分析证据资料的有效性、合理性、正确性，这也是索赔要求有效的前提条件。如果监理人认为承包人提出的证据不足以说明其要求的合理性时，可以要求承包人进一步提交索赔的证据资料。

（3）确定合理的补偿额

① 监理人与承包人协商补偿。监理人核查后初步确定应予以补偿的额度，往往与承包人的索赔报告中要求的额度不一致，甚至差额较大。主要原因大多为对承担事件损害责任的界限划分不一致，索赔证据不充分，索赔计算的依据和方法分歧较大等，因此双方应就索赔的处理进行协商。

② 发包人审查索赔处理。当监理人确定的索赔额超过其权限范围时，必须报请发包人批准。发包人首先根据事件发生的原因、责任范围、合同条款审核承包人的索赔申请和监理人的处理报告，再依据工程建设的目的、投资控制、竣工投产日期要求以及针对承包人在施工中的缺陷或违反合同规定等的有关情况，决定是否同意监理人的处理意见。索赔报告经发包人同意后，监理人即可签发有关证书。

（4）最终索赔处理

承包人接受最终的索赔处理决定，索赔事件的处理即告结束。索赔款项在当期进度款中进行支付；如果承包人不同意，就会导致合同争议。通过协商双方达到互谅互让的解决方案，是处理争议的最理想方式。如达不成谅解，承包人有权提交仲裁或诉讼解决。

【例题 3】　下列关于工程索赔的说法，正确的是（C）。

A. 承包人可以向发包人索赔，发包人不可以向承包人索赔

B. 索赔按处理方式的不同分为工期索赔和费用索赔

C. 监理人在收到承包人送交的索赔报告的有关资料后 28d 内未予答复或未对承包人作进一步要求，视为该项索赔已经认可

D. 索赔意向通知发出后的 14d 内，承包人必须向监理人提交索赔报告及有关资料

【例题 4】　承包人因自身原因实际施工落后于进度计划，若此时工程的某部位工程施工与其他承包人发生干扰，监理人发布指示改变了其施工时间和顺序导致施工成本的增加和效率降低，此时，承包人（D）。

A. 有权要求赔偿

B. 只能获得增加成本的一定比例的赔偿

C. 由发包人协调不同承包人间的赔偿问题

D. 无权要求赔偿

解析：承包人自身原因造成的不能索赔。

【例题 5】　《施工合同（示范文本）》规定，承包人递交索赔报告 28 天后，监理人未对此索赔要求作出任何表示，则应视为（C）。

A. 监理人已拒绝索赔要求　　　　　B. 承包人需提交现场记录和补充证据资料

C. 承包人的索赔要求已成立　　　　D. 需等待发包人批准

【例题 6】　下列事项中，承包人要求的费用索赔不成立的是（B）。

A. 业主未及时供应施工图纸　　　　B. 施工单位施工机械损坏

C. 业主原因要求暂停全部项目施工　D. 因设计变更而导致工程内容增加

【例题 7】　《施工合同（示范文本）》规定，施工中遇到有价值的地下文物后，承包人应立即停止施工并采取有效保护措施，对打乱施工计划的后果责任，（D）。

A. 承包人承担保护措施费用，工期不予顺延

B. 承包人承担保护措施费用，工期予以顺延

C. 业主承担保护措施费用，工期不予顺延

D. 业主承担保护措施费用，工期予以顺延

【例题8】 建设工程施工合同索赔成立的前提条件有（ACE）。

A. 与合同对照，事件已经造成了承包人工程项目成本的额外支出或总工期延误

B. 造成工程费用的增加，已经超出承包人所能承受的范围

C. 造成费用增加或工期损失的原因，按合同约定不属于承包人的行为责任或风险责任

D. 造成工期损失的时间，已经超出承包人所能承受的范围

E. 承包人按合同规定的程序和时间提交索赔意向通知和索赔报告

【例题9】 项目监理机构批准工程延期应同时满足的条件有（ABC）。

A. 施工单位在施工合同约定的期限内提出工程延期

B. 因非施工单位原因造成施工进度滞后

C. 施工进度滞后影响到施工合同约定的工期

D. 索赔事件是客观原因造成，且符合施工合同约定

E. 索赔事件是施工单位原因造成，且符合施工合同约定

9.2.2　索赔报告和依据

（1）索赔报告的组成部分

① 总论部分。包括以下具体内容：

a. 序言；

b. 索赔事项概述；

c. 具体索赔要求，工期延长天数或索赔款额；

d. 报告书编写及审核人员。

② 合同引证部分。该部分是索赔报告的关键部分之一，是索赔成立的基础，一般包括以下内容：

a. 概述索赔事项的处理过程；

b. 发出索赔通知书的时间；

c. 引证索赔要求的合同条款；

d. 指明所附的证据资料。

③ 索赔额计算部分。索赔款计算的主要组成部分是：由于索赔事项引起的额外开支的人工费、材料费、施工机具使用费、工地管理费、总部管理费、利息、税收、利润等。每一项费用开支，应附以相应的证据或单据，并通过详细的论证和计算，使发包人和监理人对索赔款的合理性有充分的了解，这对索赔要求的迅速解决十分重要。

④ 工期延长论证部分。

⑤ 证据部分。该部分通常以索赔报告书附件的形式出现，它包括了该索赔事项所涉及的一切有关证据以及对这些证据的说明。索赔证据资料的范围甚广，可能包括施工过程中所涉及的有关政治、经济、技术、财务、气象等许多方面的资料。对于重大的索赔事项，承包商还应提供直观记录资料，如录像、摄影等。

（2）建设工程施工索赔证据

① 招标文件。它是工程项目合同文件的基础，包括通用条款、专用条款、施工技术规程、工程量表、工程范围说明、现场水文地质资料等文本，都是工程成本的基础资料。它们不仅是承包人投标报价的依据，也是索赔时计算附加成本的依据。

②　投标报价文件。在投标报价文件中，承包商对各主要工种的施工单价进行了分析计算，对各主要工程量的施工效率和进度进行了分析，对施工所需的设备和材料列出了数量和价值，对施工过程中各阶段所需的资金数额提出了要求等。所有这些文件，在中标及签订施工协议书以后，都成为正式合同文件的组成部分，也成为施工索赔的基本依据。

③　施工协议书及其附属文件。在签订施工协议书以前合同双方对于中标价格、施工计划、合同条件等问题的讨论纪要文件中，如果对招标文件中的某个合同条款作了修改或解释，则这个纪要就是将来索赔计价的依据。

④　来往信件。如监理人（或业主）的工程变更指令、口头变更确认函、加速施工指令、施工单价变更通知、对承包人问题的书面回答等，这些信函（包括电传、传真资料）都具有与合同文件同等的效力，是结算和索赔的依据资料。

⑤　会议记录。如标前会议纪要、施工协调会议纪要、施工进度变更会议纪要、施工技术讨论会议纪要、索赔会议纪要等。对于重要的会议纪要，要建立审阅制度，即由作纪要的一方写好纪要稿后，送交对方传阅核签，如有不同意见，可在纪要稿上修改。

⑥　施工现场记录。主要包括施工日志、施工检查记录、工时记录、质量检查记录、设备或材料使用记录、施工进度记录或者工程照片、录像等。对于重要记录，如质量检查、验收记录，还应有签名。

⑦　工程财务记录。如工程进度款每月支付申请表，工人劳动计时卡和工资单，设备、材料和零配件采购单、付款收据，工程开支月报等。在索赔计价工作中，财务单证十分重要。

⑧　现场气象记录。许多的工期拖延索赔与气象条件有关。施工现场应注意记录和收集气象资料，如每月降水量、风力、气温、河水位、河水流量、洪水位、基坑地下水状况等。

⑨　市场信息资料。

⑩　工程所在国家的政策法令文件。如货币汇兑限制指令、调整工资的决定、税收变更指令、工程仲裁规则等。对于重大的索赔事项，如遇到复杂的法律问题时，承包商需要聘请律师，专门处理这方面的问题。

9.3　索赔额的计算

9.3.1　工期索赔的计算

9.3.1.1　工期延误的原因

工期延误是指工程实施过程中任何一项或多项工作实际完成日期迟于计划规定的完成日期，从而可能导致整个合同工期的延长。

工程工期是施工合同中的重要条款之一，涉及发包人和承包人多方面的权利和义务关系。工程延误对合同双方一般都会造成损失。发包人因工程不能及时交付使用、投入生产，就不能按计划实现投资效果，失去盈利机会，损失市场利润；承包人因工期延误会增加工程成本，如现场工人工资开支、机械停滞费用、现场和企业管理费等，生产效率降低，企业信誉受到影响，最终还可能导致合同规定的误期损害赔偿费处罚。工程工期是发包人和承包人经常发生争议的问题之一，工期索赔在整个索赔中占据了很高的比例，也是承包人索赔的重要内容之一。

工期延误原因分析可以有以下几种分类方法。

（1）按工程延误原因划分

1）因发包人及监理人自身原因或合同变更原因引起的延误

《施工合同（示范文本）》确定的可以顺延工期的条件：在合同履行过程中，因下列情况导致工期延误和（或）费用增加的，由发包人承担由此延误的工期和（或）增加的费用，且发包人应支付承包人合理的利润：

① 发包人未能按合同约定提供图纸或所提供图纸不符合合同约定的；

② 发包人未能按合同约定提供施工现场、施工条件、基础资料、许可、批准等开工条件的；

③ 发包人提供的测量基准点、基准线和水准点及其书面资料存在错误或疏漏的；

④ 发包人未能在计划开工日期之日起7天内同意下达开工通知的；

⑤ 发包人未能按合同约定日期支付工程预付款、进度款或竣工结算款的；

⑥ 监理人未按合同约定发出指示、批准等文件的；

⑦ 专用合同条款中约定的其他情形。

具体包括以下几方面。

a. 发包人拖延交付合格的施工现场。由于发包人没有及时完成征地、拆迁、安置等方面的有关前期工作，或未能及时取得有关部门批准的施工许可证手续等，造成施工现场交付时间推迟，承包人不能及时进驻现场施工，从而导致工程拖期。

【案例1】 上海市某工程施工中发生有关征收拆迁的工期索赔。由于施工现场×××路一侧的旧有配电房直接阻挡了承包人的施工，使承包人的导墙和地下连续墙施工停工10天，承包人提出10天的工期索赔。但发包人认为该导墙施工不在关键线路上而加以拒绝。承包人在对工程网络计划进行分析后，证明由于拖延10天使该导墙施工从原来的非关键线路变成了关键线路，最后发包人同意了3天的工期顺延。

b. 发包人拖延交付图纸。发包人未能按合同规定的时间和数量向承包人提供施工图纸。

【案例2】 某工程屋顶梁的配筋图未能及时交付给承包人，原定5月20日交付的图纸一直拖延至6月底，由于图纸交付延误，导致钢筋订货发生困难（订货半个月后交付钢筋）。因此原定6月中旬开始施工的屋顶梁钢筋绑扎拖至8月初，再加上该地区8月份遇到恶劣的气候条件，因气候原因导致工程延误1周。最后承包人向发包人提出8周的工期索赔。

c. 发包人或监理人拖延审批图纸、施工方案、计划等。

d. 发包人拖延支付预付款或工程款。

e. 发包人提供的设计数据或工程数据延误。

f. 发包人指定的分包人违约或延误。

g. 发包人未能及时提供合同规定的材料或设备。

h. 发包人拖延关键线路上工序的验收时间，造成承包人下道工序施工延误。监理人对合格工程要求拆除或剥露部分工程予以检查，造成工程进度被打乱，影响后续工程的开展。

i. 发包人或监理人发布指令延误，或发布的指令打乱了承包人的施工计划。由发包人或监理人原因暂停施工导致的延误。发包人对工程质量的要求超出原合同的约定。

j. 发包人设计变更或要求修改图纸，发包人要求增加额外工程，导致工程量增加，工程变更或工程量增加引起施工程序的变动。发包人的其他变更指令导致工期延长等。

2）因承包人原因引起的延误

①施工组织不当，如出现窝工或停工待料现象。②质量不符合合同要求而造成的返工。③资源配置不足，如劳动力不足，机械设备不足或不配套，技术力量薄弱，管理水平低，缺乏流动资金等造成的延误。④开工延误。⑤劳动生产率低。⑥承包人雇佣的分包人或供应商引起的延误等。

上述延误难以得到发包人的谅解，也不可能得到发包人或监理人给予延长工期的补偿。承包人若想避免或减少工程延误的罚款及由此产生的损失，只有通过加强内部管理或增加投入，或采取加速施工的措施。

3）不可控制因素导致的延误

① 人力不可抗拒的自然灾害导致的延误，如有记录可查的特殊反常的恶劣天气、不可抗力引起的工程损坏和修复。

【案例3】　某工程施工中，由于持续下雨，雨量是过去20年平均值的两倍，致使承包人的施工延误了34天，承包人要求监理人予以顺延工期。监理人认为延误时间中的一半（17天）是一个有经验的承包人无法预料的，另外的17天为承包人应承担的正常气候所影响，即同意延长工期17天。

② 特殊风险如战争、叛乱、革命、核装置污染等造成的延误。

③ 不利的自然条件或客观障碍引起的延误等，如现场发现化石、古钱币或文物。

【案例4】　鲁布革CI合同引水系统C_2区遇到了相当大的F203断层及许多大小溶洞，导致施工难度增大，生产效率降低，工期拖延了4.5个月。承包人提出了工期索赔。为了不影响工程按期投产，监理人只批准该单位工程延期3个月，其余1.5个月承包人必须通过加速施工赶上。

【案例5】　某土方工程施工中，发现地下有一现场勘察中未曾发现的供水管道，于是采取将该管道改线的办法，导致工程量增加，工期延长，为此承包人提出4个月的工期索赔。

④ 施工现场中其他承包人的干扰。

⑤ 合同文件中某些内容的错误或互相矛盾。

⑥ 罢工及其他经济风险引起的延误，如政府抵制或禁运而造成的工程延误。

【案例6】　某项施工合同在履行过程中，承包人因下述三项原因提出工期索赔20天：①由于设计变更，承包人等待图纸全部停工7天；②在同一范围内承包人的工人在两个高程上同时作业，监理人考虑施工安全，下令暂停上部工程施工而延误工期5天；③因下雨影响填筑工程质量，监理人下令工程全部停工8天，等填筑材料含水量降到符合要求后再进行作业。

问题：监理人应批准承包人顺延工期多少天？

【分析】

① 由于设计变更，承包人等待图纸的7天停工不属于承包人的责任，应给予工期补偿。

② 考虑现场施工人员安全而下达的暂时停工令，责任在于承包人施工组织不合理，不应批准工期延展。

③ 因下雨影响填筑工程的施工质量，要根据当时的降雨记录来划分责任归属。如果雨量和持续时间超过构成异常恶劣的气候影响或不可抗力标准，则应按有经验的承包人不可能合理预见到的异常恶劣自然条件的条款，批准延展8天工期。如果没有超过合同内约定的标准，尽管监理人下达了暂停施工令，但责任原因属于承包人应承担的风险，即承包人报送监

理人批准的施工进度计划，应充分估计到不利于施工的天数而进行施工组织。在这种情况下，不应批准该部分的顺延工期要求。

（2）按延误的结果划分

① 可索赔延误。可索赔延误是指非承包人原因引起的工程延误，包括发包人或监理人的原因和双方不可控制的因素引起的延误，并且该延误工序或作业一般应在关键线路上，此时承包人可提出补偿要求，发包人应给予相应的合理补偿。根据补偿内容的不同，可索赔延误可进一步分为以下三种情况。

a. 只可索赔工期的延误。这类延误是由发包人、承包人双方都不可预料、无法控制的原因造成的延误，如不可抗力、异常恶劣气候条件、特殊社会事件、其他第三方等原因引起的延误。对于这类延误，一般合同规定：发包人只给予承包人延长工期，不给予费用损失的补偿。

b. 只可索赔费用的延误。这类延误是指由于发包人或监理人的原因引起的延误，但发生延误的活动对总工期没有影响，而承包人却由于该项延误负担了额外的费用损失。在这种情况下，承包人不能要求延长工期，但可要求发包人补偿费用损失，前提是承包人必须能证明其受到了损失或发生了额外费用，如因延误造成的人工费增加、材料费增加、劳动生产率降低等。

c. 可索赔工期和费用的延误。这类延误主要是由于发包人或监理人的原因而直接造成工期延误并导致经济损失。如发包人未及时交付合格的施工现场，既造成承包人的经济损失，又侵犯了承包人的工期权利。在这种情况下，承包人不仅有权向发包人索赔工期，还有权要求发包人补偿因延误而发生的、与延误时间相关的费用损失。

② 不可索赔延误。不可索赔延误是指因可预见的条件或在承包人控制之内的情况或由于承包人自己的过错引起的延误。如果没有发包人或监理人的不合适行为，没有其他可索赔情况，则承包人必须无条件地按合同规定的时间实施和完成施工任务，没有资格获准延长工期，承包人不应向发包人提出任何索赔，发包人也不会给予工期或费用的补偿。相反，如果承包人未能按期竣工，还应支付误期损害赔偿费。

表9.1列出了索赔种类的原因和事件对比。表9.2列出了《标准施工招标文件》中可以合理补偿承包人索赔的条款。

表 9.1　索赔种类的原因和事件对比

索赔种类	原因	索赔事件
工期	客观原因，发包人承担风险	①异常恶劣的气候条件导致工期延误 ②因不可抗力造成工期延误
费用	只影响费用，未造成工程量增加，不补偿利润、工期	①提前向承包人提供材料、工程设备 ②因发包人原因造成承包人人员工伤事故 ③承包人提前竣工 ④基准日后法律的变化 ⑤工程移交后因发包人原因出现的缺陷修复后的试验和试运行 ⑥因不可抗力停工期间应监理人要求照管、清理、修复工程
工期+费用	非业主原因或非主观原因，未影响工程量，应承担的责任	①施工中发现文物、古迹 ②施工中遇到不利物质条件
费用+利润	未影响工期，发包人原因	①因发包人的原因导致工程试运行失败 ②工程移交后因发包人原因出现新的缺陷或损坏的修复
工期+费用+利润	发包人不作为（过错）	①因发包人违约导致承包人暂停施工 ②迟延提供图纸等

表 9.2 《标准施工招标文件》中可以合理补偿承包人索赔的条款

序号	索赔事件	可补偿内容		
		工期	费用	利润
1	迟延提供图纸	√	√	√
2	施工中发现文物、古迹	√	√	
3	迟延提供施工场地	√	√	√
4	施工中遇到不利物质条件	√	√	
5	提前向承包人提供材料、工程设备		√	
6	发包人提供材料、工程设备不合格或迟延提供或变更交货地点	√	√	√
7	承包人依据发包人提供的错误资料导致测量放线错误	√	√	√
8	因发包人原因造成承包人人员工伤事故		√	
9	因发包人原因造成工期延误	√	√	√
10	异常恶劣的气候条件导致工期延误	√		
11	承包人提前竣工		√	
12	发包人暂停施工造成工期延误	√	√	√
13	工程暂停后因发包人原因无法按时复工	√	√	√
14	因发包人原因导致承包人工程返工	√	√	√
15	监理人对已经覆盖的隐蔽工程要求重新检查且检查结果合格	√	√	√
16	因发包人提供的材料、工程设备造成工程不合格	√	√	√
17	承包人应监理人要求对材料、工程设备和工程重新检验且检验结果合格	√	√	√
18	基准日后法律的变化		√	
19	发包人在工程竣工前提前占用工程	√	√	√
20	因发包人的原因导致工程试运行失败		√	√
21	工程移交后因发包人原因出现新的缺陷或损坏的修复		√	√
22	工程移交后因发包人原因出现的缺陷修复后的试验和试运行		√	
23	因不可抗力停工期间应监理人要求照管、清理、修复工程		√	
24	因不可抗力造成工期延误	√		
25	因发包人违约导致承包人暂停施工	√	√	√

【例题 10】 根据《标准施工招标文件》（2007 年版）通用合同条款，下列引起承包人索赔的事件中，可以同时获得工期、费用和利润补偿的是（B）。

A. 施工中发现文物古迹　　　　　B. 发包人延迟提供建筑材料

C. 承包人提前竣工　　　　　　　D. 因不可抗力造成工期延误

解析：选项 A 只可索赔费用、工期；选项 C 只可索赔费用；选项 D 只可索赔工期。

【例题 11】 根据《标准施工招标文件》（2007 年版）通用合同条款，下列引起承包人索赔的事件中，只能获得费用补偿的是（A）。

A. 发包人提前向承包人提供材料、工程设备

B. 因发包人提供的材料、工程设备造成工程不合格

C. 发包人在工程竣工前提前占用工程

D. 异常恶劣的气候条件，导致工期延误

解析：选项 B、C 可以同时获得工期、费用和利润补偿；选项 D 只可索赔工期。

【例题 12】 根据《标准施工招标文件》（2007 年版）通用合同条款，下列引起承包人索赔的事件中，只能获得工期补偿的是（D）。

A. 发包人提前向承包人提供材料和工程设备

B. 工程暂停后因发包人原因导致无法按时复工

C. 因发包人原因导致工程试运行失败

D. 异常恶劣的气候条件导致工期延误

解析： 选项 A 只可索赔费用；选项 B 可以同时获得工期、费用和利润补偿；选项 C 只可索赔费用、利润；选项 D 只能索赔工期。

【例题 13】 设备安装完毕进行试车检验的结果表明，由于工程设计原因未能满足验收要求。承包人依据监理工程师的指示按照修改后的设计将设备拆除、修正施工并重新安装。合同责任应（C）。

A. 追加合同价款但工期不予顺延　　　　B. 由承包人承担费用和工期的损失

C. 追加合同价款并相应顺延合同工期　　D. 工期相应顺延但不补偿承包人的费用

解析： 工程设计原因属于非承包商原因造成的，可以提出费用和工期索赔。

【例题 14】 根据《标准施工招标文件》（2007 年版）中通用条款的内容，如果承包人在施工过程中发现文物、古迹而导致工期延误时，承包人可以向发包人索赔（B）。

A. 工期　　　　B. 工期＋费用　　　　C. 利润　　　　D. 费用

【例题 15】 导致现场发生暂停施工的下列情形中，承包人在执行监理人暂停施工的指示后，可以要求发包人追加合同价款并顺延工期的包括（BCE）。

A. 施工作业方法可能危及邻近建筑物的安全

B. 施工中遇到了有考古价值的文物

C. 发包人订购的设备不能按时到货

D. 施工作业危及人身安全

E. 发包人未能按时移交后续施工的现场

解析： 由于非承包人原因造成的工期延误，承包人可以提出工期索赔。

（3）按延误发生的时间分布划分

① 关键线路延误。关键线路延误是指发生在工程网络计划关键线路上活动的延误。由于在关键线路上全部工序的总持续时间即为总工期，因而任何工序的延误都会造成总工期的推迟，因此，如果延误工作位于关键线路上，非承包方原因的延误均可索赔。

② 非关键线路延误。由于非关键线路上的工序可能存在机动时间，如果延误工作在非关键线路上，若延误时间少于该工作的总时差，建设单位一般不给予工期顺延。若延误时间大于该总时差，非关键线路会转化为关键线路，则可成为索赔延误。

【例题 16】 项目监理机构批准工程延期的基本原则是（D）。

A. 项目监理机构对施工现场进行了详细考察和分析

B. 延期事件发生在非关键线路上，且延长的时间未超过总时差

C. 工作延长的时间超过其相应总时差，且由承包单位自身原因引起

D. 延期事件是由承包单位自身以外的原因造成

解析： 由于非承包人原因造成的工期延误，承包人可以提出工期索赔。

9.3.1.2　工期索赔的计算方法

（1）直接法

如果某干扰事件直接发生在关键线路上，造成总工期的延误，可以直接将该干扰事件的实际干扰时间（延误时间）作为工期索赔值。

（2）比例分析法

如果某干扰事件仅仅影响某单项工程、单位工程或分部分项工程的工期，要分析其对总工期的影响，可以采用比例分析法。

采用比例分析法时，可以按工程量的比例进行分析，例如：某工程基础施工中出现了意外情况，导致工程量由原来的2800m³增加到3500m³，原定工期是40天，则承包商可以提出的工期索赔值是：

工期索赔值＝原工期×（新增工程量/原工程量）＝40×[（3500－2800）/2800]＝10（天）

本例中，如果合同规定工程量增减10％为承包商应承担的风险，则工期索赔值应该是：

工期索赔值＝40×[（3500－2800×110％）/2800]＝6（天）

工期索赔值也可以按照造价的比例进行分析，例如：某工程合同价为1200万元，总工期为24个月，施工过程中业主增加额外工程200万元，则承包商可以提出的工期索赔值为：

工期索赔值＝原合同工期×（附加或新增工程造价/原合同总价）＝24×（200/1200）＝4（个月）

（3）网络分析法

工期索赔的成立条件与费用索赔成立条件不同，需要对发生的工期延误作进一步分析才能得出工期索赔是否成立。

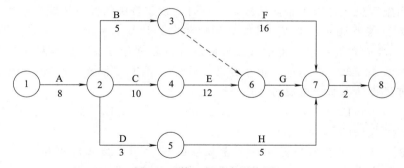

图9.1　某工程进度网络图

某工程进度网络图如图9.1所示。通过对图9.1进行计算，可以得出各个工作的时间参数并可确定该网络图的关键线路。如果计划工期等于计算工期，那么关键线路上工作的总时差为零，所以如果承包人延误的时间发生在关键线路上，并且该责任应该由发包人承担，那么承包人就可以向发包人提出工期索赔。

如果承包人延误的时间发生在非关键线路上，且该责任由发包人承担，处理如下：

① 延误的时间大于总时差，可以索赔的工期为延误的时间减去总时差所得的值。

② 延误时间小于等于总时差，可以索赔的工期为零。

工期索赔处理原则见表9.3。

9.3.2　费用索赔的计算

9.3.2.1　费用索赔的组成

① 人工费。人工费包括施工人员的基本工资、工资性质的津贴、加班费、奖金以及法定的安全福利等费用。可以索赔的人工费包括：由于非承包人责任的工效降低所增加的人工费用；超过法定工作时间加班劳动；法定人工费增长以及非承包人责任工程延期导致的人员

表 9.3 工期索赔处理原则

索赔原因	是否可原谅	拖期原因	责任者	处理原则	索赔结果
工程进度拖延	可原谅拖期	(1)修改设计 (2)施工条件变化 (3)业主原因拖期 (4)监理人原因拖期	业主/监理人	可给予工期延长；可补偿经济损失	工期＋经济补偿
		(1)异常恶劣气候 (2)工人罢工 (3)天灾	客观原因	可给予工期延长；不给予经济补偿	工期
	不可原谅的拖期	(1)工效不高 (2)施工组织不好 (3)设备材料供应不及时	承包商	不延长工期；不补偿经济损失，向业主支付误期损害赔偿费	索赔失败；无权索赔

窝工费和工资上涨费；等。其中增加工作内容的人工费应按照计日工费计算，而停工损失费和工作效率降低的损失费按窝工费计算，窝工费的标准双方应在合同中约定。

②施工机具使用费。当工作内容增加引起设备费索赔时，设备费的标准按照机械台班费计算。因窝工引起的设备费索赔，当施工机械属于施工企业自有时，按照机械折旧费计算索赔费用。当施工机械是施工企业从外部租赁时，索赔费用的标准按照设备租赁费计算。

【例题 17】 某基坑开挖工程，施工合同中约定的计日工费和窝工费的工资标准均为 50 元/工日，在基坑开挖过程中，由于业主未按合同约定履行与现场周边村民协调的职责，造成承包商 7 人窝工 5 天，而承包商由于劳动力计划安排不当导致 5 人窝工 10 天。承包人在基坑开挖中可提出的人工费索赔为 （B）元。

A. 0　　　　　　B. 1750　　　　　　C. 2500　　　　　　D. 4250

解析：7×5×50＝1750（元）。

【例题 18】 某施工合同约定人工工资为 200 元/工日，窝工补贴按人工工资的 25％ 计算，在施工过程中发生了如下事件：①出现异常恶劣天气导致工程停工 2 天，人员窝工 20 个工日；②因恶劣天气导致场外道路中断，抢修道路用工 20 个工日；③几天后，场外停电，停工 1 天，人员窝工 10 个工日。承包人可向发包人索赔的人工费为 （C）元。

A. 1500　　　　　　B. 2500　　　　　　C. 4500　　　　　　D. 5500

解析：索赔的人工费＝20×200＋10×200×25％＝4500（元）。

【例题 19】 某新校区抗震模拟实验室工程，主体部分采用钢架结构，施工合同约定钢材由业主供料，其余材料均委托承包商采购。但承包商在以自有机械设备进行主体钢结构制作吊装过程中，由于业主供应钢材不及时导致承包商停工 7 天，则承包商计算施工机械窝工费时，应按 （D）向业主提出索赔。

A. 机械台班费　　　　　　　　　　　　B. 机械租赁费

C. 施工机具使用费　　　　　　　　　　D. 机械台班折旧费

③材料费。材料费的索赔包括：由于索赔事项材料实际用量超过计划用量而增加的材料费；由于客观原因材料价格大幅度上涨；由于非承包人责任工程延期导致的材料价格上涨和超期储存费用。材料费中应包括运输费、仓储费，以及合理的损耗费用。如果由于承包人管理不善，造成材料损坏失效，则不能列入索赔计价。

④管理费。此项又可分为现场管理费和企业管理费两部分。索赔款中的现场管理费是

指承包人完成额外工程、索赔事项工作以及工期延长期间的现场管理费，包括管理人员工资、办公费、通信费、交通费等。索赔款中的企业管理费主要指的是工程延期期间所增加的管理费，包括总部职工工资、办公用品、财务管理、通信设施以及企业领导人员赴工地检查指导工作等开支。

⑤ 利润。一般来说，由于工程范围的变更、设计文件有缺陷或技术性错误、业主未能提供现场等引起的索赔，承包商可以列入利润。但对于工程暂停的索赔，由于利润通常是包括在每项实施工程内容的价格之内的，而延长工期并未影响削减某些项目的实施，也未导致利润减少，因此，一般监理工程师很难同意在工程暂停的费用索赔中加进利润损失。索赔利润的款额计算通常与原报价单中的利润比例保持一致。

⑥ 利息。可索赔利息包括：发包人拖延支付工程款利息；发包人迟延退还工程质量保证金的利息；承包人垫资施工的垫资利息；发包人错误扣款的利息等。利率计算按约定；无约定或约定不明的，可按中国人民银行发布的同期同类贷款利率计算。

⑦ 保险费。由发包人原因导致工程延期，承包人必须办理工程保险、施工人员意外伤害保险的延期手续而增加的费用。

⑧ 保函手续费。因发包人原因导致工程延期时，保函手续费相应增加的费用。

【例题 20】 因发包人原因导致工程延期时，下列索赔事件能够成立的有（ACDE）。

A. 材料超期储存费用索赔

B. 材料保管不善造成的损坏费用索赔

C. 现场管理费索赔

D. 保险费索赔

E. 保函手续费索赔

解析： 材料保管不善造成的损坏费用不能索赔，属于承包人原因。

【例题 21】 关于索赔计算的说法中，正确的是（D）。

A. 人工费索赔包括新增加工作内容的人工费，不包括停工损失费

B. 发包人要求承包人提前竣工时，可以补偿承包人利润

C. 工程延期时，保函手续费不应增加

D. 发包人未按约定时间进行付款的，应按银行同期贷款利率支付迟延付款的利息

解析： 选项 A 错误，人工费索赔包含停工损失费；选项 B 错误，承包人提前竣工时，不能补偿利润；选项 C 错误，发包人原因导致的工程延期，保函手续费相应增加。

【案例 7】 某工程项目由于业主修改设计，监理工程师下令承包人工程暂停一个月。

问题：在这种情况下，承包人可索赔哪些费用？

【分析】

① 人工费：索赔人工窝工费。

② 材料费：可索赔超期储存费用或材料价格上涨费。

③ 施工机具使用费：可索赔机械窝工费或机械台班上涨费。自有机械窝工费一般按台班折旧费索赔，租赁机械一般按实际租金计算。

④ 分包费用：是指由于工程暂停导致分包人向总包索赔的费用。总包向业主索赔应包括分包人向总包索赔的费用。

⑤ 现场管理费：由于全面停工，可索赔增加的现场管理费。可按日计算，也可按直接成本的比例计算。

⑥保险费：可索赔延期一个月的保险费，按保险公司保险费率计算。

⑦保函手续费：可索赔延期一个月的保函手续费，按银行规定的保函手续费率计算。

⑧利息：可索赔延期一个月增加的利息支出，按合同约定的利率计算。

⑨总部管理费：由于全面停工，可索赔延期增加的总部管理费，可按总部规定的比例计算。

【案例8】 某商贸公司建造一幢营业大楼，采用公开招标方式选择施工单位。商贸公司（甲方）与中标单位（乙方）双方按规定签订了施工承包合同，合同约定开工日期为2018年9月16日。

工程开工后发生了如下几项事件。

事件1：因征收工作拖延，甲方于2018年9月18日才向乙方提供施工场地，导致乙方A、B两项工作延误了2天，并分别造成人工窝工6个和8个工日；但乙方C项工作未受影响。

事件2：乙方与机械设备租赁商约定，D项工作施工用的某机械应于2018年9月28日进场，但因出租方原因推迟到当月29日才进场，造成D项工作延误1天和人工窝工7个工日。

事件3：因甲方设计变更，乙方在E项工作施工时，导致人工增加14个工日，直接费用增加了1.5万元，并使施工时间增加了2天。

事件4：在F项工作施工时，因甲方供材出现质量缺陷，乙方施工用工增加6个工日，其他费用1000元，并使H项工作时间延长1天，人工窝工24个工日。

上述事件中，A、D、H三项工作均为关键工作，没有机动时间，其余工作均有足够的机动时间。

问题：乙方能否就上述事件向甲方提出工期索赔和费用索赔（索赔是否成立）？请分别说明理由。

【分析】

事件1：可向甲方提出费用索赔和工期索赔。因为A、B工作延误是甲方原因造成的。可索赔A、B两项工作的窝工费及关键工作A的工期延误，B工作为非关键工作，工期未受影响，不予工期索赔。

事件2：不可以向甲方提出费用和工期索赔。因为D项工作的工期延误及人工窝工是施工单位原因造成的，属施工单位责任。

事件3：可向甲方提出费用索赔。因为乙方费用的增加是由甲方设计变更造成的，但因为E工作是非关键工作，有足够的机动时间，不可向甲方提出工期索赔。

事件4：可向甲方提出费用和工期索赔。因为乙方F、H工作费用的增加及H关键工作工期的延长都是甲方原因造成的。F工作是非关键工作，有机动时间，工期索赔不成立。

【案例9】 某建筑公司于某年4月20日与某厂（甲方）签订了修建建筑面积为3000m²的工业厂房施工合同。该工程的基坑开挖工程量为4500m³，假设直接费单价为4.2元/m³，综合费率为直接费的20%。该基坑的施工方按规定，采用租赁一台反铲（租赁费450元/台班）进行土方工程施工。甲乙双方约定5月11日开工，5月20日完工。在实际施工中发生了如下事件。

事件1：因租赁的反铲大修，晚开工2天，人员窝工10个工日；

事件2：施工过程中，因遇到软土层，接监理工程师指令5月15日停工，进行地质复查，配合用工 15 个工日；

事件 3：5 月 19 日接到监理工程师于 5 月 20 日开工的复工令，同时提出基坑开挖深度加深 2m 的设计变更通知单，由此增加土方开挖量 900m³；

事件 4：5 月 20 日—5 月 22 日，因罕见大雨施工暂停，造成人员窝工 10 个工日；

事件 5：5 月 23 日用 30 个工日修复冲坏的永久道路，5 月 24 日恢复施工，最终基坑于 5 月 30 日竣工。

问题：

① 施工单位可以就以上哪些事件向甲方索赔？

② 每项事件可索赔工期各是多少天？

③ 假设人工费单价为 115 元/工日，因增加用工所需的管理费为增加的人工费的 30%，则合理的索赔总额是多少？

【分析】

① 事件 1 是承包商自身原因造成的，不能索赔。可以就事件 2～5 向业主索赔。

② 索赔工期计算。

事件 2：5 月 15 日—5 月 19 日，索赔 5 天；

事件 3：土方每天开挖量为 4500/10＝450（m³），索赔工期为 900/450＝2（天）；

事件 4：5 月 20 日—5 月 22 日，索赔 3 天；

事件 5：5 月 23 日，索赔 1 天。

共计索赔工期 11 天。

③ 索赔费用计算。

a. 事件 2。人工费：15×115＝1725（元）；

施工机具使用费（机械窝工 5 天，15 日—19 日）：450×5＝2250（元）；

管理费：1725×30%＝517.5（元）。

b. 事件 3。可直接按土方开挖的单价计算。

900×4.2×(1＋20%)＝4536(元)。

c. 事件 4：不存在费用索赔。

d. 事件 5。人工费：30×115＝3450（元）；

施工机具使用费：450×1＝450（元）（机械窝工 1 天）；

管理费：3450×30%＝1035（元）。

费用索赔合计：

1725＋2250＋517.5＋4536＋3450＋450＋1035＝13963.5（元）

【案例 10】　某承包人（乙方）与发包人（甲方）签订某工程施工合同。合同工期 38 天。乙方按时提交施工方案和施工网络进度计划（见图 9.2），并得到监理人的批准。实际施工过程中发生了如下几件事件。

事件 1：A 工作施工过程中，发现局部软弱层。按监理人指示乙方配合地质复查，配合用工 10 个工日。地质复查后，根据监理人批准的地基处理方案，因地质复查和处理房基作业 A 工作时间延长 3 天。

事件 2：B 工作，由于图纸设计需修改，监理人要求拆除已按原图施工完成的基础，并重新按新图施工。增加用工 30 个工日，材料费 12000 元，机械台班费 3000 元，B 工作作业时间拖延 2 天。

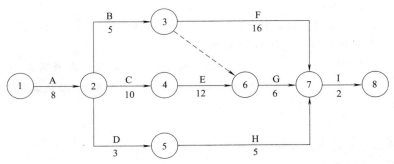

图 9.2　施工网络进度计划

事件 3：C 工作中，因施工机械故障，造成窝工 8 个工日，该工作作业时间拖延 2 天。

事件 4：I 工作施工期间，发生 100 年不遇特大暴雨，造成人员窝工 20 个工日，I 工作作业时间延长 2 天。

问题：

① 分析事件 1～4，哪些事件乙方能提出工期与费用索赔？

② 计算乙方能得到的工期补偿为多少天？

③ 假设工程所在地人工费标准为 200 元/工日，应由甲方补偿乙方的窝工人工费补偿标准为 120 元/工日，该工程管理费为人工费、施工机具使用费、材料费之和的 7％。则乙方应该得到的补偿人工费、材料费、施工机具使用费及管理费一共为多少元？

【分析】

事件 1：可以提出工期补偿 3 天和费用补偿要求，因为地质条件变化属于甲方应承担的责任，且该项工作位于关键路线上。

事件 2：可以提出费用补偿，不能提出工期补偿。设计变更是甲方责任，由此增加的费用应由甲方承担；不能提出工期索赔，因为该工作拖延时间 2 天没有超出其总时差 7 天。

事件 3：由于是乙方责任，故不能提出工期与费用索赔。

事件 4：可索赔工期 2 天，不能索赔费用，原因是该事件属于不可抗力，同时该工作在关键线路上，因此可索赔工期，不能索赔费用。

综合以上所述，可以索赔工期为：3＋2＝5（天）。

索赔费用：

$$[(10＋30)×200＋12000＋3000]×(1＋7％)＝24610(元)$$

【案例 11】　某监理单位承担了一工业项目的施工监理工作。经过招标，建设单位选择了甲、乙施工单位分别承担 A、B 标段工程的施工，并按照《建设工程施工合同（示范文本）》分别和甲、乙施工单位签订了施工合同。建设单位与乙施工单位在合同中约定：B 标段所需的部分设备由建设单位负责采购。乙施工单位按照正常的程序将 B 标段的安装工程分包给丙施工单位。在施工过程中，发生了如下事件：

事件 1：建设单位在采购 B 标段的锅炉设备时，设备生产厂商提出由自己的施工队伍进行安装更能保证质量，建设单位便与设备生产厂商签订了供货和安装合同并通知了监理单位和乙施工单位。

事件 2：总监理工程师根据现场反馈信息及质量记录分析，对 A 标段某部位隐蔽工程的质量有怀疑，随即指令甲施工单位暂停施工，并要求剥离检验。甲施工单位称：该部位隐蔽工程已经专业监理工程师验收，若剥离检验，监理单位需赔偿由此造成的损失并相应延长工期。

事件 3：专业监理工程师对 B 标段进场的配电设备进行检验时，发现由建设单位采购的某设备不合格，建设单位对该设备进行了更换，从而导致丙施工单位停工。因此，丙施工单位致函监理单位，要求补偿其被迫停工所遭受的损失并延长工期。

问题：

① 请画出建设单位设备采购开始之前该项目各主体之间的合同关系图。

② 在事件 1 中，建设单位将设备交由厂商安装的做法是否正确？为什么？

③ 在事件 1 中，若乙施工单位同意由该设备生产厂商的施工队伍安装该设备，监理单位应该如何处理？

④ 在事件 2 中，总监理工程师的做法是否正确？为什么？试分析剥离检验的可能结果及总监理工程师的处理方法。

⑤ 在事件 3 中，丙施工单位的索赔要求是否应该向监理单位提出？为什么？对该索赔事件应如何处理？

【分析】

① 建设单位开始设备采购之前该项目各主体之间的合同关系如图 9.3 所示。

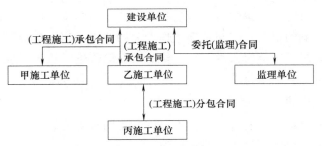

图 9.3　项目各主体之间的合同关系

② 在事件 1 中，建设单位将设备交由厂商安装的做法不正确，因为建设单位已将 B 标段工程承包给乙施工单位，后又与设备生产厂商签订安装合同，属于违约行为。

③ 在事件 1 中，若乙施工单位同意由该设备生产厂商的施工队伍安装该设备，监理单位应该对厂商的资质进行审查。若符合要求，可以由该厂商安装。若不符合要求，监理单位应该拒绝由该厂商安装。

④ 总监理工程师的做法是正确的。因为无论监理人是否参加验收，当其对某部分的质量有怀疑时，均可要求承包人对已经隐蔽工程进行重新检验，承包人应配合检验，并在检验后重新修复。如重新检验合格，发包人承担由此发生的全部追加合同价款，赔偿承包人的损失，并相应顺延工期；如检验不合格，承包人承担发生的全部费用，工期不予顺延。

⑤ 在事件 3 中，丙施工单位的索赔要求不应该向监理单位提出，因为建设单位和丙施工单位之间没有合同关系。当分包商认为自己的合法权益受到损害时，只能向（总）承包商提出索赔要求，不能向监理单位提出。

对该索赔事件的处理方法：

a. 丙向乙提出索赔，乙向监理单位提出索赔意向书；

b. 监理单位收集与索赔有关的资料；

c. 监理单位受理乙单位提交的索赔意向书;

d. 总监理工程师对索赔申请进行审查,初步确定费用额度和延期时间,与乙施工单位和建设单位协商;

e. 总监理工程师对索赔费用和工程延期作出决定。索赔获得批准顺延的工期加到分包合同工期中,得到支付的索赔款按照公平合理的原则由乙施工单位转交给丙施工单位。

9.3.2.2 索赔费用的计算方法

索赔费用的计算方法有:实际费用法、总费用法和修正的总费用法。

(1) 实际费用法

实际费用法是计算工程索赔时最常用的一种方法。计算原则是以承包人为某项索赔工作所支付的实际开支为根据,向业主要求费用补偿。

(2) 总费用法

总费用法就是当发生多次索赔事件以后,重新计算该工程的实际总费用,实际总费用减去投标报价时的估算总费用,即为索赔金额。

(3) 修正的总费用法

修正的总费用法是对总费用法的改进,在总费用计算的原则上,去掉一些不合理的因素,使其更合理。修正的内容如下:①将计算索赔款的时段局限于受到外界影响的时间,而不是整个施工期;②只计算受影响时段内的某项工作所受影响的损失,而不是计算该时段内所有施工工作所受影响的损失;③与该项工作无关的费用不列入总费用中;④对投标报价费用重新进行核算,即按受影响时段内该项工作的实际单价进行核算,乘以实际完成的该项工作的工程量,得出调整后的报价费用。

9.3.2.3 不允许索赔的费用

在工程施工索赔过程中,有些费用是不允许索赔的。常见的不允许索赔费用如下:

(1) 由于承包人的原因而增大的经济损失

如果发生了发包人或其他原因造成的索赔事件发生,而承包人未采取适当的措施防止或减少经济损失,并由于承包人的原因使经济损失增大,则不允许进行这些经济损失的补偿索赔。这些措施可以包括保护未完工程,合理及时地重新采购器材,重新分配施工力量如人员、材料和机械设备等。若承包人采取了措施,花费了额外的人力、物力,则可向发包人要求对其"所采取的减少损失措施"的费用予以补偿,因为这对发包人也是有利的。

(2) 因合同或工程变更等事件引起的费用

因合同或工程变更等事件引起的工程施工计划调整,取消材料等物品订单以及修改分包合同等,这些费用的发生一般不允许单独索赔,可以放在现场管理费中予以补偿。

(3) 承包人的索赔准备费用

承包人的每一项索赔要获得成功,必须从索赔机会的预测与把握,保持原始记录,及时提交索赔意向通知和索赔账单进行索赔具体分析和论证,到承包人与监理人和发包人之间的索赔谈判已达成协议,承包人需要花费大量的人力和精力去进行认真细致的准备工作。针对有些复杂的索赔情况,承包人还需要聘请索赔专家进行索赔的咨询工作等。所有这些索赔的准备和聘请专家都要开支款额,但这种款额的花费是不允许从索赔费用里得到补偿的。

(4) 索赔金额在索赔处理期间的利息

对于某些工程项目的索赔事件所发生的索赔费用是很大的金额,而索赔处理的周期总是一个比较长的过程，这就存在承包人应索赔款额的利息问题。一般情况下，不允许对索赔款额再另加入利息，除非有确凿证据证明发包人或监理人故意拖延了对索赔事件的处理。

9.3.2.4 现场签证

（1）现场签证的提出

承包人应发包人要求完成合同以外的零星项目，发包人应及时以书面形式向承包人发出指令，承包人应及时向发包人提出现场签证要求。

（2）现场签证的价款计算

① 现场签证的工作如果已有相应的计日工单价，现场签证报告中仅列明完成该签证工作所需的人工、材料、工程设备和施工机具台班的数量。

② 如果现场签证的工作没有相应的计日工单价，应当在现场签证报告中列明完成该签证工作所需的人工、材料、工程设备和施工机具台班的数量及单价。承包人应按现场签证内容计算价款，报送发包人确认后，作为增加合同价款，与进度款同期支付。

③ 现场签证事项，必须征得发包人书面同意，否则费用由承包人承担。

【例题 22】 关于施工过程中的现场签证，下列说法中正确的是（D）。

A. 发包人应按照现场签证内容计算价款，在竣工结算时一并支付

B. 没有计日工单价的现场签证，按承包商提出的价格计算并支付

C. 因发包人口头指令实施的现场签证事项，其发生的费用应由发包人承担

D. 承包人应及时向发包人提出现场签证要求

解析：承包人应按现场签证内容计算价款，报送发包人确认后，与进度款同期支付。现场签证事项，必须征得发包人书面同意，否则费用由承包人承担。

【案例 12】 某开发商投资新建一住宅小区工程，包括住宅楼五幢、会所一幢以及小区市政管网和道路设施，总建筑面积 $2400m^2$。经公开招投标，某施工总承包单位中标，双方依据《施工合同（示范文本）》签订了施工总承包合同。施工总承包合同中约定的部分条款如下：

① 合同造价 3600 万元，除设计变更、钢筋与水泥价格变动，总承包全部范围外的工作内容据实调整外，其他费用均不调整。

② 合同工期 306 天，从 2018 年 3 月 1 日起至 2018 年 12 月 31 日止。工期奖罚标准为 2 万元/天。

在合同履行过程中，发生了下列事件：

事件 1：因钢筋价格上涨幅度较大，建设单位与施工总承包单位签订了《关于钢筋价格调整的补充协议》，协议价款为 60 万元。

事件 2：2018 年 3 月 22 日，施工总承包单位在基础底板施工期间，因罕见连续降雨发生了排水费用 6 万元。2018 年 4 月 5 日，某批次国产钢筋常规检测合格，建设单位以验证工程质量为由，要求施工总承包单位还需对该批次钢筋进行化学成分分析，施工总承包单位委托具备资质的检测单位进行了检测，化学成分检测费用 8 万元，检测结果合格。针对上述问题，施工总承包单位按索赔程序和时限要求，分别提出 6 万元排水费用、8 万元检测费用的索赔。

事件 3：工程竣工验收后，施工总承包单位于 2018 年 12 月 28 日向建设单位提交了竣工验收报告，建设单位于 2019 年 1 月 5 日确认验收通过，并开始办理工程结算。

问题：

① 根据《施工合同（示范文本）》规定，哪些文件属于合同文件组成部分？事件 1 中《关于钢筋价格调整的补充协议》属于合同的哪个部分？

② 分别指出事件 2 中，施工总承包单位的两项索赔是否成立，并说明理由。

③ 本工程的竣工验收日期是哪一天？

【分析】

①《施工合同（示范文本）》规定下列文件属于合同文件组成部分：合同协议书、中标通知书、投标文件、专用条款、通用条款等；补充协议属于洽商文件。

② 施工单位提出的排水费 6 万元合理，此连续降雨属不可抗力，工程清理费用由建设单位承担；施工单位提出的 8 万元钢筋检测费用合理，建设单位对已经过检验的材料质量有怀疑时，可进行重新检验，若重新检验合格的，由建设单位承担由此增加的费用。

③ 本工程竣工验收日期是 2018 年 12 月 28 日。工程经竣工验收合格的，以承包人提交竣工验收申请报告之日为实际竣工日期。

【案例 13】 某大学城工程，包括结构形式与建设规模一致的四栋单体建筑。每栋建筑面积为 21000m^2，地下 2 层，地上 11 层，层高 4.2m，钢筋混凝土框架-剪力墙结构。A 施工单位与建设单位签订了施工总承包合同，合同约定，除主体结构外的其他分部分项工程施工，总承包单位可以自行依法分包，建设单位负责供应油漆等部分材料。

合同履行过程中，发生了下列事件：

事件 1：油漆作业完成后，发现油漆成膜存在质量问题，经鉴定，原因是油漆材质不合格。B 施工单位（分包人）就由此造成的返工损失向 A 施工单位提出索赔，A 施工单位以油漆属建设单位供应为由，认为 B 施工单位应直接向建设单位提出索赔。

事件 2：B 施工单位直接向建设单位提出索赔，建设单位认为油漆在进场时已由 A 施工单位进行了质量验证并办理接收手续，其对油漆材料的质量责任已经完成，因油漆不合格而返工的损失应由 A 施工单位承担，建设单位拒绝受理该索赔。

问题：

指出合同履行中的错误之处，并说明理由。

【分析】

① 错误一：A 施工单位以油漆属建设单位提供为由，认为 B 施工单位（分包人）应直接向建设单位提出索赔。理由：B 单位与 A 单位有合同关系，分包人 B 单位与建设单位没有合同关系。

② 错误二：建设单位认为油漆进场时已由 A 施工单位进行了质量验证并办理接收手续，其对油漆的质量责任已经完成，因油漆不合格而返工的损失应由 A 施工单位承担，建设单位拒绝受理该索赔。理由：业主采购的物资，A 施工单位的验证不能取代业主对其采购物资的质量责任。

【案例 14】 某群体工程，主楼地下二层，地上八层，总建筑面积 26800m^2，现浇钢筋混凝土框剪结构。建设单位分别与施工单位、监理单位按照《施工合同（示范文本）》（GF—2017—0201）、《监理合同（示范文本）》（GF—2012—0202）签订了施工合同和监理合同。

合同履行过程中，发生了下列事件：

事件 1：某单位工程的施工进度计划网络图如图 9.4 所示。因工艺设计采用某专利技术，工作 F 需要工作 B 和工作 C 完成以后才能开始施工。监理工程师要求施工单位对该进度计划网络图进行调整。

事件 2：施工过程中发生索赔事件如下。

① 由于项目功能调整变更设计，导致工作 C 中途出现停歇，持续时间比原计划超出 2 个月，造成施工人员窝工损失 13.6 万元/月×2 月＝27.2 万元；

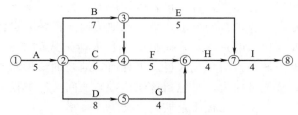

图 9.4　施工进度计划网络图（单位：月）

② 当地发生百年一遇暴雨引发泥石流，导致工作 E 停工、清理恢复施工共用 3 个月，造成施工设备损失费用 8.2 万元、清理和修复过程费用 24.5 万元。

针对上述①、②事件，施工单位在有效时限内分别向建设单位提出 2 个月、3 个月的工期索赔，27.2 万元、32.7 万元的费用索赔（所有事项均与实际相符）。

问题：

① 指出其关键线路（用工作表示），并计算其总工期（单位：月）。

② 事件 2 中，分别指出施工单位提出的两项工期索赔和两项费用索赔是否成立并说明理由。

【分析】

① 关键线路有两条：A→B→F→H→I，A→D→G→H→I。工期 T＝25 个月。

② 事件 2 中的①，工期索赔 2 个月不成立（工期索赔成立，但是只可以索赔 1 个月）。该事件是非承包商原因造成的，且工作 C 延误 2 个月，使该项目总工期变成 26 个月，26－25＝1 个月，总工期延长 1 个月，所以工期只可以索赔 1 个月。

事件 2 中的①，费用索赔成立，可以索赔 27.2 万元。该事件是非承包商原因造成的，且工作 C 延误造成施工人员窝工损失 13.6 万元/月×2 月＝27.2 万元，所以费用索赔成立，可以索赔 27.2 万元。

事件 2 中的②，工期索赔不成立。发生百年一遇暴雨引发泥石流属于不可抗力，按照相关规定，虽然不可抗力造成的工期延误可以顺延，但是工作 E 损失 3 个月，对总工期并没有造成影响，所以工期索赔不成立。

事件 2 中的②，费用索赔 32.7 万元不成立（费用索赔成立，但是只可以索赔 24.5 万元）。当地发生百年一遇暴雨引发泥石流属于不可抗力，不可抗力造成施工设备损失由承包人自己承担，工程清理和修复费用由发包人承担。只可以索赔工程清理和修复过程费用 24.5 万元，施工设备损失费用 8.2 万元不可以索赔。

9.4　反索赔的内容

依据工程承包人的惯例和实践，常见的发包人反索赔及具体内容主要有以下几种。

（1）工程质量缺陷反索赔

工程质量的好坏直接与发包人的利益和工程的效益紧密相关。发包人只承担直接负责设计所造成的质量问题，监理人虽然对承包人的设计、施工方法、施工工艺工序以及材料进行过批准、监督、检查，但只是间接责任，并不能免除或减轻承包人对工程应负的责任。在工程施工过程中，若承包人所使用的材料或设备不符合合同规定或工程质量不符合施工技术规范和验收规范的要求，或出现缺陷而未在缺陷责任期满之前完成修复工作，发包人均有权追究承包人的责任，并提出由承包人所造成的工程质量缺陷所带来的经济损失的反索赔。另外，发包人向承包人提出工程质量缺陷的反索赔要求时，往往不仅仅包括工程缺陷所产生的直接经济损失，也包括该缺陷带来的间接经济损失。

常见的工程质量缺陷表现为：

① 由承包人负责设计的部分永久工程和细部构造，尽管经过监理人的复核和审查批准，仍出现了质量缺陷或事故。

② 承包人的临时工程或模板支架设计安排不当，造成了施工后的永久工程的缺陷。

③ 承包人使用的工程材料和机械设备等不符合合同规定和质量要求，从而使工程质量产生缺陷。

④ 承包人没有完成按照合同条件规定的工作或隐含的工作，如对已完工程的保护和照管，安全及环境保护等。

（2）拖延工期的反索赔

依据施工合同规定，承包人必须在合同规定的时间内完成工程的施工任务。如果由于承包人的原因造成不可原谅的完工日期拖延，则影响到发包人对该工程的使用和运营生产计划，给发包人带来了经济损失，此项发包人的索赔，并不是发包人对承包人的违约罚款，而是发包人要求承包人补偿拖期完工给发包人造成的经济损失。承包人则应按签订合同时双方约定的赔偿金额以及拖延时间长短向发包人支付这种赔偿金。

（3）经济担保的反索赔

担保人要承诺在其委托人不适当履约的情况下代替委托人来承担赔偿责任或原合同所规定的权利与义务。在工程施工承包活动中，常见的经济担保有预付款担保和履约担保等。

① 预付款担保反索赔。预付款是指在合同规定开工前或工程款支付之前，由发包人预付给承包人的款项。预付款的实质是发包人向承包人发放的无息贷款。对预付款的偿还，一般是由发包人在应支付给承包人的工程进度款中直接扣还。为了保证承包人偿还发包人的预付款，施工合同中都规定承包人必须对预付款提供等额的经济担保。若承包人不能按期归还预付款，发包人就可以从相应的担保款额中取得补偿。

② 履约担保反索赔。履约担保是承包人和担保方为了发包人的利益不受损害而作出的一种承诺，担保承包人按施工合同所规定的条件进行过程施工。履约担保有银行担保和担保公司担保的方法，其中银行担保较常见，担保金额一般为合同价的 $10\% \sim 20\%$，担保期限为工程竣工期或缺陷责任期满。当承包人违约或不能履行施工合同时，持有履约担保文件的发包人可以很方便地在承包人的担保人的银行中取得金钱补偿。

（4）保留金的反索赔

一般的工程承包合同中都规定保留金的数额，为合同价的 3% 左右，保留金是应从支付给承包人的月工程进度款中扣下一笔合同价百分比的基金，由发包人保留下来，以便在承包人一旦违约时直接补偿发包人的损失。保留金也是发包人向承包人索赔的手段之一。保留金一般应在整个工程完工时退还保留金款额的 50%，最后在缺陷责任期满后再退还剩余的 50%。

（5）发包人其他损失的反索赔

依据合同规定，除了上述发包人的反索赔外，当发包人在受到其他由于承包人原因造成的经济损失时，发包人仍可提出反索赔要求。

9.5 索 赔 防 范

（1）发包人预防和减少承包人索赔事件的发生

有经验的发包人总是预先采取措施防止索赔的发生，针对承包人提出的索赔为自己辩护，以减少责任。此外，发包人还经常主动提出反索赔，以抵销、反击承包人提出的索赔。在实际工程中，发包人方面可采取的措施如下：

① 增加限制索赔的合同条款。发包人最常用的方式是通过对某些常用合同条件的修改，增加一些限制索赔条款，以减少责任，将工程中的风险转移到承包人一方，防止可能产生的索赔。由于招标文件和合同条件一般由发包人准备并提供，发包人往往聘请有经验的法律专家和工程咨询顾问起草合同，并在合同中加入限制索赔条款，如：发包人对招标文件中的地质资料和试验数据的准确性不负责任，要求承包人自己进行勘察和试验；发包人对不利的自然条件引起的工程延误的经济损失不承担责任等。

应该明确，当发包人将某些风险转移到承包人一方后，虽然减少了索赔，降低了建设成本的不确定性，但承包人在投标报价中必然会考虑这一风险因素。长期来看，这会使承包人报价提高，发包人的工程建设成本增大。因此，发包人往往在合同中规定，同意补偿有经验的承包人无法预见的不利的现场条件给承包人造成的额外成本开支，并调整工期，而不补偿利润，这样，从长期来看可降低承包人的报价，减少发包人的工程成本。

② 提高招标文件的质量。发包人要做好招标前的准备工作，提高招标文件的质量，委托技术力量强的咨询公司准备招标文件，以提高规范和图纸的质量，减少设计错误和缺陷，防止漏项，并减少规范和图纸的矛盾和冲突，避免承包人由此而提出的索赔。

发包人还要提高招标文件中工程量表中的工程数量的准确性，防止承包人提出的因实际工程量变化过大引起合同总价的变化超过合同规定的限度，而产生的要求调整合同价格的索赔。

③ 全面履行合同规定的义务。发包人要做好合同规定的工程施工前准备工作，如按时移交无障碍物的工地、支付预付款、移交图纸等，并按时履行合同规定的义务，按时向承包人提供应由发包人提供的设备、材料等，以防止和减少由于发包人的延误或违约而引起的索赔。发包人对自身的失误，通常及时采取补救措施，以减少承包人的损失，防止损失扩大出现重大索赔问题。

④ 改变工程建设承包方式和合同形式。在工程建设承包中，通常由发包人委托设计单位提供图纸，并委托监理人对项目实施过程进行监理，承包人只负责按照发包人提供的图纸和规范施工。在这种承包方式中，往往由于图纸变更和规范缺陷产生大量索赔。发包人为了减少索赔，降低建设项目成本的不确定性，减少风险，往往将设计和施工一并委托一家承包人总承包，由承包人对设计和施工质量负责，达到预防和减少索赔，控制工程建设成本的目的。

（2）承包人预防和减少反索赔事件的发生

承包人是索赔事件的发起者。为了承包人自身的利益和信誉，承包人应慎重使用自己的索赔权利。一方面要建好工程，加强合同管理和成本管理，控制好工程进度，预防发包人的反索赔；另一方面要善于申报和处理索赔事项，尽量减少索赔的数量，并实事求是地进行索赔。承包人在预防和减少索赔和反索赔方面，可以采取的措施如下：

① 严肃认真对待投标报价。在工程投标与报价过程中，承包人都应仔细研究招标文件，全面细致地进行施工现场查勘，认真地进行投标估算，正确地决定报价。切不可疏忽大意进行报价，或者为了中标，故意压低标价，企图在中标后靠索赔弥补盈利。

② 注意签订合同时的协商与谈判。承包人在中标以后，在与发包人正式签订合同的谈判过程中，应对工程项目合同中存在的疑问进行澄清，并对重大工程风险问题据理力争，促成对这些合同条款的修改，以"合同谈判纪要"的形式写成书面内容，作为合同文件的有效组成部分。这样，对合同中的问题都补充为明文条款，也可预防和避免施工中不必要的索赔争端。

③ 加强施工质量管理。承包人应严格按照合同文件中规定的设计、施工技术标准和规范进行工作，并注意按设计图纸施工，对原材料及各工艺工序严格把关，推行全面的质量管理，尽量避免和消除工程质量事故的缺陷，则可避免发包人对施工缺陷的反索赔事项发生。

④ 加强施工进度计划与控制。承包人应尽力做好施工组织与管理，从各个方面保证施工进度计划的实现，防止由于承包人自身管理不善造成的工程进度拖延。若由于发包人或其他客观原因造成工程进度延误，承包人应及时申报延期索赔申请，以获得合理的工期延长，预防和减少发包人的因"拖期竣工赔偿金"的反索赔。

⑤ 发包人不得随意变更工程及扩大工程范围。承包人应注意发包人不能随意扩大工程范围。另外，所有的工程变更都必须有书面的工程变更指令，以便对变更工程进行计价。若发包人或监理人下达了口头变更指令，要求承包人执行变更工作，承包人可以予以书面记录，并请发包人或监理人签字确认，若监理人不予确认，承包人可以不执行该变更工程，以免得不到应有的经济补偿。

⑥ 加强工程成本的核算与控制。承包人自身要加强工程成本核算，严格控制工程开支，使施工成本不超过投标报价时的成本计划。当成本中某项直接费用的支出款额超过计划成本时，要立即进行分析，查清原因，若属于自己方面原因，要对成本进行分指标、分工艺工序控制，熟悉和掌握索赔款具体计价的方法，采用实际工程成本法、总费用法或修正的总费用法等，使索赔款额的计算比较符合实际，切不可抬高过多，反而导致索赔失败或发包人的反索赔发生。

思考与练习

一、单选题

1. 下列承包人的施工索赔，按索赔目的分类的是（　　）。

A. 工期索赔　　　　　B. 工程变更索赔　　　C. 合同中默示的索赔　　D. 意外风险索赔

2. 根据《施工合同（示范文本）》，下列监理工程关于承包人提交索赔意向通知的说法中，正确的是（　　）。

A. 承包人应向业主提交索赔意向通知

B. 承包人应向监理人提交索赔意向通知

  C. 承包人提交索赔意向通知没有期限限制

  D. 承包人不提交索赔意向通知不会导致索赔权利的丧失

3. 下列事项中，承包人要求的费用索赔不成立的是（　　）。

  A. 建设单位未及时提供施工图纸   B. 施工单位施工机械损坏

  C. 业主原因要求暂停全部项目施工   D. 因设计变更而导致工程内容增加

4. 某施工合同履行时，因施工现场尚不具备开工条件，已进场的承包人不能按约定日期开工，则发包人（　　）。

  A. 应赔偿承包人的损失，相应顺延工期   B. 应赔偿承包人的损失，但工期不予顺延

  C. 不赔偿承包人的损失，但相应顺延工期   D. 不赔偿承包人的损失，工期不予顺延

5. 下列关于判断承包人索赔成立条件的说法中错误的是（　　）。

  A. 与合同相对照，事件已经造成了承包人施工成本的额外支出或总工期延误

  B. 造成费用增加或工期延误的原因不属于承包人应承担的责任

  C. 承包人按合同规定提交了索赔意向通知和索赔报告

  D. 以上条件必须具备两项或两项以上

6. 由于异常恶劣的气候条件造成的停工是（　　）。

  A. 不可原谅延期，不给补偿费用   B. 不可原谅延期，但给补偿费用

  C. 可原谅延期，且给补偿费用   D. 可原谅延期，但不给补偿费用

7. 监理人对索赔处理的决定（　　）。

  A. 是终局性的，具有强制约束力   B. 不是终局性的，不具有强制约束力

  C. 是终局性的，不具有强制约束力   D. 不是终局性的，具有强制约束力

8. 依据《施工合同（示范文本）》的规定，下列关于承包人索赔的说法，错误的是（　　）。

  A. 只能向有合同关系的对方提出索赔

  B. 监理人可以对证据不充分的索赔报告不予理睬

  C. 监理人的索赔处理决定不具有强制性的约束力

  D. 索赔处理应尽可能协商达成一致

9. 《施工合同（示范文本）》规定，承包人递交索赔报告 28 天后，监理人未对此索赔要求作出任何表示，则应视为（　　）。

  A. 监理人已拒绝索赔要求   B. 承包人需提交现场记录和补充证据资料

  C. 承包人的索赔要求已经认可   D. 需等待发包人批准

10. 索赔是指在合同的实施过程中，（　　）因对方不履行或未能正确履行合同所规定的义务或未能保证承诺的合同条件实现而遭受损失后，向对方提出的补偿要求。

  A. 业主方   B. 第三方   C. 承包人   D. 合同中的一方

11. 某建筑工程，在地基基础土方回填过程中，承包人在未通知发包人验收的情况下即进行了土方回填。事后，发包人要求对已经隐蔽的部位重新进行剥离检查，检查发现质量合格，在该情况下，所发生的费用应由（　　）承担，并应承担工期延误的责任。

  A. 发包人   B. 承包人

  C. 发包人和承包人共同   D. 监理单位

12. 因设计图纸存在严重缺陷而导致工程质量事故，则承包人就工程损失应向（　　）提出索赔要求。

  A. 设计单位   B. 发包人

  C. 发包人和设计单位   D. 发包人或设计单位

13. 由于业主提供的设计图纸错误导致分包人返工，为此分包人向承包人提出索赔。承包人（   ）。

A. 因不属于自己的原因拒绝索赔要求

B. 认为索赔成立，先行支付后再向业主索赔

C. 不予支付，以自己的名义向监理人提交索赔通知

D. 不予支付，以分包人的名义向监理人提交索赔报告

二、多选题

1. 监理人依据施工现场的下列情况向承包人发布暂停施工指令时，其中应顺延合同工期的情况有（   ）。

A. 地基开挖遇到勘察资料未标明的断层，需要重新确定基础处理方案

B. 发包人订购的设备未能按时到货

C. 施工作业方法存在重大安全隐患

D. 后续施工现场未能按时完成移民拆迁工作

E. 施工中遇到有考古价值的文物需要采取保护措施予以保护

2. 在建设工程施工索赔中，监理人判定承包人索赔成立的条件包括（   ）。

A. 事件造成了承包人施工成本的额外支出或总工期延误

B. 造成费用增加或工期延误的原因，不属于承包人应承担的责任

C. 造成费用增加或工期延误的原因，属于分包人的过错

D. 按合同约定的程序，承包人提交了索赔意向通知

E. 按合同约定的程序，承包人提交了索赔报告

3. 下列在施工过程中因不可抗力事件导致的损失，应由发包人承担的有（   ）。

A. 施工现场待安装的设备损坏

B. 承包人的人员伤亡

C. 在现场的第三方人员伤亡

D. 承包人施工设备损失

E. 清理费用

4. 下列在施工过程中发生的事件中，可以顺延工期的情况包括（   ）。

A. 不可抗力事件的影响

B. 承包人采购的施工材料未按时交货

C. 施工许可证没有及时颁发

D. 不具备合同约定的开工条件

E. 监理人未按合同约定提供所需指令

5. 以下对索赔的表述中，正确的是（   ）。

A. 索赔要求的提出不需经对方同意

B. 索赔依据应在合同中有明确根据

C. 应在索赔事件发生后的 28 天内递交索赔报告

D. 监理人的索赔处理决定超过权限时应报发包人批准

E. 承包人必须执行监理人的索赔处理决定

6. 下列对索赔的理解，正确的是（   ）。

A. 合同双方均有权索赔

B. 是客观存在的

C. 是单方行为

D. 前提是经济损失或权利损害

E. 必须经对方确认

三、案例分析

【案例1】 某施工合同订立后，在施工过程中，发生如下几项事件：

① 2019 年 4 月，在基础开挖过程中，个别部位实际土质与给定地质资料不符造成施工费用

增加 3 万元，相应工序持续时间增加了 5 天；

②　2019 年 5 月施工单位为了保证施工质量，扩大基础底面，开挖量增加导致费用增加 4 万元，相应工序持续时间增加了 4 天；

③　2019 年 7 月份，在主体砌筑工程中，因施工图设计有误，实际工程量增加导致费用增加 3.8 万元，相应工序持续时间增加了 3 天；

④　2019 年 8 月份，进入雨季施工，恰逢 20 年一遇的大雨，造成停工损失 2.5 万元，工期增加了 5 天。

以上事件均发生在关键线路上，对总工期有影响。

问题：施工单位可以提出哪些索赔？为什么？

【案例 2】　建设单位（甲方）与施工单位（乙方）依据《施工合同（示范文本）》签订了书面施工承包合同，合同工期 20 个月，乙方制定了施工计划进度双代号网络图（见图 9.5），并获得了监理工程师批准。

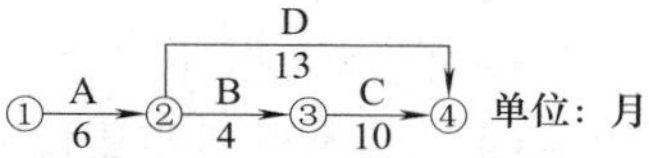

施工过程中发生了如下事件：

在工作 C（外墙装饰）开始之前，甲方决定设计变更，更改外墙砖色彩，由于等待图源，导致工作 C 推迟开始 1 个月，并造成乙方窝工以及 10 万元的经济损失。在赔偿事件发生后 10 天内，乙方提交了赔偿意向书，第 20 天内提交了工期索赔一个月，费用索赔 10 万元的正式书面报告，甲方收到报告后三个月内未答复。

图 9.5　某工程网络图

问题：

①　乙方向甲方提出工期索赔，是否成立？说明理由。

②　乙方的索赔是否生效？说明理由。

【案例 3】　某钢筋混凝土结构住宅，业主与施工单位、监理单位分别签订了施工合同、监理合同。施工单位将土方开挖、外墙涂料与防水工程分别分包给专业性公司，并分别签订了分包合同。

合同规定 2018 年 3 月 1 日开工，2019 年 4 月 1 日竣工，工程造价 3000 万元。

①　总包单位于 2018 年 2 月 25 日进场，进行开工前准备工作，电力部门通知施工用变压器要到 3 月 8 日才能安装完毕，施工单位因此要求工期顺延 7 天。

问题：此项要求是否成立？根据是什么？

②　土方公司（分包人）在基础开挖中遇到地下文物，采取了必要的保护措施。为此总包单位请他们向业主索赔。

问题：总包单位的做法是否恰当？为什么？

③　某隐蔽工程监理人已经检验完毕，但事后其对质量仍有怀疑，要求重新检验，承包商以已经检验合格为由，拒绝重新检验。

问题 1：承包商不同意重新检验对吗？为什么？

问题 2：监理人重新检验后发现质量不合格，所发生的费用损失和工期延误如何处理？

第 10 章　国际常用的施工合同文本

10.1　FIDIC 合同条件概述

"国际咨询工程师联合会"简称"FIDIC"，是国际上具有权威性的咨询工程师组织。为了规范国际工程咨询和建设承包活动，FIDIC 先后发表过很多重要的管理性文件和标准化的合同文本，已成为国际工程界公认的"惯例"。尤其是合同文本，不仅已被 FIDIC 组织成员国广泛采用，而且世界银行、亚洲开发银行、非洲开发银行等金融机构所编制的合同文本，也基本上以 FIDIC 文本为基础。FIDIC 合同条件主要是针对大型复杂工程项目，通过招标选择承包商为条件编制的合同。

2017 年 12 月国际咨询工程师联合会发布了 1999 版三本合同条件的第二版（即 2017 版），分别是：施工合同条件（红皮书）、工程设备和设计-建造合同条件（黄皮书）和设计-采购-施工/交钥匙项目合同条件（银皮书）。

2017 版与 1999 版相比，相对应合同条件的应用和适用范围，业主和承包商的权利、职责和义务，业主与承包商之间的风险分配原则，合同价格类型和支付方式，合同条件的总体结构都基本保持不变，但通用条件将索赔与争端区分开，并增加了争端预警机制。与 1999 版相比，2017 版的通用条件在篇幅上大幅增加，融入了更多项目管理思维，相关规定更加详细和明确，更具可操作性；2017 版系列合同条件加强了项目管理工具和机制的运用，进一步平衡了合同双方的风险及责任分配，更强调合同双方的对等关系。

2017 版施工合同条件（红皮书）大多数变化与合同管理有关，目标是为合同双方提供更具体、明确和确定的预期结果以及不遵守的后果。2017 版的"定义"由 1999 版的 58 个增加到了 88 个。

国际承包工程涉及的 FIDIC 合同主要有四种。

（1）《施工合同条件》

《施工合同条件》（Conditions of Contract for Construction）简称"红皮书"，该合同主要用于由雇主设计的房屋建筑工程（Building Works）和土木工程（Engineering Works），主要用于单价合同。在这种合同形式下，通常由工程师负责监理，由承包商按照雇主提供的设计施工，但也可以包含由承包商设计的土木、机械、电气和构筑物的某些部分。世界银行、亚洲开发银行和非洲开发银行规定，所有利用其贷款的工程项目都必须采用该合同条件。

适合于传统的"设计-招标-建造"（Design-Bid-Construction）建设履行方式。该合同条件适用于建设项目规模大、复杂程度高、业主提供设计的项目。

（2）《工程设备和设计-建造合同条件》

《工程设备和设计-建造合同条件》（Conditions of Contract for Plant and Design Build）简称"黄皮书"，该文件用于电气和（或）机械设备供货和建筑或工程的设计与施工，通常采用总价合同。在这种合同形式下，由承包商按照雇主的要求，设计和提供生产设备和（或）其他工程，可以包括土木、机械、电气和建筑物的任何组合，进行工程总承包。但也可以对部分工程采用单价合同。

该合同范本适用于建设项目规模大、复杂程度高、承包商提供设计、业主愿意将部分风险转移给承包商的情况。

（3）《设计采购施工（EPC）/交钥匙项目合同条件》

《设计采购施工（EPC）/交钥匙项目合同条件》（Conditions of Contract for EPC/Turn-keyProjects）简称"银皮书"，该合同范本适用于建设项目规模大、复杂程度高、承包商提供设计、承包商承担绝大部分风险的情况。

与其他三个合同范本的最大区别在于，在《EPC/交钥匙项目合同条件》下业主只承担工程项目的很小风险，而将绝大部分风险转移给承包商。

该合同条件是为了适应国际工程项目管理方法的新发展而出版的，可适用于以交钥匙方式提供加工或动力设备、工厂或类似设施、基础设施项目或其他类型开发项目，采用总价合同。包含了项目策划、可行性研究、具体设计、采购、建造、安装、试运行等在内的全过程承包方式。承包商"交钥匙"时，提供的是一套配套完整的可以运行的设施。

（4）《简明格式合同》

《简明格式合同》（Short Form of Contract）简称"绿皮书"。FIDIC 编委会编写绿皮书的宗旨在于使该合同范本适用于投资规模相对较小的民用和土木工程。

10.2　FIDIC《土木工程施工合同条件》主要内容简介

《土木工程施工合同条件》是 FIDIC 最早编制的合同文本，也是其他几个合同条件的基础。《土木工程施工合同条件》的主要特点表现为：条款中责任的约定以招标选择承包商为前提；合同履行过程中建立以工程师为核心的管理模式；以单价合同为基础（也允许部分工作以总价合同承包）。住房和城乡建设部颁发的 2013 年《建设工程施工合同（示范文本）》参考了很多《土木工程施工合同条件》的条款。本章介绍的 FIDIC 合同条件即指 FIDIC《土木工程施工合同条件》。

（1）合同当事人的权利义务

主要包括业主的权利与义务、工程师的权利与职责、承包商的权利与义务等内容。

① 业主的权利与义务。业主是指在合同专用条件中指定的当事人以及取得此当事人资格的合法继承人，但除非承包商同意，不指此当事人的任何受让人。业主是建设工程项目的所有人，也是合同的当事人，在合同的履行过程中享有大量的权利并承担相应的义务。

a. 业主的权利包括：业主有权批准或否决承包商将合同转让给他人；业主有权将工程的部分项目或工作内容的实施发包给指定的分包商；承包商违约时业主有权采取补救措施；承包商构成合同规定的违约事件时，业主有权终止合同。

b. 业主的义务包括：业主应在合理的时间内向承包商提供施工场地；业主应在合理的

时间内向承包商提供图纸和有关辅助资料；业主应按合同规定的时间向承包商付款；业主应在缺陷责任期内负责照管工程现场；业主应协助承包商做好有关工作。

② 工程师的权利与职责。工程师由业主任命，与业主签订咨询服务委托协议书，根据施工合同的规定，对工程的质量、进度和费用进行控制和监督，以保证工程项目的建设能满足合同的要求。如果业主准备替换工程师，必须提前不少于 42 天发出通知以征得承包商的同意。如果要求工程师在行使某种权利之前需要获得业主批准，则必须在合同专用条件中加以限制。

a. 工程师的权利包括在质量管理、进度管理、费用管理、合同管理等方面的权利。工程师在质量管理方面的权利，包括对现场材料及设备进行检查和控制、监督承包商的施工、对已完工程进行确认或拒收、对工程采取紧急补救措施、要求解雇承包商的雇员、批准分包商等权利。工程师在进度管理方面的权利，包括有权批准承包商的进度计划，有权发出开工令、停工令和复工令，有权控制施工进度。工程师在费用管理方面的权利，包括有权确定变更价格，有权批准使用暂定金额，有权批准使用计日工，有权批准向承包商付款。工程师在合同管理方面的权利，包括有权批准工程延期，有权发布工程变更令，有权颁发接收证书和缺陷责任证书，有权解释合同中有关文件，有权对争端作出决定。工程师可以随时对其助理授权或者收回授权，在授权范围内，他们向承包商发出的指示、批准、开具证书等行为与工程师具有同等效力。

b. 工程师的职责是认真执行合同，协调施工有关事宜。

③ 承包商的权利与义务。承包商是指其标书已被业主接受的当事人，以及取得该当事人资格的合法继承人。承包商是合同的当事人，负责工程的施工。

a. 承包商的权利包括：有权得到工程付款，有权提出索赔，有权拒绝接受指定的分包商；如果业主严重违约，承包商有权终止受雇和暂停工作。

b. 承包商的义务包括：按合同规定的完工期限、质量要求完成合同范围内的各项工程，对现场的安全和照管负责，遵照执行工程师发布的指令，对现场负责清理，提供履约担保，提交进度计划和现金流通量的估算，保护工程师提供的坐标点和水准点，为工程和设备办理保险，遵守工程所在地的一切法律和法规。

(2) FIDIC 合同条件中涉及费用管理的条款

① 有关工程计量的规定。在制定招标文件时，应列出工程量清单，以显示工程的每一类目或分项工程的名称、估计数量以及单位。单价和合价由投标者填写，成为投标文件的组成部分。这些工程量是在图纸和规范的基础上对该工程的估算工程量，不能作为承包商履行合同规定的义务过程中应予完成工程实际和确切的工程量。

承包商在实施合同中完成的实际工程量要通过计量来核实，以此作为结算工程价款的依据。由于 FIDIC 合同是固定单价合同，承包商报出的单价是不能随意变动的，因此工程价款的支付额是单价与实际工程量的乘积之和。

工程计量应当计量净值，不能依照通常的和当地的习惯进行计量。如有例外情况，应在规范和工程量清单中加以说明，如开挖中对超挖部分的计量方法。合同中另有规定的，则依合同规定进行计量。如果编制技术规范和工程量清单时，使用了国际或某国的标准计量方法，应在合同条款中加以说明，并在测量实际完成的工作量时使用同一方法。具体的计量方法则根据工程的不同而有所不同，可采用均摊法、凭据法、分解计量法等。

② 有关合同履行过程中结算与支付的规定。中标通知书发出后，在合同规定的时间内，

承包商应按季度向工程师提交根据合同有权得到的现金流通量估算，以供其参考。如果工程师提出要求，承包商还应按季度提供修订的现金流通量的估算。因为，业主需要一份估算表从而能够明确在何时保证向承包商提供多少资金。工程师对该表的批准，并不解除承包商的责任。

中期付款如按月进行，即为月进度支付。承包商应先提交月报表，交由工程师审核后填写支付证书并报送业主。

暂定金额也叫备用金，是指包括在合同中并在工程量表中以该名称标明，供工程任何部分的施工，或提供货物、材料、设备、服务，或供不可预料事件的费用的一项金额。暂定金额按照工程师的指示可全部或部分使用，也可根本不予动用。承包商仅有权使用工程师决定的与暂定金额有关的工作、供应或不可预料事件的费用对应的数额。工程师应将有关暂定金额所做的任何决定通知承包商，同时将一份副本呈交业主。

承包商在收到工程接收证书后 84 天内，应向工程师呈交一份竣工报表，并应附有按工程师批准的格式所编写的证明文件。竣工报表应详细说明以下几点：

a. 到接收证书证明的日期为止，根据合同所完成的所有工作的最终价值。

b. 承包商认为应该支付的任何进一步的款项。

c. 承包商认为根据合同将支付给他的估算数额。

工程师应根据竣工图对工程量进行详细核算，对承包商的其他支付要求加以审核，最后确定工程竣工报表的支付金额，上报业主批准支付。

承包商在收到履约证书后 56 天内，应向工程师提交一份最终报表草案供其考虑，并应附按工程师批准的格式编写的证明文件。该草案应该详细说明以下问题：根据合同所完成的所有工作的价值；承包商根据合同认为应支付给他的任何进一步的款项。在提交最终报表时，承包商应给业主一份书面结清单，进一步证实最终报表的总额，相当于由合同引起的或与合同有关的全部和最后确定应支付给承包商的所有金额，但结清单只有当最终证书中的款项得到支付和业主退还履约保证金以后才能生效。工程师在接到最终报表及书面结清单后 28 天内，向业主发出一份最终证书，说明最终应支付的款额；业主按合同（除拖期违约罚款外）对以前所支付的所有款项和应得到各项款额加以确认后，业主还应支付给承包商，或承包商还应支付给业主的余额（如有的话）。

③ 有关合同被迫终止时结算与支付的规定。包括由于承包商违约和业主违约而终止两种情况。

由于承包商的违约终止合同的结算和支付。

a. 对合同终止时承包商已完工作的估价。由于承包商违约而使业主终止对承包商的雇用之后，工程师应尽快确定并证明：在合同终止时，承包商就其按合同规定实际完成的工作，已经合理地得到或理应收入的款额；未曾使用或部分使用了的材料、承包商的设备以及临时工程的价值。

b. 合同终止后的付款。合同终止后，工程师应查清施工、竣工及修补任何缺陷的费用，竣工拖延的损害赔偿费以及由业主支付的所有其他费用，并开具支付证书。在此之前，业主没有义务向承包商支付合同规定的任何进一步的款项。承包商仅有权得到扣除经工程师证明的上述款额后及工程合格完工后应得款额的余额。如果扣除的款额超过了合格完工时支付给承包商的款额，则承包商应将超过部分付给业主。

由于业主违约而终止合同时，业主对承包商的义务除与因特殊风险而终止合同时的付款条件一样外，还应再付给承包商由于该项合同终止而造成的损失赔偿费。

（3）FIDIC 合同条件中涉及进度控制的条款

① 有关工程进度计划管理的规定。承包商应提交工程进度计划。承包商在中标函签发日之后，在合同专用条件规定的时间内，应以工程师规定的适当格式和详细程度，向工程师递交一份工程进度计划，以取得工程师的同意。在工程计划的实施中，承包商应不断地进行实际进度值与计划值的比较，按期对工程进度计划进行修订。承包商应按要求在规定的时间间隔内（如 3 个月）递交定期报告，对进度计划进行修改。如果工程师发现工程的实际进度不符合已同意的进度计划时，承包商应根据工程师的要求提出一份修订过的进度计划，表明为保证工程按期竣工而对原进度计划所作的修改。

工程师对工程进度计划的管理包括以下内容。工程师应至少提前 7 天通知承包商开工日期。除非专用条件中另有说明，开工日期应在承包商接到中标函后的 42 天内。工程师在收到承包商提交的工程进度计划后，应根据合同的规定、工程实际情况及其他方面的因素，审查以下几个方面的内容：

a. 按合同工期完成工程的实施程序。

b. 详细的施工方法。

c. 施工各阶段的材料、机械及人工投入情况。

d. 工程费用流动计划。

工程师对工程进度计划的审查或批准，并不解除承包商对工程进度计划的任何义务和责任。工程师在审查进度计划时，也不应强制性地干预承包商的安排或者支配施工中所需的人工、设备、材料等。工程师监督工程进度计划的实施，以被确认的承包商的工程进度计划作为监督的依据。在承包商无任何理由延长工期的情况下，如果工程师认为整个工程或分部工程在任何时候的进度太慢，与竣工时间不符时，可以向承包商下达赶工指示。

如果由于承包商自身的原因造成工期延误，而承包商又未能按照工程师的指示改变这一状况，则承包商应承担的责任包括：停止付款；误期损失赔偿；终止对承包商的雇用。

② 有关工程延期的规定。由于承包商以外的原因造成施工期的延长，称为工程延期。它与由于承包商自身的原因造成施工期的延长（工程延误）不同。经过工程师批准的工程延期，所延长的时间属于合同工期的一部分。工程竣工的时间，等于投标书附件中规定的时间加上工程师可能允许的延长工期。

如果由于下述原因致使工程延期，承包商可以要求延长竣工时间：

a. 一项变更或其他合同中包括的任何一项工程数量上的实质性变化。

b. 导致承包商根据合同条件的某条款有权获得延长工期的延误原因。

c. 异常不利的气候条件。

d. 由于传染病或其他政府行为导致人员或货物的可获得性的不可预见的短缺。

e. 由雇主、雇主人员或现场中雇主的其他承包商直接造成的或认为属于其责任的任何延误、干扰或阻碍。此外，由公共当局延误或干扰了承包商的工作引起的工程延期，且延误或干扰是无法预见的，承包商也可以要求延长竣工时间。

如果承包商认为其有权获得竣工时间的延长，承包商应按索赔的规定，向工程师发出通知。当确定每一延长时间时，工程师应复查以前的决定并可增加（但不应减少）整个延期时间。

③ 有关工程接收的规定。承包商可在认为工程将完工并准备移交前 14 天内，向工程师发出申请接收证书的通知。工程根据合同已竣工，或者已颁发或认为已颁发工程接收证书时，业主应接收工程。工程师在收到承包商的申请后 28 天内，若既未颁发接收证书也未驳

回承包商的申请，而工程或区段（视情况而定）基本符合合同要求时，应视为在上述期限届满时，工程已经被接收。

（4）FIDIC 合同条件中涉及质量控制的条款

① 有关承包人员素质的规定。工程的施工最终要由承包人员来完成。因此，承包人员的素质是一切质量控制的基础。承包商应提供承包人员的详细报告。如果工程师提出要求，承包商应按工程师可能预先规定的某种格式和时间间隔，向工程师送交表明承包商在现场随时雇用的职员及各种等级的劳务人员数量的详细报告，使工程师对承包人员的数量和质量有大概了解。这也是对承包商雇用劳务人员的一种约束。承包商应向施工现场提供与工程施工和竣工以及修补其任何缺陷有关的下述人员：a. 熟悉他们各自行业的、有经验的技术助理及有能力对工程进行正确监督的工长和领班；b. 为使承包商恰当并按期履行合同义务所需要的熟练的、半熟练的技工和普工。工程师有权反对并要求承包商立即从该工程中撤掉由承包商提供的而工程师认为是渎职者或不能胜任工作的任何人员，以及工程师从其他方面考虑认为不宜留在施工现场的人员。

只要工程师认为是正确履行合同规定的承包商义务所必需时，承包商应在工程的施工期间及其后提供一切必要的监督。承包商或经工程师批准的一位合格的并获得授权的代表应用其全部时间对该工程进行监督。该代表应代表承包商接受工程师或工程师代表的指示。对承包商代表的批准可以由工程师随时撤回。如果工程师撤回了对承包商代表的批准，则承包商应在接到此类撤回的通知后，在实际可能的限度内尽快将该代表调离该工程，以后也不得再雇用该员担任该工程的任何职务，而代之以经工程师批准的另一代表。

② 有关合同转包与分包的规定。如果没有业主的事先同意，承包商不得将合同或者合同的任何部分、合同中的任何利益进行转让。有时，工程的分包是必需的。一般来说，分包的工程应是专业技术性较强，分包商在该专业更有专长和经验，这样的分包有利于工程质量的提高。但是，承包商不得将整个工程分包出去。

除合同另有规定外，没有工程师的同意，承包商也不得将工程的任何部分分包出去。经工程师同意，承包商可以把工程、服务项目或材料设备的供应分包给其他人。但是，这类同意不应解除合同规定的承包商的任何责任和义务。承包商应将任何分包商和分包商的代理人、雇员或工人的行为、违约、疏忽，完全视为承包商自己及代理人、雇员或工人的行为、违约、疏忽一样，并对此承担完全的责任。

③ 指定分包商。指定分包商是由业主（或工程师）指定、选定，完成某项特定工作内容并与承包商签订分包合同的特殊分包商。

指定分包商与承包商签订分包合同，在合同关系和管理关系方面与一般分包商处于同等地位，对其施工过程中的监督、协调工作纳入承包商的管理之中。指定分包商与一般分包商的区别如下。

a. 选择分包单位的权利不同。指定分包商由业主或工程师选定，而一般分包商则由承包商选择。

b. 分包合同的工作内容不同。指定分包工作属于承包商无力完成，不在合同约定应由承包商必须完成范围之内的工作，不损害承包商的合法权益。而一般分包商的工作则为承包商承包工作范围的一部分。

c. 工程款的支付开支项目不同。为了不损害承包商的利益，给指定分包商的付款应从暂定金额内开支。而对一般分包商的付款，则从工程量清单中相应工作内容项内支付。由于业主选定的指定分包商要与承包商签订分包合同，并负责对其监督、协调、管理，因此在分包合同内具体约定双方的权利和义务，明确收取分包管理费的标准和方法。

d. 业主对指定分包商利益的保护不同。指定分包商是业主选定的，其工程款的支付从暂定金额内开支，因此在合同条件内列有保护指定分包商的条款。如果承包商没有合法理由而扣押了指定分包商上个月应得工程款，业主有权按工程师出具的证明从本月应得款内扣除这笔金额直接付给指定分包商。对于一般分包商则无此类规定，业主和工程师不介入一般分包合同履行的监督。

e. 承包商对分包商违约行为承担责任的范围不同。除非由于承包商向指定分包商发布了错误的指示要承担责任外，指定分包商在发生任何违约行为给业主或第三者造成损害而导致索赔或诉讼时，承包商不承担责任；如果一般分包商有违约行为，业主将其视为承包商的违约行为，按照总包合同的规定追究承包商的责任。

④ 有关施工现场的材料、工程设备和工艺的规定。施工使用的材料、工程设备是确保工程质量的物质基础，工程质量的好坏和施工进度的快慢，很大程度上取决于投入施工的机械设备，工程师必须对此严格控制。一切材料、工程设备和工艺均需经过工程师的检验。一切材料、工程设备和工艺均应达到合同中所规定的相应品级，并符合工程师的指示要求。承包商应为检验任何材料、工程设备、工艺提供通常所需要的协助、劳务、电力、燃料、备用品、装置和仪器，并应在用于工程前，按工程师的选择和要求，提交有关材料样品，以供检验。如果在商定的时间和地点，供检验的材料或工程设备未准备好，或者根据检验结果工程师确认材料或工程设备是不符合合同规定的，那么工程师可以拒收这些材料或工程设备。

承包商提供的所有设备、临时工程和材料，一经运至施工现场，就应被视为是专门供本工程施工所用。除从施工现场某一部位移至另一部位外，未经工程师的同意，承包商不得将上述物品或其中一部分移出施工现场。

⑤ 有关施工质量及验收的规定。承包商应严格按合同施工，并遵守工程师的指示。除法律上或实际上不可能的情况外，承包商应严格按照合同进行工程施工和竣工，并修补其任何缺陷，以达到工程师满意的程度。在涉及或关系到该项工程的任何事项上，无论这些事项在合同中是否写明，承包商都要严格遵守与执行工程师的指示。承包商应当只从工程师或其代表那里取得指示。

没有工程师的批准，工程的任何部分均不得覆盖或使之无法查看。承包商应保证工程师有充分的机会，对将覆盖或无法查看的工程的任何部分进行检查，以及对工程的任何部分将置于其上的基础进行检查。当工程的这些部分已经或即将做好检查准备时，承包商应通知工程师，工程师应参加工程的此类部分的检查，且不得无故拖延。如果工程师认为检查并无必要，则应通知承包商。

工程师在颁发接收证书前，应对工程进行全面检验，接收证书将确认工程已基本竣工。基本竣工并不意味着承包商没有任何要完成的剩余工作。一般来说，当工程能够按照预定目的被业主占有和使用时，工程就可称为已基本竣工。如果工程师认为工程尚未基本竣工，则应向承包商指出工程中影响基本竣工的所有缺陷，并向承包商发出书面指令，说明在发给接收证书前承包商尚需完成的全部工作。

（5）索赔、争端裁决和仲裁

① 承包商的索赔。如果承包商认为有权获得索赔（包括工期索赔和费用索赔），应当通知工程师，说明引起索赔的事件。该通知应尽快发出，并应不迟于承包商知道或者应当知道

索赔事件之后 28 天内。如果承包商未能在该期限内发出索赔通知，竣工时间将不被延长，承包商将无权得到附加款项，并且雇主将被解除有关索赔的一切责任。承包商还应提交一切与此类事件有关的任何其他通知（如果合同要求），以及索赔的详细证明报告。

在承包商知道或者应当知道引起索赔的事件之日起 42 天内，或在承包商可能建议且由工程师批准的此类其他时间内，承包商应向工程师提交一份足够详细的索赔，包括一份完整的证明报告，详细说明索赔的依据以及索赔的工期、索赔的金额。在收到索赔报告或该索赔的任何进一步的详细证明报告后 42 天内（或在工程师可能建议且由承包商批准的此类其他时间内），工程师应表示批准或不批准，不批准时要给予详细的评价。

② 争端裁决委员会的委任。争端解决的程序是首先将争端提交争端裁决委员会（Dispute Adjudication Board，缩写为 DAB），由争端裁决委员会作出裁决。

合同双方应在投标函附录规定的日期内，共同任命争端裁决委员会。该争端裁决委员会应由具有恰当资格的成员组成，成员的数目可为一名或三名，具体情况按投标函附录中的规定。如果争端裁决委员会由三名成员组成，则合同每一方应提名一位成员，由对方批准。合同双方应与这两名成员协商，并应商定第三位成员，由第三位成员作为主席。合同双方应当共同商定对争端裁决委员会成员的支付条件，并由双方各支付酬金的一半。

③ 争端裁决委员会的裁决。争端裁决委员会在收到书面报告后 84 天内对争端作出裁决，并说明理由。如果合同一方对争端裁决委员会的裁决不满，应当在收到裁决后的 28 天内向合同对方发出表示不满的通知，并说明理由，表明准备提请仲裁。如果争端裁决委员会未在 84 天内对争端作出裁决，则双方中的任何一方均有权在 84 天期满后的 24 天内，向对方发出要求仲裁的通知。如果双方接受争端裁决委员会的裁决，或者没有按照规定发出表示不满的通知，该裁决将成为最终的决定。

争端裁决委员会的裁决作出后，在未通过友好解决或者仲裁改变该裁决之前，双方应当执行该裁决。

④ 争端的仲裁。如果双方同意按照争端裁决委员会的裁决履行合同，则争议得到解决，否则可要求将争端提交仲裁。在开始仲裁前，经过 56 天的友好解决期未能友好解决争端，则开始仲裁。

10.3　NEC 合同文本的主要内容

（1）概述

NEC 合同文本是英国土木工程师学会（Institution Civil Engineers，缩写为 ICE）组织编制的。英国土木工程师学会创建于 1818 年，是代表土木工程师的专业机构及资质评定组织。ICE 的会员来自全球 150 多个国家，专业从事工程领域中的桥梁、道路、运河、机场、铁路、电站以及医院和学校等的设计、项目管理与建造工作。

（2）承包商的主要责任

承包商最主要的责任是工程实施中的责任，承包商应当按照合同要求实施工程。同时，承包商还应当按照合同要求完成设计任务。承包商应当按照要求将设计细节交给项目经理批准。只有当项目经理批准设计后，承包商才可以开始施工。承包商应当允许业主为工程目的合理使用和复制承包商的设计图纸。

承包商只应雇用合同资料中列出的主要项目人员，或者经过项目经理批准替换的人选。项目经理可以在说明理由之后，要求承包商撤换其雇员。

如果承包商将工程进行分包，应当对分包工程承担连带责任。承包商雇用的分包商、分包合同的合同条件须事先经过项目经理批准。

（3）业主的主要责任

付款的责任是业主最主要的责任。项目经理应当在每个结算日计价审核应付款项。第一个结算日由项目经理决定，应不迟于开工后的一个结算周期。在应付款计价审核时，项目经理应当向承包商提供详细的情况。如果有错误，项目经理应当在下次付款证书中改正以往应付款项审核中的错误。在每一结算日后一周内，项目经理应当签发付款证书，以合同约定的货币进行付款。

业主应当在现场使用日和施工进度计划中表明的进驻日两者中的较迟日期之前，将工地现场的进驻权完全交给承包商。

当业主接收了合同工程的某一部分后，该工程所在的工地现场的进驻权即返还业主。项目经理签发合同终止证书后，整个工地现场的进驻权即返还业主。业主可以在竣工证书签发之前使用合同工程中的任一部分，实质上构成了对该部分工程的接收。项目经理应在业主接收部分合同工程之日起一周内签发证书，确认该部分合同工程的接收日期和接收范围。

（4）工期

承包商从现场使用日起方可开始施工，并应在竣工日或竣工日之前竣工。

如果合同资料不包括施工进度计划，承包商应在合同规定的期限内向项目经理提交初步施工进度计划。在承包商提交施工进度计划两周内，项目经理可以认可该进度计划或者将其不认可的理由通知承包商。承包商应当在项目经理向其发出指令后的答复期内修改进度计划，修改后的施工进度计划应当提交项目经理批准。

项目经理可以向承包商发出停工或者不开工的指令，也可以随后发出复工或开工的指令。项目经理可以要求承包商在一定期限内提供赶工报价。赶工报价应当包括合同价款的变更、新竣工日以及施工进度计划。

（5）补偿事件

工程施工合同（ECC）详细规定了补偿事件。合同认定承包商在考察现场条件时已经考虑到了与场地资料有关的全部资料。如果有关场地资料中存在不一致的内容，允许承包商按照更有利于工程实施的条件考虑。

如果项目经理、监理者在正式发出指令和变更以前做出的决定导致了补偿事件，项目经理应该在事件发生后立即将该补偿事件通知承包商，并要求承包商提交报价。承包商应将已经发生或预期要发生的事件作为补偿事件报告给项目经理。如果项目经理认为承包商所报告的补偿事件是因为承包商的失误引起的，或者不会发生，或者对实际成本和工期没有影响，或者非本合同所认可的补偿事件，则不得更改合同价款和竣工日。

10.4 AIA 合同文本的主要内容

（1）概述

AIA 合同文本是美国建筑师学会（The American Institute of America，缩写为 AIA）

组织编写的。美国建筑师学会成立于 1857 年，是美国最主要的建筑师专业社团。美国建筑师学会的成员是来自美国以及全世界的建筑师，目前的总数超过 83000 人，其制订的合同文本在美国得到广泛应用，并在国际工程承包领域特别是美洲地区具有较高的权威性。美国建筑师学会 2007 年修订后的合同文本大致可以分为 A、B、C、D、E、G 六个系列。

A 系列：业主与总承包商、CM（Construction Management，施工管理）经理供应商之间，总承包商与分包商之间的合同文本；施工合同通用条件以及与招标投标有关的文件，如承包商资格申报表、各种保证的标准格式等。

B 系列：业主与建筑师之间的合同文本。

C 系列：建筑师与专业咨询机构之间的合同文本。

D 系列：建筑师行业有关合同文本。

E 系列：电子文件协议附件。

G 系列：合同和办公管理中使用的合同文本。

（2）承包商的主要责任

承包商应当雇用称职的现场管理人员驻于现场并指导工程施工。承包商在订立合同后应立即把承包商将要使用的现场管理人员及其资质通知业主，业主可以在 14 天内提出反对意见。承包商未经业主同意不得撤换雇用的人员。承包商应对施工方法、技术、工作程序等承担全部责任并有完全的控制权。

承包商应当在开工前仔细审查合同文件以及业主提供的资料，进行现场测量与检验。

如果承包商在审查过程中发现错误、矛盾和遗漏，应立即报告建筑师。如果承包商在发现错误后未及时向建筑师报告并继续施工，则承包商应当承担相应损失。

承包商应当为工程施工与竣工提供人工、材料、工具、设备、施工机械、公用设备、交通以及其他设施。除非有特殊要求，承包商应向业主保证提供的材料与设备的种类和质量符合合同的要求。

签订合同后，承包商应立即编制施工进度计划并提交给业主和建筑师。施工进度计划应当满足合同文件的工期要求，并根据需要定期调整。

承包商应当为业主及其他独立承包商的工程施工与材料设备运输等提供方便。如果承包商的某一部分的工程施工取决于业主或其他独立承包商的正常实施，承包商在开工前如果发现这些工程存在缺陷，应当及时通知建筑师。

（3）业主的主要责任

承包商可以在开工前要求业主以书面形式注明业主已经具备了足够的财务能力来履行业主的责任。开工后承包商则只能在业主未能及时支付或者有充足理由怀疑业主的支付能力时才可以要求业主证明自己的财务能力。承包商在业主回复之前可以停工。

除了应当提供证明自己财务能力的书面材料外，业主还应当负责取得所有的审批手续，但不包括合同约定由承包商负责的许可证及费用。业主应当免费向承包商提供工程图纸与项目手册。

承包商应当按照合同约定向建筑师提交支付申请书。建筑师应当在收到承包商支付申请 7 天内按照到期应支付额向业主发出支付证书，并将副本送承包商。建筑师可以为了保护业主的利益决定全部或者部分缓发支付证书。建筑师应将缓发的决定通知承包商和业主。

（4）建筑师

建筑师是指协议明确规定的在工程所在地拥有建筑师专业注册资格的个人或者实体。未经业主、承包商、建筑师三方以书面形式表示同意，不得改变合同约定的建筑师的职责、权限。如果建筑师被解雇，业主应当与承包商协商后重新指定建筑师。新的建筑师在合同文件中的地位不变。

思考与练习

1. 根据 FIDIC 合同条件，业主的权利和义务有哪些？
2. 根据 FIDIC 合同条件，指定分包商与一般分包商的区别是什么？
3. FIDIC 合同条件中涉及费用控制的条款是如何规定的？
4. FIDIC 合同条件中涉及质量控制的条款是如何规定的？

参 考 文 献

［1］ 全国一级建造师执业资格考试用书编写委员会. 建设工程项目管理［M］. 北京：中国建筑工业出版社，2020.
［2］ 王平. 工程招投标与合同管理［M］. 北京：清华大学出版社，2019.
［3］ 雷俊卿，杨平. 土木工程合同管理与索赔［M］. 武汉：武汉理工大学出版社，2016.
［4］ 朱宏亮. 建设法规［M］. 武汉：武汉理工大学出版社，2019.
［5］ 项目经理培训教材编写委员会. 工程招投标与合同管理［M］. 北京：中国建筑工业出版社，2019.
［6］ 中国建设监理协会. 建设工程合同管理［M］. 北京：中国建筑工业出版社，2020.
［7］ 全国招标师职业水平考试辅导教材指导委员会. 招标采购专业实务［M］. 北京：中国计划出版社，2013.
［8］ 王俊安. 工程招标投标与合同管理［M］. 北京：机械工业出版社，2019.
［9］ 康香萍. 建设工程招投标与合同管理［M］. 武汉：华中科技大学出版社，2018.
［10］ 黄聪普. 建设工程招投标与合同管理［M］. 重庆：重庆大学出版社，2019.
［11］ 彭麟. 工程招投标与合同管理［M］. 武汉：华中科技大学出版社，2018.
［12］ 王小召. 建筑工程招投标与合同管理［M］. 北京：清华大学出版社，2019.
［13］ 王春宁. 建设工程招标投标与合同管理实务［M］. 第 2 版. 北京：中国建筑工业出版社，2019.
［14］ 全国造价工程师执业资格考试教材编审委员会. 建设工程计价［M］. 北京：中国计划出版社，2020.
［15］ 李永军. 合同法［M］. 北京：中国人民大学出版社，2020.
［16］ 杜月秋. 民法典条文对照与重点解读［M］. 北京：法律出版社，2020.